无机化学探究式教学丛书

第 18 分册

卤 族 元 素

主 编 马 艺

副主编 王长号 侯向阳

科学出版社

北 京

内 容 简 介

本书为"无机化学探究式教学丛书"的第18分册。全书共5章，主要包括卤素的单质、卤素简单化合物及拟卤素、卤素的含氧酸及其盐、卤素的生理性质及应用、卤素的分析测定。另外，书中编写了3个"历史事件回顾"和1个"研究无机化学的物理方法介绍"共4个专题，以增加本书的趣味性、启发性和应用性。本书涵盖了无机化学卤族元素的基础知识，并适当扩展其生理性质、分析测定及最新科研进展内容，是一本基础知识与科技前沿并重的教材。

本书可供高等学校化学及相关专业师生、中学化学教师以及从事化学相关研究的科研人员和技术人员参考使用。

图书在版编目(CIP)数据

卤族元素 / 马艺主编. —北京：科学出版社，2022.8

（无机化学探究式教学丛书；第18分册）

ISBN 978-7-03-072785-5

Ⅰ. ①卤… Ⅱ. ①马… Ⅲ. ①ⅦA 族元素－高等学校－教材
Ⅳ. ①O612.7

中国版本图书馆 CIP 数据核字(2022)第 134476 号

责任编辑：陈雅娴 侯晓敏 / 责任校对：杨 赛
责任印制：师艳茹 / 封面设计：无极书装

科 学 出 版 社 出版
北京东黄城根北街 16 号
邮政编码：100717
http://www.sciencep.com

北京虎彩文化传播有限公司 印刷
科学出版社发行 各地新华书店经销

*

2022 年 8 月第 一 版 开本：720 × 1000 1/16
2023 年 12 月第二次印刷 印张：14 1/4
字数：287 000
定价：128.00 元
（如有印装质量问题，我社负责调换）

序

　　教材是教学的基石，也是目前化学教学相对比较薄弱的环节，需要在内容上和形式上不断创新，紧跟科学前沿的发展。为此，教育部高等学校化学类专业教学指导委员会经过反复研讨，在《化学类专业教学质量国家标准》的基础上，结合化学学科的发展，撰写了《化学类专业化学理论教学建议内容》一文，发表在《大学化学》杂志上，希望能对大学化学教学、包括大学化学教材的编写起到指导作用。

　　通常在本科一年级开设的无机化学课程是化学类专业学生的第一门专业课程。课程内容既要衔接中学化学的知识，又要提供后续物理化学、结构化学、分析化学等课程的基础知识，还要教授大学本科应当学习的无机化学中"元素化学"等内容，是比较特殊的一门课程，相关教材的编写因此也是大学化学教材建设的难点和重点。陕西师范大学无机化学教研室在教学实践的基础上，在该校及其他学校化学学科前辈的指导下，编写了这套"无机化学探究式教学丛书"，尝试突破已有教材的框架，更加关注基本原理与实际应用之间的联系，以专题设置较多的科研实践内容或者学科交叉栏目，努力使教材内容贴近学科发展，涉及相当多的无机化学前沿课题，并且包含生命科学、环境科学、材料科学等相关学科内容，具有更为广泛的知识宽度。

　　与中学教学主要"照本宣科"不同，大学教学具有较大的灵活性。教师授课在保证学生掌握基本知识点的前提下，应当让学生了解国际学科发展与前沿、了解国家相关领域和行业的发展与知识需求、了解中国科学工作者对此所作的贡献，启发学生的创新思维与批判思维，促进学生的科学素养发展。因此，大学教材实际上是教师教学与学生自学的参考书，这套"无机化学探究式教学丛书"丰富的知识内容可以更好地发挥教学参考书的作用。

　　我赞赏陕西师范大学教师们在教学改革和教材建设中勇于探索的精神和做

法，并希望该丛书的出版发行能够得到教师和学生的欢迎和反馈，使编者能够在应用的过程中吸取意见和建议，结合学科发展和教学实践，反复锤炼，不断修改完善，成为一部经典的基础无机化学教材。

中国科学院院士　郑兰荪

2020 年秋

丛书出版说明

本科一年级的无机化学课程是化学学科的基础和母体。作为学生从中学步入大学后的第一门化学主干课程,它在整个化学教学计划的顺利实施及培养目标的实现过程中起着承上启下的作用,其教学效果的好坏对学生今后的学习至关重要。一本好的无机化学教材对培养学生的创新意识和科学品质具有重要的作用。进一步深化和加强无机化学教材建设的需求促进了无机化学教育工作者的探索。我们希望静下心来像做科学研究那样做教学研究,研究如何编写与时俱进的基础无机化学教材,"无机化学探究式教学丛书"就是我们积极开展教学研究的一次探索。

我们首先思考,基础无机化学教学和教材的问题在哪里。在课堂上,教师经常面对学生学习兴趣不高的情况,尽管原因多样,但教材内容和教学内容陈旧是重要原因之一。山东大学张树永教授等认为:所有的创新都是在兴趣驱动下进行积极思维和创造性活动的结果,兴趣是创新的前提和基础。他们在教学中发现,学生对化学史、化学领域的新进展和新成就,对化学在高新技术领域的重大应用、重要贡献都表现出极大的兴趣和感知能力。因此,在本科教学阶段重视激发学生的求知欲、好奇心和学习兴趣是首要的。

有不少学者对国内外无机化学教材做了对比分析。我们也进行了研究,发现国内外无机化学教材有很多不同之处,概括起来主要有如下几方面:

(1) 国外无机化学教材涉及知识内容更多,不仅包含无机化合物微观结构和反应机理等,还涉及相当多的无机化学前沿课题及学科交叉的内容。国内无机化学教材知识结构较为严密、体系较为保守,不同教材的知识体系和内容基本类似。

(2) 国外无机化学教材普遍更关注基本原理与实际应用之间的联系,设置较多的科研实践内容或者学科交叉栏目,可读性强。国内无机化学教材知识专业性强但触类旁通者少,应用性相对较弱,所设应用栏目与知识内容融合性略显欠缺。

(3) 国外无机化学教材十分重视教材的"教育功能",所有教材开篇都设有使用指导、引言等，帮助教师和学生更好地理解各种内容设置的目的和使用方法。另外，教学辅助信息量大、图文并茂，这些都能够有效发挥引导学生自主探究的作用。国内无机化学教材普遍十分重视化学知识的准确性、专业性，知识模块的逻辑性，往往容易忽视教材本身的"教育功能"。

依据上面的调研，为适应我国高等教育事业的发展要求，陕西师范大学无机化学教研室在请教无机化学界多位前辈、同仁，以及深刻学习领会教育部高等学校化学类专业教学指导委员会制定的"高等学校化学类专业指导性专业规范"的基础上，对无机化学课堂教学进行改革，并配合教学改革提出了编写"无机化学探究式教学丛书"的设想。作为基础无机化学教学的辅助用书，其宗旨是大胆突破现有的教材框架，以利于促进学生科学素养发展为出发点，以突出创新思维和科学研究方法为导向，以利于教与学为努力方向。

1. 教学丛书的编写目标

(1) 立足于高等理工院校、师范院校化学类专业无机化学教学使用和参考，同时可供从事无机化学研究的相关人员参考。

(2) 不采取"拿来主义"，编写一套因不同而精彩的新教材，努力做到素材丰富、内容编排合理、版面布局活泼，力争达到科学性、知识性和趣味性兼而有之。

(3) 学习"无机化学丛书"的创新精神，力争使本教学丛书成为"半科研性质"的工具书，力图反映教学与科研的紧密结合，既保持教材的"六性"(思想性、科学性、创新性、启发性、先进性、可读性)，又能展示学科的进展，具备研究性和前瞻性。

2. 教学丛书的特点

(1) 教材内容"求新"。"求新"是指将新的学术思想、内容、方法及应用等及时纳入教学，以适应科学技术发展的需要，具备重基础、知识面广、可供教学选择余地大的特点。

(2) 教材内容"求精"。"求精"是指在融会贯通教学内容的基础上，首先保证以最基本的内容、方法及典型应用充实教材，实现经典理论与学科前沿的自然结合。促进学生求真学问，不满足于"碎、浅、薄"的知识学习，而追求"实、深、厚"的知识养成。

(3) 充分发挥教材的"教育功能"，通过基础课培养学生的科研素质。正确、适时地介绍无机化学与人类生活的密切联系，无机化学当前研究的发展趋势和热点领域，以及学科交叉内容，因为交叉学科往往容易产生创新火花。适当增加拓展阅读和自学内容，增设两个专题栏目：历史事件回顾，研究无机化学的物理方法介绍。

(4) 引入知名科学家的思想、智慧、信念和意志的介绍，重点突出中国科学家对科学界的贡献，以利于学生创新思维和家国情怀的培养。

3. 教学丛书的研究方法

正如前文所述，我们要像做科研那样研究教学，研究思想同样蕴藏在本套教学丛书中。

(1) 凸显文献介绍，尊重历史，还原历史。我国著名教育家、化学家傅鹰教授曾经多次指出："一门科学的历史是这门科学中最宝贵的一部分，因为科学只能给我们知识，而历史却能给我们智慧。"基础课教材适时、适当引入化学史例，有助于培养学生正确的价值观，激发学生学习化学的兴趣，培养学生献身科学的精神和严谨治学的科学态度。我们尽力查阅了一般教材和参考书籍未能提供的必要文献，并使用原始文献，以帮助学生理解和学习科学家原始创新思维和科学研究方法。对原理和历史事件，编写中力求做到尊重历史、还原历史、客观公正，对新问题和新发展做到取之有道、有根有据。希望这些内容也有助于解决青年教师备课资源匮乏的问题。

(2) 凸显学科发展前沿。教材创新要立足于真正起到导向的作用，要及时、充分反映化学的重要应用实例和化学发展中的标志性事件，凸显化学新概念、新知识、新发现和新技术，起到让学生洞察无机化学新发展、体会无机化学研究乐趣，延伸专业深度和广度的作用。例如，氢键已能利用先进科学手段可视化了，多数教材对氢键的介绍却仍停留在"它是分子间作用力的一种"的层面，本丛书则尝试从前沿的视角探索氢键。

(3) 凸显中国科学家的学术成就。中国已逐步向世界科技强国迈进，无论在理论方面，还是应用技术方面，中国科学家对世界的贡献都是巨大的。例如，唐敖庆院士、徐光宪院士、张乾二院士对簇合物的理论研究，赵忠贤院士领衔的超导研究，张青莲院士领衔的原子量测定技术，中国科学院近代物理研究所对新核素的合成技术，中国科学院大连化学物理研究所的储氢材料研究，我国矿物浮选的新方法研究等，都是走在世界前列的。这些事例是提高学生学习兴趣和激发爱国热情最好的催化剂。

(4) 凸显哲学对科学研究的推进作用。科学的最高境界应该是哲学思想的体现。哲学可为自然科学家提供研究的思维和准则，哲学促使研究者运用辩证唯物主义的世界观和方法论进行创新研究。

徐光宪院士认为，一本好的教材要能经得起时间的考验，秘诀只有一条，就是"千方百计为读者着想"[徐光宪. 大学化学, 1989, 4(6): 15]。要做到：①掌握本课程的基础知识，了解本学科的最新成就和发展趋势；②在读完这本书和做完每章的习题后，在潜移默化中学到科学的思考方法、学习方法和研究方法，能够用学到的知识分析和解决遇到的问题；③要易学、易懂、易教。朱清时院士认为最好的基础课教材应该要尽量保持系统性，即尽量保证系统、清晰、易懂。清晰、易懂就是自学的人拿来读都能够引人入胜[朱清时. 中国大学教学, 2006, (08): 4]。我们的探索就是朝这个方向努力的。

创新是必须的，也是艰难的，这套"无机化学探究式教学丛书"体现了我们改革的决心，更凝聚了前辈们和编者们的集体智慧，希望能够得到大家认可。欢迎专家和同行提出宝贵建议，我们定将努力使之不断完善，力争将其做成良心之作、创新之作、特色之作、实用之作，切实体现中国无机化学教材的民族特色。

"无机化学探究式教学丛书"编写委员会

2020 年 6 月

前　言

　　"无机化学探究式教学丛书"共 22 个分册，本书为第 18 分册。为了使内容更好地体现"两性一度"，即高阶性、创新性和挑战度，本书在保证卤族元素基础理论的前提下，在内容与形式上进行了大胆尝试，使编写内容具有以下特点：

　　(1) 注重突出主线。卤族元素的主线内容包括：单质及其简单化合物、含氧酸及其盐的结构、性质、制备和用途。卤族元素是元素化学中最能体现元素周期律本质的元素，无论是元素单质的结构、性质、制备，还是卤素简单化合物的结构和性质，抑或是卤素的含氧酸及其盐的结构和性质，无一不体现"规律性"。本书深入探讨了主线内容的规律性，并通过习题关联结构化学、热力学和动力学基础知识，加深对规律性的理解，揭示现象的本质。

　　(2) 进行内容重组。除了主线内容之外，本书还介绍了卤族元素砹及础的发现、命名和性质预测，延伸原子结构的发展；编写了"卤素的生理性质及应用"一章，介绍卤素与人体健康息息相关，与生理、医药、工业生产紧密相伴，贴近生活；编写了"卤素的分析测定"一章，简要介绍了电感耦合等离子光谱技术，以分析测定的现代化手段为出发点，增强学生对新型分析方法的了解，提高其学以致用的能力。在对学生的学习兴趣调查中显示，"卤素的生理性质及应用"一章是学生最期待的学习章节。

　　(3) 与学科发展相融合。本书注重将科学研究与理论发展相结合，在知识层面尽量做到每一节内容都按照从历史到概念再到发展乃至展望的顺序叙述，使之具有连贯性和整体性；内容由浅入深，循序渐进，符合认识规律，使之具有可读性。例如，讲述氟单质的历史事件时，通过引用文献将其制备史展现给学生，关于自然界中单质氟的争论也依据文献内容介绍给学生。再如，"历史事件回顾"专栏中的"二氧化氯——人类健康前行的守护者"以及"新型超级卤化物的成功研发"等内容，均从历史发展及学科进步的角度进行介绍。将教学内容与学科发展紧密结合可以凸显最新的理论观点、科研进展及实践成果等，起到激发学生洞察新发展、体会科研乐趣、延伸知识深度和广度的作用。

(4) 充分融入思政元素。在本书编写过程中兼顾了科学事实的背景、发展和前瞻，在其中突出所含的课程思政内涵。其中"科学奉献精神"、"实事求是的科学态度"及"民族自豪感"等思政元素将通过教师的知识传播润物无声地影响每个学生。科学家勇于创新、不断探索的精神贯穿始终，使学生能在学习卤族元素知识的同时，深刻体会到科学的发展凝聚着无数科学家的心血。

(5) 练习题分类处理。为有利于教学使用和学生自学，编写了三类练习题：①自测练习题；②课后习题；③英文选做题，并将练习题的参考答案附在书后。另外，读者可通过扫描二维码获取书中思考题的答案。

本书由陕西师范大学马艺担任主编(编写第 1~4 章)，陕西师范大学王长号(编写第 5 章及各章专题)和延安大学侯向阳(编写练习题、思考题及答案)为副主编，最后由马艺统稿。

在成书过程中，得到了科学出版社的支持，特别受益于责任编辑认真细致的工作，在此表示衷心的感谢。书中引用了较多文献，在此对所有作者一并表示诚挚的谢意。

鉴于编者水平有限，书中疏漏和不足之处在所难免，敬请广大读者不吝赐教。

马　艺

2022 年 3 月

目　录

序

丛书出版说明

前言

第 1 章　卤素的单质 ·· 3

　　1.1　卤素的通性 ·· 3

　　　　1.1.1　卤素在自然界的存在 ···················· 3

　　　　1.1.2　卤素的成键特征 ···························· 4

　　　　1.1.3　卤素的元素电势图 ························ 5

　　1.2　卤素单质的发现和元素命名 ·················· 6

　　　　1.2.1　氟单质的发现和命名 ···················· 6

　　　　1.2.2　氯单质的发现和命名 ···················· 6

　　　　1.2.3　溴单质的发现和命名 ···················· 7

　　　　1.2.4　碘单质的发现和命名 ···················· 7

　　　　1.2.5　砹单质的发现和命名 ···················· 8

　　　　1.2.6　石田单质的发现和命名 ···················· 8

　　1.3　卤素单质的结构、性质和制备 ·············· 10

　　　　1.3.1　卤素单质的结构 ························ 10

　　　　1.3.2　卤素单质的性质 ························ 11

　　　　1.3.3　卤素单质的制备 ························ 16

　　历史事件回顾 1　学点氟化学知识 ·············· 24

　　参考文献 ·· 36

第 2 章　卤素简单化合物及拟卤素 ················ 40

　　2.1　卤化氢和氢卤酸 ·································· 40

　　　　2.1.1　卤化氢的结构 ···························· 40

　　　　2.1.2　卤化氢和氢卤酸的性质 ·············· 42

　　　　2.1.3　卤化氢和氢卤酸的制备 ·············· 49

    2.1.4 卤化氢和氢卤酸的应用 ···················· 52

  2.2 卤素的氮化物和氧化物 ·························· 54

    2.2.1 卤素的氮化物 ···························· 54

    2.2.2 卤素的氧化物 ···························· 62

历史事件回顾 2　二氧化氯——人类健康前行的守护者 ·············· 75

  2.3 卤素与其他元素的化合物 ························ 80

    2.3.1 非金属卤化物 ···························· 81

    2.3.2 金属卤化物 ····························· 88

  2.4 卤素间化合物 ······························· 92

    2.4.1 卤素阳离子 ····························· 92

    2.4.2 多聚卤素阴离子 ·························· 98

    2.4.3 卤素互化物 ···························· 102

  2.5 拟卤素和拟卤化物 ·························· 112

    2.5.1 氰和氰化物 ···························· 113

    2.5.2 硫氰和硫氰化合物 ························ 115

历史事件回顾 3　新型超级卤化物的成功研发 ················· 117

参考文献 ·································· 121

第 3 章　卤素的含氧酸及其盐 ······················ 128

  3.1 卤素的含氧酸 ···························· 128

    3.1.1 卤素含氧酸的结构 ························ 128

    3.1.2 卤素含氧酸的制备 ························ 131

    3.1.3 卤素含氧酸的酸性 ························ 134

    3.1.4 卤素含氧酸的热稳定性 ····················· 135

    3.1.5 卤素含氧酸的氧化还原性 ···················· 136

  3.2 卤素的含氧酸盐 ··························· 139

    3.2.1 卤素含氧酸盐的结构 ······················ 139

    3.2.2 卤素含氧酸盐的制备 ······················ 141

    3.2.3 卤素含氧酸盐的热稳定性 ···················· 145

    3.2.4 卤素含氧酸盐的氧化还原性 ··················· 149

参考文献 ·································· 151

第 4 章　卤素的生理性质及应用 ····················· 153

  4.1 卤素的生理性质 ··························· 153

    4.1.1 氟的生理性质 ··························· 153

　　　　4.1.2　氯的生理性质·······························157

　　　　4.1.3　溴的生理性质·······························158

　　　　4.1.4　碘的生理性质·······························160

　　4.2　卤素的应用····································162

　　　　4.2.1　氟的应用·································162

　　　　4.2.2　氯的应用·································166

　　　　4.2.3　溴的应用·································168

　　　　4.2.4　碘的应用·································170

　　参考文献··173

第5章　卤素的分析测定·······························179

　　5.1　卤素单质的分析测定······························179

　　　　5.1.1　氟的分析测定·······························179

　　　　5.1.2　氯的分析测定·······························180

　　　　5.1.3　溴的分析测定·······························180

　　　　5.1.4　碘的分析测定·······························181

　　5.2　卤化氢和卤离子的鉴别和测定························181

　　　　5.2.1　卤化氢的鉴别和测定··························181

　　　　5.2.2　卤离子的鉴别、分离和测定······················181

　　研究无机化学的物理方法介绍　电感耦合等离子光谱技术···········190

　　参考文献··195

练习题··197

　　第一类：自测练习题·································197

　　第二类：课后习题··································200

　　第三类：英文选做题·································201

参考答案···203

　　自测练习题答案···································203

　　课后习题答案····································206

　　英文选做题答案···································209

(1) 掌握卤素单质、简单化合物、含氧酸及其盐的**结构、性质、制备和用途**；会用结构理论和热力学解释它们的某些化学现象的**规律性**。

(2) 学会用元素电势图判断卤素及其化合物的**氧化还原性**，以及它们之间的相互转化关系；深刻认识**氟化学的特殊性**。

(3) 熟悉含氧酸及其盐的**氧化性**和**热稳定性**变化规律，以及含氧酸酸性强弱变化规律。

(4) 了解卤素的**生理性质**和应用。

(5) 掌握氯、溴、碘的一般**分析测定方法**。

背景问题提示

(1) 周期表第 17 列元素为什么称为"卤素"？它的原意是什么？为什么在自然界中很难存在游离的氯和氟？氟真的在自然界存在吗？

(2) 典型的含卤素消毒剂有哪些？为什么**二氧化氯**在众多消毒剂中能独占鳌头？对它的认识和发展经历了哪些过程？

(3) 哪些卤素与人的生理过程息息相关？缺少其会导致严重疾病，国内外的防治手段有哪些？

(4) **超级卤化物**是什么？为什么美国和德国的化学家热衷于此，认为其有助于其他新奇化学物质的发现，并可能在工业领域"大展拳脚"，用于制造清洁无毒的产品？

(5) 卤族元素的分析方法多种多样，哪种才是最快速有效的方法？

16	17	18
		He
O	F	Ne
S	Cl	Ar
Se	Br	Kr
Te	I	Xe
Po	At	Rn
Lv	Ts	Og

第 **1** 章

卤素的单质

1.1 卤素的通性

1.1.1 卤素在自然界的存在

卤素(halogen)是最活泼的非金属元素，位于周期表第 17 列，包括氟(fluorine，元素符号 F)、氯(chlorine，元素符号 Cl)、溴(bromine，元素符号 Br)、碘(iodine，元素符号 I)、砹(astatine，元素符号 At)和鿬(tennessine，元素符号 Ts)6 种元素。起初卤素来源于希腊语"盐"和"形成"两个词。在中文里，"卤"的原意是盐碱地。

氟是自然界中广泛分布的元素之一，氟在宇宙中的丰度排名为 24，在地壳中的丰度排名为 13。重要的矿物有萤石(CaF_2)、冰晶石(Na_3AlF_6)和氟磷酸钙$[Ca_5F(PO_4)_3]$等，氟在地壳中的质量分数约为 0.065%。氯是自然界中广泛分布的一种元素，单质状态的氯存在于大气层中，是破坏臭氧层的单质之一。氯主要以 NaCl 的形式存在于海洋、盐湖、盐井中，以 KCl 和光卤石($KCl \cdot MgCl_2 \cdot 6H_2O$)的形式存在于盐床中。氯在地壳中的质量分数约为 0.031%，海水中氯的浓度约为 $20 \ g \cdot L^{-1}$。溴主要以溴盐的形式散布在地壳中，溴在地壳中的质量分数约为 0.00016%；海水中溴的浓度约为 $0.065 \ g \cdot L^{-1}$[1]，约为氯浓度的 1/300。溴可以在溴含量丰富的卤井与死海(接近 $5×10^{-5}$%，图 1-1)中商业开采[2-3]。自

图 1-1 产生溴的死海盐蒸发区

然界中不仅海藻内含碘，智利硝石和石油产区的矿井水中碘含量也较高。地壳中碘的质量分数约为 $1.4 \times 10^{-5}\%$。砹是放射性元素，极不稳定，砹-210 是其半衰期最长的同位素，其半衰期也只有 8.3 h。砹也是自然界中最稀有的非超铀元素，任一时刻在地壳中的总量不超过 1 g[4]。地球形成时存在的砹元素早已衰变殆尽了，而今天自然界中的砹都是仅以微量而短暂的形式存在于镭、锕和钍等重元素的衰变产物中。鿬是一种人工合成的超重化学元素，具有极高的放射性。Ts 的性质很可能与其他卤素有显著的差异(如 -1 价离子很不稳定[5]，可以形成 Ts—Ts 键[6])，但预计其熔点、沸点和第一电离能符合周期表的规律，故也进入卤素家族。根据计算，Ts-295 同位素的半衰期为 (18 ± 7) ms。目前，鿬在以极低的产量合成。

1.1.2　卤素的成键特征

在卤族元素中，氟的电负性最大、半径最小，因此只有 -1 价，而除氟外，在一定的条件下，氯、溴、碘的外层 $nsnp$ 成对电子受激发可跃迁到 nd 轨道，nd 轨道也参与成键，使其极易获得一个电子达到稳定结构，即形成具有最低能量的八隅体构造[7]。因此，卤素的化学性质很活泼，在自然状态下通常不能以单质存在，一般化合价为 -1 价，即以卤离子(X^-)的形式存在。除氟外，其他卤族元素可呈现 +1、+3、+5、+7 氧化态(表 1-1)，这些氧化态通常存在于氯、溴、碘的含氧化合物和卤素间化合物中，如 $HClO$、BrF_3、HIO_3 和 Cl_2O_7 等。由于卤族元素形成八隅体的能力随着原子序数的增加而降低，因此 Ts 将会是第 17 族中最难接受电子的元素。在 Ts 预测能够形成的氧化态中，-1 是最不常见的[5]。

表 1-1　卤素的主要化合价

卤素	元素符号	原子半径/nm	主要化合价
氟	F	0.060	-1
氯	Cl	0.100	-1, +1, +2, +3, +4, +5, +6, +7
溴	Br	0.117	-1, +1, +3, +4, +5, +7
碘	I	0.136	-1, +1, +3, +5, +7
砹	At	0.148	-1, +1, +3, +5, +7
鿬	Ts	0.156～0.157(推算)[8]	-1, +1, +3, +5(推测)[1]

思考题

　　1-1 从卤素的电子结构和电离能等数据说明氯和溴的氧化态出现奇数的原因。

1.1.3　卤素的元素电势图

　　由卤素的元素电势图(图 1-2)可以看出，卤素各氧化态之间组成的电对都具

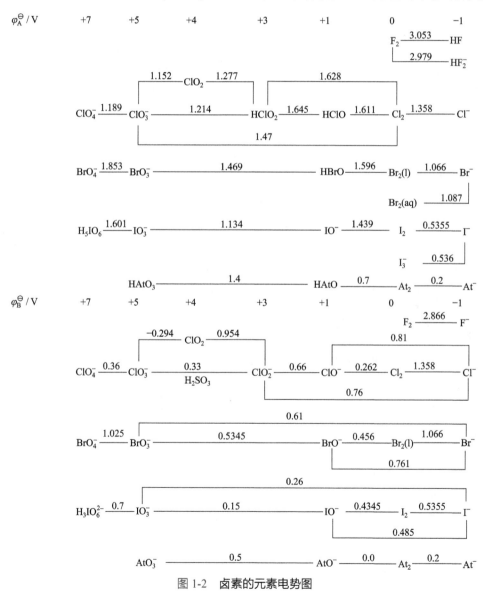

图 1-2　卤素的元素电势图

有正的电极电势, 尤其是在酸性溶液中大多数电对的电极电势具有较大的正值, 因此它们都具有比较强的氧化能力。与其他卤素不同的是, 砹的单质不能自发歧化。钿的元素电势图尚未见报道。

1.2　卤素单质的发现和元素命名

1.2.1　氟单质的发现和命名

早在 16 世纪, 萤石作为氟的主要矿物来源最先引起人们注意。1530 年, 阿格里科拉(G. Agricola, 1494—1555)在研究中最早提到了萤石(CaF_2)[9-10]。在冶炼的金属矿石中加入萤石可以降低矿石的熔点, 使其在较低温度下呈流动的液态, 因此萤石和氟的英文中有拉丁语中表示流动的词根 fluo。1810 年, 英国化学家戴维(H. Davy, 1778—1829)认为存在氟这种元素, 但由于氟从其化合物中分离出来非常难, 并且分离过程非常危险, 直到 1886 年, 法国化学家莫瓦桑(H. Moissan, 1852—1907)才采用低温电解的方法分离出氟单质[11]。许多早期实验者因为尝试分离氟单质而受到伤害甚至失去生命(见"历史事件回顾 1")。戴维当时提议将这一未知元素命名为 "fluorine", 由氟化氢 "fluorinc acid" 和卤素相同的后缀 "ine" 合并而来。这一名称被用在大多数的欧洲语系中。希腊、俄罗斯及其他一些国家则使用 ftor 或其衍生词[12-13]。较早期的文献中还曾使用过 Fl[14]。

1.2.2　氯单质的发现和命名[15]

人们很早就知道最常见的含氯化合物——氯化钠, 即食盐, 但氯单质在 18 世纪才被制备出来, 并且在其"出生"三十多年后才被承认。1773 年 3 月 28 日, 瑞典化学家舍勒(C. W. Scheele, 1742—1786)在写给他朋友的信中描述了一种采用软锰矿(MnO_2)溶解在盐酸中制得的黄绿色气体。当时科学家认为盐酸是盐酸基元素(元素符号用 Mu 表示)与氧结合而成的, 即 MuO_2, 因此这种气体被认为是盐酸与氧结合的产物, 称为"氧化的盐酸气", 即 MuO_3。直到 1810 年, 英国化学家戴维进行了三个实验推翻了这一假设, 实验分别为: ①将磷放置在"氧化的盐酸气"中燃烧, 没有得到氧化物; ②将氢气和"氧化的盐酸气"燃烧只得到氯化氢而没有水; ③将"氧化的盐酸气"与碳燃烧没有得到二氧化碳。至此, 他确定了这种"氧化的盐酸气"是一种新的元素, 并依据它本身的颜色黄绿色将其命名为 "chlorine"。

1.2.3　溴单质的发现和命名

　　1824 年，法国药学专科学校实验室的助理巴拉尔(A. J. Balard，1802—1876)将氯气通入盐湖水提取结晶盐后的母液中，母液变成了红棕色，他发现这种红棕色液体的性质介于氯与碘之间，并试着证明该化合物是一氯化碘(ICl)，但最终并未成功。他断定这是一种与碘和氯相似的新元素，并把它称为 "rutile"(意为红色)，而他的导师安哥拉达(M. Anglada)则建议称为 "muride"，意思是卤水[16]。在法国科学家瓦奎宁(L. N. Vauquelin，1763—1829)、瑟纳德(L. J. Thénard，1777—1857)与盖·吕萨克(J. L. Gay-Lussac，1778—1850)证实了年轻药剂师巴拉尔的实验之后，巴拉尔在法国科学院的一场演讲中公布了发现新元素的研究结果，同时将该结果发表在《化学和物理年鉴》上[17]。1826 年 8 月 24 日，法国科学院组成委员会肯定了巴拉尔的成果并将该新元素命名为 "brome"(法语)，英文是 "bromine"[15]。

戴维　　　　　莫瓦桑　　　　　舍勒　　　　　巴拉尔　　　　　瓦奎宁

1.2.4　碘单质的发现和命名[15]

　　18 世纪末到 19 世纪初，拿破仑发动战争期间需要大量硝酸钾制造火药。1811 年的某一天，当时法国第戎(Dijon)的硝石制造商、药剂师库图瓦(B. Courtois，1777—1838)在制造硝酸钾时发现，当海藻灰溶液与硫酸作用后，放出一种美丽的紫色烟气。这种烟气冷凝后不形成液体，而是变成带有金属光泽的暗黑色晶体。库图瓦并不是一个普通的硝石制造商，他除了长期从事制造硝石的化学实践工作外，还努力学习化学理论知识，因此具有很强的化学敏感性。两年后，他将这一奇妙发现发表在题为《海藻灰中新物质的发现》一文中[18]，并写道：它的蒸气惊奇的颜色足以表明它与现今已知的一切物质不同，使我对它产生了极大兴趣。他将得到的碘请当时的法国化学家盖·吕萨克等鉴定，并得到证实。盖·吕萨克因其带有深紫色光泽而以希腊语 "深紫罗兰色" 命名碘为 "iodine"。中文则取英文名称的最后一个音节(dine→典)，加上代表固体非金属元素的 "石" 字部首，命名为 "碘"。

1.2.5 砹单质的发现和命名

砹是门捷列夫(D. I. Mendeleev，1834—1907)曾经预言的卤素中"丢失"的成员，它的发现也历经曲折。遵循门捷列夫指引的道路，化学家开始试图从各种盐类中寻找这一元素，后来又尝试用光谱分析的方法，另一些科学家希望从相对原子质量上找到突破，类似空气中稀有气体的发现，但以上方法都失败了[15]。直到1940 年，加利福尼亚大学伯克利分校的科尔森(D. R. Corson，1914—2012)、麦肯西(K. R. MacKenzie，1912—2002)和塞格雷(E. G. Segrè，1905—1989)发现了砹元素。他们并没有在自然界中寻找，而是在回旋加速器中对铋-209 进行α 粒子撞击来合成砹元素(释放两个中子后形成砹-211)[19]。产物极不稳定，所以他们根据希腊文"不稳定"将其命名为"astatine"。三年后，该元素被卡尔利克(B. Karlik，1904—1990)和她的助手贝尔奈(T. Bernert，1915—1998)发现存在于大自然中[20-21]，是地壳中丰度最低的非超铀元素，任一时刻的总量不到 1 g[4]。自然界中的重元素经各种衰变途径一共产生 6 种砹的同位素，相对原子质量为 214～219，但最稳定的两种同位素砹-210 和砹-211 都不存在于自然界中。

瑟纳德　　　　盖·吕萨克　　　　科尔森　　　　麦肯西　　　　塞格雷

1.2.6 石田单质的发现和命名

2004 年，俄罗斯杜布纳联合核子研究所的一个团队提议进行合成 117 号元素的实验。该实验以钙粒子束轰击锫目标体，从而产生核聚变反应。美国橡树岭国家实验室是世界上唯一能够制成锫的实验室，但是其团队以产量不足为由未能提供这一元素。俄罗斯团队决定用钙轰击锏目标体，尝试合成 118 号元素[22]。

实验需要难以取得的锫元素，原因是：要产生高能离子束，需较轻的同位素。钙-48 由 20 个质子和 28 个中子组成，是具有多个过剩中子的最轻的稳定(或近稳定)同位素。下一个具有大量过剩中子的同位素为锌-68，其质量比钙高出许多。要与含有 20 个质子的钙结合成 Ts 同位素，就需要含有 97 个质子的锫[23]。俄罗斯研究人员从地球上的自然钙中提取少量的钙-48，以化学方式制成了所需的钙离子束[24]。合成的原子核将具有更大的质量，更加靠近所谓的"稳定岛"，即理论预测中稳定性特别高的一组超重原子。然而到了 2013 年，质量足够大的原子核还没有被合成，而已经合成的同位素也比"稳定岛"同位素具有较低的中子数。

美国团队在 2008 年重启了制造锫的计划，并与俄罗斯团队建立了合作关系。计划产生 22 µg 锫，足以进行合成实验。锫样本经 90 天冷却后，再经 90 天的化学纯化过程。这一锫目标体必须及时送往俄罗斯，因为锫-249 的半衰期只有 330 天，即锫的量每 330 天因衰变而减半。实验必须在目标体运输算起的六个月内进行，否则会因样本量过小而无法进行。2009 年夏，目标体装载在五个铅制容器中，搭乘纽约至莫斯科的航班送达俄罗斯。

俄罗斯海关两次以文件不全为由拒绝了样本的通关，因此样本共五次飞越大西洋，一共花费了几天时间。到达以后，它被送往乌里扬诺夫斯克州季米特洛夫格勒，固定在钛薄片上，然后运往杜布纳联合核子研究所，安装在粒子加速器上，这是世界上用于合成超重元素的最强大的粒子加速器。实验在 2009 年 6 月展开，直到 2010 年 1 月，弗廖罗夫核反应实验室的科学家在内部宣布成功探测到原子序数为 117 的新元素的放射性衰变：一个奇数-奇数同位素和一个奇数-偶数同位素的共两条衰变链，前者经 6 次 α 衰变后自发裂变，后者经 3 次 α 衰变后自发裂变。2010 年 4 月 9 日，团队在 *Physical Review Letters* 上刊登了该项发现的正式报告[25]。以上的两条衰变链分别属于 ^{294}Ts 和 ^{293}Ts 同位素，其合成反应分别为[25]

$$^{48}_{20}\text{Ca} + ^{249}_{97}\text{Bk} \longrightarrow ^{297}_{117}\text{Ts} \longrightarrow ^{294}_{117}\text{Ts} + 3^{1}_{0}\text{n (1个事件)}$$

$$^{48}_{20}\text{Ca} + ^{249}_{97}\text{Bk} \longrightarrow ^{297}_{117}\text{Ts} \longrightarrow ^{293}_{117}\text{Ts} + 4^{1}_{0}\text{n (5个事件)}$$

在 Ts 被合成之前，其所有子同位素都尚未被发现，所以这项结果不能让国际纯粹与应用化学联合会及国际纯粹与应用物理学联合会(IUPAC/IUPAP)联合工作小组申请证实元素的发现。Ts 的其中一个衰变产物 Mc-289 在 2011 年被直接合成，其衰变性质与合成 Ts 时所测得的数据相符。不过当 IUPAC/IUPAP 联合工作小组在 2007～2011 年审阅各种镥(112 号元素)之后新元素的发现申请材料时，参与发现 Ts 的团队并没有向 IUPAC/IUPAP 联合工作小组提出申请。杜布纳联合核子研究所的团队 2012 年又成功重现了实验，其结果与先前的实验吻合[26]，团队随后提交了新元素发现的申请书。

2014 年 5 月 2 日，德国达姆施塔特亥姆霍兹重离子研究中心的科学家宣布成功证实了 Ts 的发现。他们也因此发现了新的𬭊-266 同位素。该同位素是 Db-270 的 α 衰变产物(在杜布纳联合核子研究所进行的实验中，Db-270 进行的是自发裂变)，半衰期为 11 h，是所有超重元素的已知同位素中寿命最长的。𬭊-266 可能位于稳定岛的"岸边"[27]。

2016 年，IUPAC 正式宣布该元素由俄罗斯杜布纳联合核子研究所、美国劳伦斯利弗莫尔国家实验室和美国橡树岭国家实验室(位于田纳西州)合作发现[28]，并建议以田纳西州(Tennessee)将其命名为"tennessine"(Ts)。2017 年 1 月 15 日，中华人民共和国全国科学技术名词审定委员会联合国家语言文字工作委员会组织化学、物理学、语言学界专家召开了 113 号、115 号、117 号、118 号元素中文定名会，将此元素命名为"鿬"[29]。

1.3 卤素单质的结构、性质和制备

1.3.1 卤素单质的结构

卤素的氟、氯、溴和碘都是双原子分子(表 1-2)，不管是气态还是固态，其键长(bond length)都会因原子半径的增大依次增大。固态都是分子晶体。

表 1-2 氟、氯、溴和碘的分子结构及键长

卤素名称	分子式	结构	模型	d(X—X)(气态)/pm	d(X—X)(固态)/pm
氟	F_2	F—F 141 pm		141	149
氯	Cl_2	Cl—Cl 199 pm		199	198
溴	Br_2	Br—Br 228 pm		228	227
碘	I_2	I—I 267 pm		267	272

固体砹的晶体结构目前是未知的[30]，作为碘的类似物，它可能具有由砹的双原子分子组成的斜方晶系结构，且是一种半导体(能隙为 0.7 eV)。或者如果由砹凝结形成金属相，则可能形成单原子的面心立方结构，此结构可能为一种超导体，与碘高压下的形态类似[31]。对于砹是否会形成双原子分子(At_2)，目前也未见证据证实或否定[32-36]。某些文献主张 At_2 从未被观测到，因此并不存在[37-38]；另一些文献则表示或暗示它是存在的[39-41]。尽管争议持续，但是砹双原子分子的许多属性都有理论的预测值[36]，如密度为 6.2～6.5 g·cm^{-3}[8]，键长为(300 ± 10)pm，解离能为(83.7 ± 12.5)kJ·mol^{-1}[42]，汽化热(ΔH_{vap})为 54.39 kJ·mol^{-1}。由于汽化热大于 42 kJ·mol^{-1} 的元素在液体时是金属，砹可能是液态金属[43]。根据计算，At_2 分子中的 σ 键具有很强的反键性质；而 Ts 预计会持续这一趋势，Ts_2 分子会有较强的 π 键性质[5-6]。

1.3.2　卤素单质的性质

1. 卤素单质的物理性质

卤素单质均为非极性双原子分子，从氟到碘，随着相对分子质量的增大，分子间色散力(dispersion force)逐渐增加，卤素单质的密度、熔点、沸点等物理性质均依次递增(表 1-3)。卤素单质都是有颜色的，且随着原子序数的增大，颜色逐渐加深(图 1-3)。物理性质表现出最有规律的单向变化。

表 1-3　卤素单质的一些性质

元素	氟	氯	溴	碘	砹	钿
电子构型	$[He]2s^22p^5$	$[Ne]3s^23p^5$	$[Ar]4s^24p^5$	$[Kr]5s^25p^5$	$[Xe]6s^26p^5$	$[Rn]7s^27p^5$ (推测)[1]
物态(298 K, 101.3 kPa)	气体	气体	液体	固体	固体	固体
颜色	浅黄色到几乎无色	黄绿色	红棕色	紫黑色	黑色	黑色
密度(液体)/$(g \cdot cm^{-3})$	1.5127 (−188.1℃)	1.565 (−34.0℃)	3.1028	4.933	6.2～6.5 (推测)[8]	7.1～7.3 (推测)[8]
沸点/℃	−188.11	−30.04	58.8	184.4	—	—
熔点/℃	−219.67	−101.5	−7.2	113.7	302	—
X^-离子半径/pm	133	181	196	220	227	—
第一电离能/eV	17.4228	12.9676	11.8138	10.4513	—	—
电子亲和能/eV	3.4011897	3.612725	3.3635882	3.0590368	2.8	
X^-的水合能 $/(kJ \cdot mol^{-1})$	−507	−368	−335	−293	—	—
X_2的解离能 $/(kJ \cdot mol^{-1})$	158.7	242.9	193.9	152.3		
电负性 (Pauling 标度)	3.98	3.16	2.96	2.66	2.2	
$\Delta_f H_m^{\ominus}$ (X^-, aq) $/(kJ \cdot mol^{-1})$	−332.63	−167.159	−121.55	−55.19	—	—
$\varphi^{\ominus}$ (X_2/X^-)/V	2.866	1.358	1.066	0.5355	0.2	
X—X 键能 $/(kJ \cdot mol^{-1})$	159	243	194	152		
晶体结构	分子晶体	分子晶体	分子晶体	分子晶体(具有部分金属性)		

图 1-3 卤素单质气体的颜色

卤素中从氯到碘的电子亲和能(electron affinity)依次减小，但氟的电子亲和能比氯小，其反常的原因是氟的原子半径特别小，核周围电子密度较大，当接受外来电子或共用电子对成键时，将引起电子间较大的斥力，从而部分抵消了气态氟原子形成气态氟离子时所放出的能量。尽管如此，氟化物的生成焓通常仍远远高于氯化物的生成焓：

$$Na^+(g) + F^-(g) \Longrightarrow NaF(s); \quad \Delta_r H_m^\ominus = -1505.59 \text{ kJ} \cdot \text{mol}^{-1}$$

$$Na^+(g) + Cl^-(g) \Longrightarrow NaCl(s); \quad \Delta_r H_m^\ominus = -787.38 \text{ kJ} \cdot \text{mol}^{-1}$$

对此的解释是离子型氟化物的高晶格焓和共价型氟化物高的键能(bond energy)补偿了氟的较低电子亲和能(图 1-4)。当其他元素原子的半径较大或最外电子层没有孤对电子时，电子之间的斥力减小，于是与氯相比，半径小的氟与这些元素原子更易形成稳定的共价键(covalent bond)。例如，PF_3 和 PCl_3 中 P—F 键和 P—Cl 键键能分别为 490 kJ · mol^{-1} 和 319 kJ · mol^{-1}，CF_4 和 CCl_4 的 C—F 键和 C—Cl 键键能分别为 485 kJ · mol^{-1} 和 327 kJ · mol^{-1}。

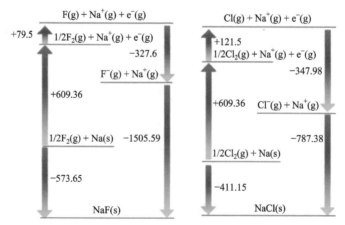

图 1-4 生成氟化钠和氯化钠的热化学循环(单位：kJ · mol^{-1})

思考题

1-2　I_2 蒸气呈紫色，I_2 溶于 CCl_4 或环己烷也呈紫色，但它溶于苯、乙醚、三乙胺等溶剂时颜色发生变化，为什么？

例题 1-1

为什么卤素单质的颜色由氟到碘依次加深？

解　结构的单一性导致了颜色的单调变化。卤素单质的分子轨道示意图如图 1-5 所示，渐变现象是由元素的最高占据分子轨道(highest occupied molecular orbit，HOMO)与最低未占分子轨道(lowest unoccupied molecular orbit，LUMO)之间的能量差自上而下减小，而使激发波长变长(能量变小)造成的。

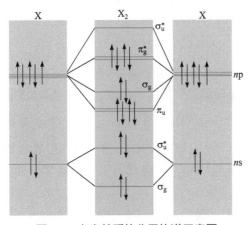

图 1-5　卤素单质的分子轨道示意图

2. 卤素单质的化学性质

卤素是很活泼的非金属元素。卤素单质具有强氧化性，能与大多数元素直接化合。卤素单质的氧化性是它们最典型的化学性质，随着原子半径的增大，卤素单质的氧化性依次减弱：

$$F_2 > Cl_2 > Br_2 > I_2$$

(1) 氟是最活泼的非金属，除氮、氧和某些稀有气体外，氟能与所有金属和非金属直接化合，而且反应通常十分激烈，有时还伴随着燃烧和爆炸。在室温或不太高的温度下，氟可以使铜、铁、镁、镍等金属钝化，生成金属氟化物保护膜。氯也能与所有金属和大多数非金属元素(除氮、氧、碳和稀有气体外)直接化合，但反应不如氟剧烈。溴、碘的活泼性与氯相比更差。

(2) 卤素单质化学活泼性的变化在卤素与氢的化合反应中表现得十分明显。

氟与氢化合即使在低温、暗处也会发生爆炸。氯与氢在暗处反应极为缓慢，但在光照射下可瞬间完成。溴与氢的反应需要加热才能进行。碘与氢只有在加热或有催化剂存在的条件下才能反应，且反应是可逆的。

(3) 从卤素的标准电极电势 $\varphi^{\ominus}$ (X_2/X^-) 看，卤素单质在水溶液中的氧化性也同样按 $F_2 > Cl_2 > Br_2 > I_2$ 的次序递变，因此位于前面的卤素单质可以氧化后面卤素的阴离子。例如，Cl_2 能氧化 Br^- 和 I^-，分别生成相应的单质 Br_2 和 I_2；Br_2 则能氧化 I^-，生成 I_2。卤素能氧化某些硫化物，生成硫单质，如：

$$CS_2 + 2Cl_2 \Longrightarrow CCl_4 + 2S$$

卤素与水发生两类重要的化学反应。第一类反应是卤素置换水中氧的反应：

$$2X_2 + 2H_2O \Longrightarrow 4X^- + 4H^+ + O_2$$

第二类反应是卤素的歧化反应：

$$X_2 + H_2O \Longrightarrow X^- + H^+ + HXO$$

卤素单质与水发生第一类反应的激烈程度同样按 $F_2 > Cl_2 > Br_2 > I_2$ 的次序递变。氟的氧化性最强，只能与水发生第一类反应，反应是自发的、激烈的放热反应：

$$2F_2 + 2H_2O \Longrightarrow 4HF + O_2(s); \quad \Delta_r G_m^{\ominus} = -713.02 \text{ kJ} \cdot \text{mol}^{-1}$$

氯只有在光照下缓慢地与水反应放出 O_2，溴与水作用放出 O_2 的反应极其缓慢。碘与水不发生第一类反应。相反，氧却可以与碘化氢溶液作用，析出碘单质。Cl_2、Br_2、I_2 与水主要发生第二类反应，反应是可逆的。在 25℃时，Cl_2、Br_2、I_2 歧化反应的标准平衡常数分别为 4.2×10^{-4}、7.2×10^{-9}、2.0×10^{-13}。由此可见，反应进行的程度随原子序数的增大依次减小。

当溶液 pH 增大时，卤素的歧化反应平衡向右移动。卤素在碱性溶液中易发生如下歧化反应：

$$X_2 + 2OH^- \Longrightarrow X^- + XO^- + H_2O \tag{1}$$

$$3XO^- \Longrightarrow 2X^- + XO_3^- \tag{2}$$

氯在 20℃时，只有反应(1)进行得很快，在 70℃时，反应(2)才进行得很快，因此常温下氯与碱作用主要生成次氯酸盐。溴在 20℃时，反应(1)和反应(2)进行得都很快，而在 0℃时反应(2)较缓慢，因此只有在 0℃时才能得到次溴酸盐。碘即使在 0℃时反应(2)也进行得很快，所以碘与碱反应只能得到碘酸盐。

(4) 在有机化学中，卤族元素经常作为决定有机化合物化学性质的官能团存在。常用 X 表示，如 R—X 指含卤素原子的烃类。这里，R—X 的物理特性和化学特性明显区别于与它对应的烃。这是因为卤素原子(如 F、Cl、Br、I)与碳原子的连接即 C—X 键明显不同于烃 C—H 键，主要表现在：①由于卤素原子通常具有较大的电负性，所以 C—X 键比 C—H 键更加极化，但仍然是共价键；②由于卤素原子相比于碳原子，通常体积和质量较大，所以 C—X 键的偶极矩(dipole moment)和键能远大于 C—H，这些导致了 C—X 的键合力远小于 C—H 键；③卤素原子脆弱的 p 轨道与碳原子稳定的 sp^3 轨道相连接，大大降低了 C—X 键的稳定性。卤素最常见的有机化学反应为亲核取代反应。

思考题

1-3　为什么氟单质与水的反应类型不同于氯、溴、碘？

1-4　卤素单质在水中的歧化反应受哪些因素影响？

例题 1-2

试写出将盐卤中的 Br⁻ 转化为 Br_2 的反应方程式和电势，从热力学观点，Br⁻ 可被 O_2 氧化为 Br_2，但为什么不用 O_2 达到此目的？

解　Br⁻用 Cl_2 氧化：

$$Cl_2(g) + 2Br^-(aq) = 2Cl^-(aq) + Br_2(g)$$

$$E^\ominus = 1.358\ V - 1.066\ V = 0.292\ V$$

从热力学角度，Br⁻在酸性溶液中可被 O_2 氧化：

$$O_2(g) + 4Br^-(aq) + 4H^+(aq) = 2H_2O(l) + 2Br_2(l)$$

$$E^\ominus = 1.23\ V - 1.066\ V = 0.164\ V$$

该反应在 pH = 7 的溶液中不能进行($E = -0.15\ V$)，因为 O_2 的反应涉及约 0.6 V 的超电势。即使酸性溶液中的反应在动力学上也是有利的，但由于需要将大量的盐卤酸化然后又将废液中和，这在经济上显然没有吸引力。

例题 1-3

为什么 F 的电负性最大，但其电子亲和能却小于 Cl，而且 F—F 键解离能也低于 Cl—Cl 键的解离能(图 1-6)？

解　这是因为 F 原子体积太小导致价层电子间有较强的排斥力使键变弱，这种现象在氮族、氧族中也存在。

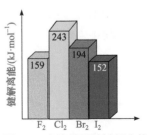

图 1-6　卤素单质的键解离能

例题 1-4

举例说明卤素单质的化学性质。

解 卤素单质的化学性质见表 1-4。

表 1-4　卤素单质的化学性质

性质	卤素单质			
	F_2	Cl_2	Br_2	I_2
与 Fe 反应	FeF_3	$FeCl_3$	$FeBr_3$	FeI_2
与 NaOH 反应	$NaF + OF_2$	$NaCl + NaClO$，加热反应则生成 $NaCl + NaClO_3$	$NaBr + NaBrO$，加热反应则生成 $NaBr + BaBrO_3$	$NaI + NaIO_3$
与 S 反应	SF_6，也会产生 SF_4	反应复杂，可生成 S_2Cl_2、SCl_2、SCl_4 等	S_2Br_2	不反应

1.3.3　卤素单质的制备

由于卤素是具有强化学活泼性的非金属元素，因此它们在自然界绝大多数情况下以化合态存在。由卤化物为原料制备卤素单质的方法可以归结为卤素负离子氧化手段的选择。根据不同卤素的氧化还原性的差别：

卤素单质	F_2	Cl_2	Br_2	I_2
$\varphi^{\ominus} (X_2/X^-)/V$	2.866	1.358	1.066	0.5355
单质氧化性	大	←		小
X^-还原性	小		→	大

可以利用电解的方法氧化或用氧化剂来氧化。不同的氧化方法也显著反映出卤素单质氧化性强弱的单向变化(图 1-7)。

图 1-7　卤素单质工业制备方法的比较

1. 氟的制备

1) 工业生产

目前，尽管氟的制备已从实验室扩展到大规模的工业生产，但使用的基本方法仍与莫瓦桑最初使用的电解方法大致相同，只是在电解槽、电极、电解液的配制等方面做了较大的改进。这是由于氟是很强的氧化剂，很少有比氟更强的氧化剂能夺取 F^- 中的电子而将其氧化为氟单质。莫瓦桑提出的通过电解氟化氢与氟化钾混合物制备氟的方法可以用于工业生产，其反应式如下：

阳极反应 $\qquad\qquad 2F^- - 2e^- \Longrightarrow F_2$

阴极反应 $\qquad\qquad 2HF_2^- + 2e^- \Longrightarrow H_2 + 4F^-$

总反应 $\qquad\qquad 2KHF_2 \Longrightarrow 2KF + F_2\uparrow + H_2\uparrow$

其中的氢离子在钢制成的阴极容器中还原生成氢气，而氟离子在碳制阳极被氧化生成氟气(图 1-8)。由反应式可以看出，电解过程消耗的实际上是 HF 而非 KF，因此电极过程需要不断加入无水 HF，同时降低电解质的熔点，保证电解反应继续进行。为了防止产物 F_2 和 H_2 相互混合而引起爆炸，电解槽中有一特制的隔膜将两者严格分开。反应槽中阴极、阳极之间的电压为 $8\sim12$ V，阳极电流密度为 $0.08\sim0.14$ $A\cdot cm^{-2}$，阴极电流密度为 $0.1\sim0.5$ $A\cdot cm^{-2}$[44]。由于 $KF\cdot HF$ 在 $72℃$ 熔化，因此电解温度为 $70\sim130℃$。在 $0℃$ 时，由电解池测出的表观电极电势为 2.763 V，而在水溶液中，按 $2F^- - 2e^- \Longrightarrow F_2$ 反应计算得知，其标准电极电势为 2.979 V。而实际上该电解过程却需要用 8 V 的电势才能进行，可见该反应是不易变为可逆的，因为产生相当高的超电势。在电解时，为了使反应能顺利进行，电解液中不能含有水和其他比氟离子更易被氧化的物质。

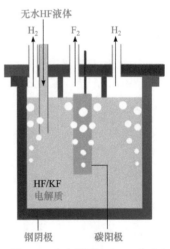

无水 HF 液体

H_2　　　F_2　　　H_2

HF/KF
电解质

钢阴极　　　碳阳极

图 1-8　由电解质 HF-KF 生产
F_2 的电解槽简图

通常，电解所用的电解质是三份氟化氢钾(KHF_2)和两份无水氟化氢的熔融混合物，这是为了减轻 HF 的挥发，并且可降低电解质的熔点。电解槽材料用抗氟腐蚀的蒙乃尔(Monel)铜镍合金(含 Cu 30%、Ni 60%～65%的含金)制造[45]，以容器壁为阴极，用浸透过铜的焦炭为阳极，用聚四氟乙烯作电绝缘材料。

氟可以使用具有钝化内层的钢罐在 200℃ 以下储存，否则将使用镍[45-46]。调节阀与管道用镍制造，而管道也可以使用蒙乃尔铜镍合金制造[45]。使用和存储氟的设备必须经常钝化，并且严格禁止接触水和油脂。

思考题

1-5 为什么从 1768 年发现 HF 以后，历时 118 年直到 1886 年才制得 F_2？1886 年，莫瓦桑采用如下装置(图 1-9)制得 F_2 的原理是什么？

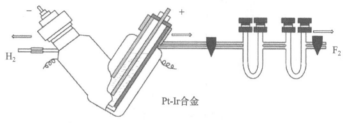

图 1-9 莫瓦桑在实验室制备出单质氟气的装置

2) 实验室制备

在实验室中，常用热分解含氟化合物制备氟单质，如：

$$BrF_5 \xmfrac{\triangle}{} BrF_3 + F_2 \uparrow$$

这种方法所用原料是用氟气制取的，它是氟气的重新释放，所以五氟化溴是氟单质的储存材料。这是由法国科学家克里斯特(K. O. Christe，1936—)在 1986 年实现的[47]。

在实验室中，在低温和无水的条件下可以使用玻璃器皿装氟气[45]，某些文献推荐使用镍-蒙乃尔-聚四氟乙烯系统[48]。

克里斯特

例题 1-5

为什么从 1886 年莫瓦桑制得 F_2 后，又历时 100 年，化学家克里斯特才利用化学方法成功制得氟？又为什么说"这一发现看来不会代替电解法生产氟"？

解 这是因为氟是电负性最强的元素，找不到比它更强的氧化剂。克里斯特于 1986 年实现了这一突破。他依据的是一条最普通的化学原理：强酸能将弱酸从弱酸盐中置换出来。他先制备 K_2MnF_6 和 SbF_5：

$$2KMnO_4 + 2KF + 10HF + 3H_2O_2 == 2K_2MnF_6 + 8H_2O + 3O_2$$

$$SbCl_5 + 5HF == SbF_5 + 5HCl$$

再用 K_2MnF_6 和 SbF_5 制备 MnF_4，而 MnF_4 不稳定，分解为 MnF_3 和 F_2：

$$2K_2MnF_6 + 4SbF_5 \xrightarrow{423\ K} 4KSbF_6 + 2MnF_3 + F_2$$

显然，这不是一个直接制备 F_2 的方法，何况工业上已能大量采用电解法制备。

3) 氟气发生器

从以上可以看出，需要大量的氟就要采用电解法生产，一般来说，传统电解法生产氟气有纯度较低，对电解设备、操作人员要求高，环境污染大的缺点，而实验室制法量又太小。于是，从 1986 年起苏联、德国、中国先后开展"氟气发生器"(fluorine generator)的研究工作[49]。这种发生器为少量氟气的获取提供了一种有效、简便的途径。研究的关键是合成出适合作为氟气发生源的高价过渡金属氟化物[49]。以往的研究结果表明，$KF \cdot K_2NiF_6$ 可能是一种较合适的氟气发生源[49-50]。据报道，日本在 1999 年 10 月已将其研制的氟气发生器正式推向市场。我国洛阳森蓝化工材料科技有限公司等企业也于 2011 年开发出氟气发生器专利产品，并推向市场。

氟气源的制备可按刘文元等提出的方法进行[51]。将 KF、NiF_2 的混合物(摩尔比 3∶1)放入纯镍制成的高温高压反应器中(图 1-10)。在确保密封性能完好后，通入约 50 kPa 的氟气放置 1 天(使混合物中可能没有除尽的微量结晶水与氟气反应)。将反应器抽真空，用液氮冷冻冷凝器，并从氟气钢瓶中放入氟气，通过钢瓶中气体的压力变化来确定通入的氟气量，在达到所要求的氟气量后，关闭反应器的进气电动阀门 5，使反应器及冷凝器缓慢加热到 250℃左右，此时氟气压

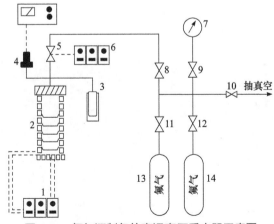

图 1-10　氟气源制备的高温高压反应器示意图

1. 控温系统；2. 反应器；3. 冷凝器；4. 高压压力表；5，8~12. 阀门；
6. 控制系统；7. 压力表；13、14. 氟气钢瓶

力在 2.0 MPa 以上。维持在 250℃下继续氟化，直到氟气不再被吸收为止(可通过高温、高压压力表来监测)。然后将反应器、冷凝器自然冷却至室温，缓慢打开阀门 5，放出剩余的氟气，并将反应器抽至真空后，再通入 0.1 MPa 的高纯氮。最后，于干燥箱内打开反应器取出最终产物，此时反应物已由黄绿色变为鲜红色，即为 KF·K$_2$NiF$_6$。使用温度低于 350℃时，KF·K$_2$NiF$_6$ 的热分解是按照以下反应进行的：

$$2KF·K_2NiF_6(s) \Longrightarrow 2K_3NiF_6(s) + F_2(g)$$

经氟气纯度分析仪对产生的氟气进行纯度分析，其纯度达到 99%以上。该分解反应为可逆反应，分解后的固体产物(K$_3$NiF$_6$)重新氟化后又可合成 KF·K$_2$NiF$_6$。

4) 氟气的精制

电解产生的氟气中，因电解质温度不同，其氟化氢含量为 4%～12%。在氟气的使用中，为获得纯净的氟化产品，希望使氟气中的氟化氢含量降到最低。通常采用低温法、氟化钠吸附法和氟磺酸吸收法。低温法精制是通过干冰或乙醇加液氮制成的 80℃冷凝器，保持足够的热交换条件，使氟气中绝大部分的氟化氢都被冷凝，可使其氟化氢含量降至 1%以下。为了获得更纯净的氟气，可再通过氟化钠吸收器净化。氟化钠吸收器有槽式的表面吸收器和管式吸收器两种。将粒状干燥的纯净氟化钠放入平槽或管中，周围用电阻丝加热至 100℃。当氟气通过100℃的氟化钠表面时，氟化氢即以酸性氟化钠形式固定下来。如果保证足够的接触机会，会使氟化氢含量降至 0.02%以下。吸收了氟化氢的酸性氟化钠被加热到 300℃时，又可获得再生。氟磺酸吸收法是较新的方法，效果比氟化钠吸附法更好，吸收氟化氢后的氟磺酸加热到300℃，可迅速再生。图 1-11 为位于英国普雷斯顿的一个完整的氟生产车间。

图 1-11　位于英国普雷斯顿的氟生产车间

2. 氯的制备

1) 工业生产

由图 1-7 可知，氯的氧化性也很强，只能用电解氧化法或强氧化剂作用将 Cl⁻ 氧化为 Cl_2。工业上用电解氯化钠水溶液的方法制取氯气，该方法称为氯碱法，得名于氯(Cl_2)和碱(NaOH)两个产品。在历史最久的汞阴极法淘汰以后，目前主要采用隔膜电解法和离子交换薄膜法。隔膜电解槽以石墨作阳极，铁网作阴极，以石棉为隔膜材料。电解过程中，阳极产生氯气，阴极产生氢气和氢氧化钠：

阳极反应　　　　　　$2Cl^-(aq) == Cl_2(g) + 2e^-$

阴极反应　　　　　　$2H_2O(l) + 2e^- == 2OH^-(aq) + H_2(g)$

总反应　　　　　$2NaCl + 2H_2O == 2NaOH + Cl_2\uparrow + H_2\uparrow$

石墨电极在电解过程中不断受到腐蚀，需要定期更换。20 世纪 70 年代以来，石墨已逐渐被金属阳极(如钌钛阳极)替代。离子交换薄膜法是 20 世纪 80 年代起采用的新工艺，以高分子离子交换膜代替石棉隔膜(图 1-12)，这种离子交换膜对 Na⁺ 渗透性高，对 Cl⁻ 和 OH⁻ 渗透性低，即只允许 Na⁺ 由阳极室迁移至阴极室，不允许 Cl⁻ 和 OH⁻ 发生迁移，这种工艺制得的氢氧化钠浓度大、纯度高，并能节约能量。

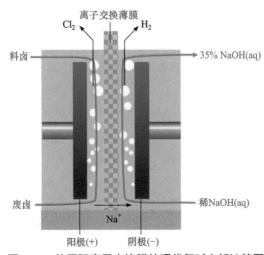

图 1-12　使用阳离子交换膜的现代氯碱电解池简图

工业上也可用电解熔融 NaCl 法制取氯气。

2) 实验室制备

实验室常用强氧化剂如 $KMnO_4$、$K_2Cr_2O_7$、MnO_2 和 HCl 反应制取少量氯气：

$$2KMnO_4 + 16HCl == 2KCl + 2MnCl_2 + 5Cl_2\uparrow + 8H_2O$$

$$K_2Cr_2O_7 + 14HCl \Longrightarrow 2KCl + 2CrCl_3 + 3Cl_2\uparrow + 7H_2O$$
$$MnO_2 + 4HCl \Longrightarrow MnCl_2 + Cl_2\uparrow + 2H_2O$$

用重铬酸钾或二氧化锰作氧化剂制取氯气时必须用较浓的盐酸。用重铬酸钾作氧化剂，当加热时产生氯气，不加热时则反应停止发生。此外，也可用氯化物和浓硫酸的混合物与二氧化锰反应制取氯气：

$$2NaCl + 3H_2SO_4 + MnO_2 \Longrightarrow 2NaHSO_4 + MnSO_4 + Cl_2\uparrow + 2H_2O$$

3. 溴的制备

1) 工业生产

由于溴离子(Br^-)的还原性较强，只需用化学还原法就可将溴离子氧化为溴单质。工业上从海水或卤水中制溴时，首先是通入氯气将溴离子氧化：

$$Cl_2 + 2Br^- \Longrightarrow 2Cl^- + Br_2$$

然后用空气在 pH 为 3.5 左右时将生成的溴单质从溶液中吹出，并用碳酸钠溶液吸收。溴单质与碳酸钠发生反应，生成溴化钠和溴酸钠而与空气分离：

$$3Br_2 + 3CO_3^{2-} \Longrightarrow 5Br^- + BrO_3^- + 3CO_2$$

将溶液浓缩后用硫酸酸化就得到液溴：

$$5Br^- + BrO_3^- + 6H^+ \Longrightarrow 3Br_2 + 3H_2O$$

另外，溴也可以通过电解盐卤(NaCl 被分离后剩下的母液)制取。

2) 实验室制备

实验室中也可用制备氯的方法制备溴。例如，将溴化物和浓硫酸的混合物与二氧化锰混合，微热可制取溴：

$$2NaBr + 3H_2SO_4 + MnO_2 \Longrightarrow 2NaHSO_4 + MnSO_4 + Br_2 + 2H_2O \qquad (1)$$
$$2NaBr + 3H_2SO_4(浓) \Longrightarrow 2NaHSO_4 + SO_2 + Br_2 + 2H_2O \qquad (2)$$

在反应(1)中，二氧化锰是氧化剂，稀硫酸提供酸性介质；在反应(2)中，浓硫酸既是氧化剂，又提供酸性环境。

还可以用氢溴酸和过氧化氢反应制备。

$$2HBr(aq) + H_2O_2(aq) \Longrightarrow 2H_2O(l) + Br_2(g)$$

或者使用以下归中反应制备：

$$5Br^- + BrO_3^- + 6H^+ \Longrightarrow 3Br_2 + 3H_2O$$

4. 碘的制备

1) 工业生产

从天然盐卤水中提取碘是工业生产碘的主要途径，其原理与制溴相似。应该注意，若选氯气作氧化剂，氯气不能过量，否则会将碘单质氧化为 IO_3^-：

$$I_2 + 5Cl_2 + 6H_2O =\!=\!= 2IO_3^- + 10Cl^- + 12H^+$$

通常用亚硝酸钠氧化含 I^- 的溶液，并用活性炭吸附碘单质：

$$2NO_2^- + 2I^- + 4H^+ =\!=\!= I_2 + 2NO + 2H_2O$$

再用氢氧化钠溶液处理吸附了碘单质的活性炭，使碘单质歧化为碘化钠和碘酸钠，与活性炭分离：

$$3I_2 + 6OH^- =\!=\!= 5I^- + IO_3^- + 3H_2O$$

最后，经硫酸酸化后析出碘单质：

$$5I^- + IO_3^- + 6H^+ =\!=\!= 3I_2 + 3H_2O$$

图 1-13　碘可以升华为紫色的气体

2) 实验室制备

与制溴一样，常用二氧化锰作氧化剂在酸性溶液中制取单质碘。加热可使碘升华(图 1-13)，以达到分离和提纯的目的：

$$2NaI + 3H_2SO_4 + MnO_2 =\!=\!= 2NaHSO_4 + MnSO_4 + I_2 + 2H_2O$$

然而，用浓硫酸制取单质碘与制溴的还原产物不同：

$$8NaI + 5H_2SO_4(浓) =\!=\!= 4I_2 + H_2S + 4H_2O + 4Na_2SO_4$$

由碘酸钠制取碘时，采用的是亚硫酸氢钠还原法：

$$2IO_3^- + 5HSO_3^- =\!=\!= I_2 + 2SO_4^{2-} + 3HSO_4^- + H_2O$$

例题 1-6

试写出从海带中提取碘(主要以碘化钾的形式存在)的主要生产流程和反应。

解　工业上从海带中提取碘的主要生产流程如图 1-14 所示。

图 1-14　工业上从海带中提取碘流程图

主要化学反应为

$$2I^- + H_2O_2 + 2H^+ =\!=\!= I_2 + 2H_2O \quad 或 \quad 2I^- + Cl_2 =\!=\!= I_2 + 2Cl^-$$

5. 砹和鿬的制备

砹的主要生产方法是用高能 α 粒子对铋-209 进行撞击。每次的产量十分微小，现今的技术每一生产周期可以产出 2 TBq($2×10^{12}$ Bq)At，约等于 25 mg：

$$\ce{^{209}_{83}Bi + ^{4}_{2}He -> ^{211}_{85}At + 2^{1}_{0}n}$$

鿬的人工合成见下列反应式：

$$\ce{^{48}_{20}Ca + ^{249}_{97}Bk -> ^{297}_{117}Ts -> ^{294}_{117}Ts + 3^{1}_{0}n}(1个事件)$$

$$\ce{^{48}_{20}Ca + ^{249}_{97}Bk -> ^{297}_{117}Ts -> ^{293}_{117}Ts + 4^{1}_{0}n}(5个事件)$$

思考题

1-6 为什么不能用水溶液电解生产氟？

1-7 从电化学角度解释为什么要用浓盐酸和二氧化锰反应制备氯气。

1-8 提纯碘的原料之一是 $NaIO_3$，$SO_2(aq)$ 和 $Sn^{2+}(aq)$ 这两个还原剂中哪个在热力学上是可行的？(提示：通过标准电极电势计算)

1-9 从卤素单质的制备说明卤素单质的氧化性强弱变化规律。

历史事件回顾

1　学点氟化学知识

一、氟化学的起源及其发展

含氟化合物是当前需求量增长最迅速的精细化学品之一，广泛应用在材料、农药、医药等领域，具有广阔的发展前景和强大的生命力。特别是有机氟化学(organic fluorine chemistry)的发展，已促成了独立的"氟化学"分支学科面世。一些教材应运而生[52-56]，国际和国内的专业会议也在不断举行[57]。依据学科发展和科研要有创新的指导思想，我们不能将氟化学知识仅仅停留在"F_2 是最活泼、氧化性最强的一种气体，由于其电负性最大，获得电子的能力最强，是一种极强的氧化剂，在自然界只能以化合态的形式存在"等知识的层面上。本专题无意详细讲述氟化学，意在普及一些氟化学的重要概念转变和应用。

(一) 氟化学的起源

氟化学的研究可以追溯到 19 世纪后期。1886 年，莫瓦桑首次分离出氟单质[11]，并因此获得 1906 年诺贝尔化学奖。20 世纪 30 年代美国机械工程师、化学家米吉利(T. Midgley，1889—1944)认为，元素周期表中右上角氟元素的化合物可能是理想的制冷剂，于是制成了低毒又稳定有效的制冷剂——氟利昂(freon)[58]。米吉利因此被授予1937年的珀金奖章。此后氟利昂很快替代了当时一些有毒或有爆炸

米吉利

性的制冷剂，成为最主要的制冷物质。20 世纪 40 年代，美国陆军部于 1942 年 6 月开始实施利用核裂变反应研制原子弹的计划[59-60]，即曼哈顿计划(Manhattan Project)。曼哈顿计划大量使用含氟材料，如制备用于分离 U-235 和 U-238 的 UF_6。为了先于德国制造出原子弹，该工程集中了当时西方国家除德国外最优秀的核科学家，动员了 10 万多人参与这一工程，历时 3 年，耗资 20 亿美元，于 1945 年 7 月 16 日成功地进行了世界上第一次核爆炸，并按计划制造出两颗实用的原子弹。至此，氟化学才在 50 年代以后逐渐发展成为既有浓厚学术性又有极强应用性的一门学科。

(二) 氟化学的发展

1) 自然界中的含氟物质

自然界中的含氟重要无机矿物有萤石(CaF_2)、冰晶石(Na_3AlF_6)和氟磷酸钙[$Ca_5F(PO_4)_3$]等(图 1-15)。CaF_2 俗称萤石，因其在紫外线的照射下能发出淡淡的荧光而得名(图 1-16)。世界萤石产量的一半用以制造氢氟酸。冰晶石主要用作铝电解的助熔剂，橡胶、砂轮的耐磨填充剂，搪瓷乳白剂，玻璃遮光剂和金属熔剂，农作物的杀虫剂等。氟磷酸钙也称氟磷灰石，可作激光发射材料，也是提取磷的原料矿物，含稀土元素时可综合利用。此外，电冰箱里的制冷剂——氟利昂，主要包括氯氟烃、氢氯氟烃、氢氟烃三类含氟化合物[61]；1980 年 6 月，中国第一代人造血液首次临床实验成功，其主要成分为氟碳化合物[62]；科学家正在研制的氟化物玻璃有可能制成新型光导纤维通信材料[63]；家用不粘锅涂层的化学成分为含氟聚合物。这些材料涉及日常生产生活的方方面面，它们的合成都离不开含氟矿物质的使用。

图 1-15 萤石(a)、冰晶石(b)和氟磷酸钙(c)

图 1-16 用萤石晶体雕刻的头骨(a)，在紫外线(波长 1.365 nm)照射后(b)呈现出强烈的蓝色光

虽然地壳中氟元素的丰度排在第 13 位，是自然界中含量最丰富的卤素，然而天然有机含氟化合物却非常稀少[64]。由于氟原子具有最强的电负性、较小的原子半径和较低的极化率，氟原子的引入会导致化合物产生独特的物理、化学及生理性质。因此，含氟化合物的制备和应用研究引起了科学家的广泛兴趣。

2) 氟被称为"死亡元素"

氟被称为"死亡元素"主要是指氟单质的发现经历了悲壮的一幕：持续时间最长、参加人数最多、危险最大、工作最难，许多著名的科学家因氟而献出了宝贵生命[65]。

3) 电解制备氟气

1886 年，莫瓦桑利用无水氟化氢首次制备出氟气[11]，并因此获得了 1906 年诺贝尔化学奖。1907 年，他因常年实验制备氟气而中毒得病去世。

4) 化学法制备氟气

克里斯特利用高价过渡金属氟化物在热力学上的不稳定性，通过化学方法成功制备出氟气[47]。

5) 氟利昂的发现

米吉利发现了氟利昂,然而氟利昂是把"双刃剑",它对臭氧层的破坏极大。1974 年,美国加利福尼亚大学的莫利纳(M. Molina,1943—2020)和罗兰(F. S. Rowland,1927—2012)首次指出,氟利昂会在阳光照射下分解,破坏地球臭氧层[66]。大量实验事实都已证实,氟利昂是破坏大气臭氧层的元凶,还是导致全球气温变暖的温室气体[67]。克拉兹(P. Crutzen,1933—2021)、莫利纳和罗兰也因阐明氟利昂破坏臭氧层的机理而获得 1995 年诺贝尔化学奖。

莫利纳　　　　　　罗兰　　　　　　克拉兹　　　　　普兰科特

6) 聚四氟乙烯的发现

1938 年,化学家普兰科特(R. J. Plunkett,1910—1994)发现了聚四氟乙烯,俗称塑胶王,商标名特氟龙(Teflon)。这个发现纯属意外:1938 年 4 月 6 日,普兰科特及其助手在打开一个装有四氟乙烯的钢瓶时,并未发现有气体放出,该瓶内装有与盐酸接触的四氟乙烯(TFE: C_2F_4,图 1-17)。当他们小心地把气瓶倒过来时,发现了一种白色粉末掉落在实验台上,该白色粉末就是聚四氟乙烯(图 1-18)。普兰科特立刻理解了刚刚发生的反应,并在同一天的经历笔记中写道"获得的白色固体可能是聚合反应的产物"[68-69]。该事件标志着含氟聚合物的诞生。

这种材料制成的产品一般统称为不粘涂层、易洁护物料,具有抗酸、抗碱、抗各种有机溶剂的特点,几乎不溶于所有的溶剂。同时,聚四氟乙烯具有耐高温的特点,它的摩擦系数极低,所以起润滑作用之余,也成为不粘锅和水管内层的理想涂料。此外,其衍生物乙烯-四氟乙烯共聚物(ETFE)同样具有优异性能,包括高透光率(可见光透光率在 90%以上,且衰减很慢,使用 10～15 年后仍可保

图 1-17　四氟乙烯(a、b)和聚四氟乙烯(c)的结构

图 1-18　普兰科特(右一)和他的团队在 1938 年发现了聚四氟乙烯

持在 90%以上)、抗拉耐压、高抗污、耐腐蚀、易清洗、燃烧时不容易熔化滴落、对金属有比较强的黏着性且可循环利用等优异特点。ETFE 膜材料最出名的应用之一是用作 2008 年北京夏季奥运会主游泳馆、国家游泳中心——"水立方"的外墙材料，是当时世界上集中使用 ETFE 膜面积最大的建筑物(图 1-19)。

图 1-19　国家游泳中心"水立方"外景图

7) 首个可进行生物合成的氟化酶的发现

氟是地壳中含量最丰富的卤素，但其在生命体中并不常见，并且通过生物催化进行的氟化反应也很稀少。目前已知的天然含氟有机化合物是如何实现生物合成的仍是未解之谜。直到 2002 年，英国科学家奥黑根(D. O'Hagan，1961—)[70]首次从天然链霉菌中分离鉴定出第一种，也是迄今唯一一种能催化形成 C—F 键的天然氟化酶，其促进生物合成过程的机理才逐渐被人们揭示。该酶可以促使氟离子与 S-腺苷-L-甲硫氨酸(S-adenosyl-L-methionine，SAM)发生 S_N2 类型的亲核取代反应，与氟离子形成富含氢键(hydrogen bond)的酶-氟复合物，并作为亲核试剂进攻 SAM 的 5′-碳原子，甲硫氨酸作为离去基团，最终形成 5′-氟-5′-脱氧腺苷[图 1-20(a)]。尽管这一过程并未涉及任何立体选择性的反应，但是当时的化学家坚信这一发现为将来设计出适合氟离子参与的不对称 C—F 键形成反应的化学催化剂奠定了基础。历经十多年的努力，在 2018 年，普波(G. Pupo)等受此启发设计出一种新

奥黑根

型的手性双脲催化剂，在手性基团的控制下高对映选择性地实现了卤代烷烃的不对称亲核氟化反应[图 1-20(b)][71-72]。

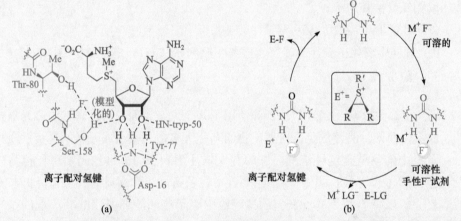

图 1-20　(a)自然界氟化酶介导 S-腺苷-L-甲硫氨酸亲核氟化反应；(b)手性双脲介导不对称亲核氟化反应

二、莫瓦桑解决氟单质制备难的科学问题[73]

(一) 氟单质制备的难度

虽然氟在地壳中的丰度排名为 13，但对当时的化学界来说，人们对氟的认识尚少：自然界的氟均以化合态存在——稳定的-1 价，不存在单质；氧是最强的氧化剂，想不到氟的氧化性要比氧更强，即没有任何物质可以将 F⁻氧化；一切已进行的实验说明只能使用电解法制备氟。这样的话，电解装置用什么防腐？电极用什么？电解液用什么？水怎么除去？导电不导电？怎么防护？用什么盛放？这一系列问题凸显出氟单质制备的巨大难度。

(二) 运用哲学思想和科学研究方法

莫瓦桑等在研究中深刻理解了氟制备中的哲学问题，他们坚持实践—认识—再实践—再认识的科学方法，才做出了突破性的决策。

(1) 化学法不行，改用电解法，强行实施氧化；

(2) 从氟化磷/砷到干燥氟化钾，最后到液态氟化钾-氟化氢，解决电解液导电问题；

(3) 从用金和铂作 U 形容器都被腐蚀，到后来改用萤石作容器(用萤石制成的螺旋帽盖紧管口)，解决腐蚀问题；

(4) 从以碳、金、钯、铂作电极在电解时碳被粉碎，金、钯、铂被腐蚀，到改用以铂铱合金作电极；

(5) 把 U 形容器改为 V 形容器(图 1-9)；

(6) 管外用氯化甲烷作冷冻剂，使温度控制在−23℃，进行电解(图 1-21)。

(三) 氟气"现身"

历史上，许多矿物已经被认识和使用了几个世纪，而长久以来其组成元素是什么却不得而知。有趣的是，这些矿物的名称大多数与其组成元素的真实性质相符。萤石中的氟就是这种情况。它的首次描述出现在 16 世纪阿格里科拉写的《冶金问答》(图 1-22)一书中[10]：在冶炼中将萤石加入金属矿石，可以降低矿石的熔点。所以萤石和氟的英文包含拉丁语中表示流动的词根"fluo"。氟的符号"F"来自拉丁语，其出现在 1816 年的一篇文章中[72]。

图 1-21 莫瓦桑制备氟的装置

图 1-22 《冶金问答》的封面

18 世纪，大量的观察表明当一种酸(如硫酸)加入萤石样品中，混合物温和加热会产生有毒气体，会腐蚀玻璃容器。据说斯瓦恩哈德(H. Schwanhard)在 1670 年就有了用这些特性生产玻璃器皿的想法。玻璃加工业开始利用萤石与硫酸反应所产生的氢氟酸腐蚀玻璃，从而不用金刚石就能在玻璃上刻蚀出人物、动物、花卉等图案(这种技术至今仍被广泛使用)。1725 年魏甘德(J. G. Weygand)发表了第一篇关于这种化学反应的报道[74]，1768 年马格拉夫(S. A. Marggraf，1709—1782)发表了第一篇科学论文[75]。

1771 年，瑞典化学家舍勒开始了系统的研究工作，辨别在萤石中发现的碳化物的化学性质，以及它们与氟酸的反应机理。通过向萤石晶体中加入硫酸，他观察到玻璃被形成的烟雾侵蚀。这些气体在水中溶解，产生了一种酸性溶液，命名为"氟酸"[76]。他认为这种酸是萤石的一部分。除了氢氟酸外，这位科学家还制备并研究了许多其他有毒气体。有推测说，他的过早死亡(44 岁)是这些化学物质慢性中毒的结果。

1810 年，英国化学家戴维确认氯气是一种单质而非化合物的同时，也指出酸中不一定含有氧元素。这一突破性的见解给法国物理学家、化学家安培(A. M. Ampère，1775—1836)很大的启发。他根据对氢氟酸性质的研究指出，其中可能含有一种与氯相似的元素，将这种未知的元素称为"fluorine"，意思是有强腐蚀性。氟化氢就是这种元素与氢的化合物。他将这一观点告诉戴维，反过来启发戴维用他强有力的伏打电堆致力于制备纯净的氟。1813 年，戴维用电解氟化物的方法制取氟单质，用铂作容器，结果阳极的铂被腐蚀了，还是没有游离出氟[77]。后来他改用萤石作容器，腐蚀问题虽解决了，但也没有得到氟。而戴维则因氟化氢的毒害而患病。

整个 19 世纪，对这种新元素的探索耗费了无数研究人员的精力。1836 年，爱尔兰科学院的诺克斯兄弟(G. Knox、T. Knox)制作了纯净的无水氢氟酸，然后把一片金箔放在玻璃接收瓶顶部，用干燥的氯气处理氟化汞，实验证明金变成了氟化金，可见反应产生了氟。他们制造的产物向空气中喷出浓烟，迅速溶解玻璃，并导致严重的烧伤。但是他们始终收集不到氟气单质，也就无法确证他们已经制得了氟。后来，瑞典化学家伯齐利厄斯(J. J. Berzelius，1779—1848)用氟化铵做了同样的实验，也没有收集到氟。1869 年，英国化学家哥尔(G. Gore，1826—1908)也用电解法分解氟化氢，结果发生了爆炸。原来生成的少量氟单质与分解水生成的氢气化合引起爆炸。他又试验了金、铂、碳等多种电极材料，无一不遭到破坏。法国自然博物馆馆长、工艺学院教授弗雷米(E. Frémy，1814—1894)也认为电解可能是制取氟单质的唯一有效方法。弗雷米成功地制备出高纯

度的氟化氢和 KHF_2，他曾分别高温加热氟化钙、氟化钾和氟化银使之熔融，然后电解。虽然阴极能析出金属，阳极上也产生了少量的气体，但是他想尽了一切办法，也始终未能收集到氟气。他认为一定是温度太高了，产生的氟气立即与容器和电极发生反应而消失了。什么氟化物不需加热就呈液态呢？他又电解无水氟化氢，但是它虽呈液态却不导电。只有电解含水的氟化氢液体，才有电流通过，但只能收集到氢气、氧气和臭氧，电解产生的氟与水反应生成了氧气和臭氧[74]。

在这期间，多位研究人员为了寻找氟付出了沉重的代价[78-79]：诺克斯兄弟中的 T. Knox 在实验过程中死亡，而 G. Knox 被迫前往意大利疗养；继诺克斯兄弟之后，鲁耶特(P. Layette)不避艰辛和危险，对氟做了长期的研究，最后因中毒太深而献出了宝贵的生命；不久，法国化学家尼克雷(J. Niklès)也同样殉难；盖·吕萨克和瑟纳德在试图制取氟气过程中也因吸入少量氟化氢而遭受很大的痛苦。

马格拉夫　　　　　安培　　　　　伯齐利厄斯　　　　　弗雷米

1885 年，莫瓦桑开始了他的人生工程。首先是花了好几个星期的时间查阅科学文献，研究了几乎全部有关氟的著作，做了充分的思考和准备；经过长期实验，莫瓦桑发现低温是产生氟的重要条件，因为高温下产生的氟会立即与其他物质发生反应。在确认了反应条件和更换了合适的反应设备后，莫瓦桑把盛有液体氟化氢和氟化钾的混合物的 U 形铂管浸入制冷剂中，以铂铱合金作电极，用萤石制成的螺旋帽盖紧管口，管外用氯化甲烷作冷冻剂，使温度控制在-23℃，进行电解。"死亡元素"从舍勒开始，历经 100 多年，终于在 1886 年 6 月 26 日，莫瓦桑第一次制得了单质氟气(图 1-23)！1907 年，莫瓦桑因病去世，临死之前他感叹：氟夺走了我十年的寿命！

图 1-23　莫瓦桑在实验室

三、自然界存在氟气

在目前的化学基础课和无机化学专业课中，F_2 一直被认为是最活泼、氧化性最强的一种气体，由于其电负性最大，获得电子的能力最强，是一种极强的氧化剂，至今在一般的电极电势表中，氧化态 F_2 仍排列在氧化剂的首位。人们普遍认为氟单质在自然界只能以化合态的形式存在，不可能出现单质。然而在 2012 年 7 月 4 日，*Angewandte Chemie* 杂志发表了德国慕尼黑工业大学(Technical University of Munich)、路德维希-马克西米利安-慕尼黑大学(Ludwig-Maximilians-University Munich)的研究人员最新的研究结果[80]：一种深紫色氟石(称为呕吐石)的矿物会产生一种令人不愉快的气体，它就是长期以来人们认为不可能在自然界存在的氟气。一石激起千层浪，全世界的化学家震惊了！是真的吗？证据在哪里？形成机理是什么？

(一) 客观事实一直存在

天然存在的萤石一般有不同的颜色，有黄色、橙色、红色、灰色、蓝色，甚至还有紫色[81-82]。最早，人们发现在沃森多夫河流里出现了一种易碎的、深紫色或近黑色的萤石矿石，当它破碎时会产生一种强烈的、令人不快的臭味，因此称为臭味萤石或呕吐石(图 1-24)等。该矿物的发现地并不唯一，在世界各地均有分布。例如，在法国[83-84]、西班牙[85]、匈牙利[86]、英国[87]、美国[88-89]和加拿大[90-93]也发现了其存在。

呕吐石的颜色归因于钙元素形成的钙簇[94]，而历史上关于呕吐石特殊气味的解释一直存在争论。当 1811 年戴维确认氟应该是一种化学元素开始[77]，"F_2 是否能以单质形式存在于自然界"的问题便"悬而未决"了 200 多年。

(a)   (b)

图 1-24　萤石(a)和呕吐石(b)

(二) 研究与争论

自 19 世纪初期，人们对呕吐石的气味来源就展开了一系列研究[81-82,94]，其中有两点重要发现：①产生呕吐石的地点通常含有铀或钍的放射性矿物；②对这种气味的鉴定包含了化学分析、质谱测试、嗅觉测试等方法，推测出其中可能包含臭氧、磷、砷、硫、硒化合物、氟化烃、铅、氯、次氯酸盐，最后是氟本身的气味。虽然对物质不能进行原位分析，无法鉴定氧化物种，但是当时能确认的化学分析结果是每克呕吐石含有 0.2～0.47 mg 氧化剂[91,95]，结论是必须含有比氧或过氧化氢更强的氧化性物质，因此单线态氧、臭氧、氧化性氟化物(如 OF_2)和 F_2 本身仍然是潜在的候选者。

虽然所有关于可能物种的报告都有其实验依据，但对这些结果的看法却不同。一种观点认为呕吐石的内部本身含有单质氟气并在破碎过程中释放；另一种恰恰相反，认为 F_2 是在呕吐石粉碎过程中产生放电引发含氟矿物发生化学反应而生成的，而矿物本身不存在 F_2[87]。1914 年，第一份关于该问题研究的综述出版发行[96]，之后讨论不断延伸，并且从单纯的学术研讨演变成更广泛的公众感兴趣的话题[97-98]。直至 2012 年前，还没有任何分析方法能够原位确定呕吐石中存在 F_2。

(三) 原位确定呕吐石中存在 F_2

克劳斯

为了彻底澄清先前讨论过的氟单质是否存在于天然环境的呕吐石中，克劳斯(F. Kraus)小组研究人员对多种天然环境中的呕吐石进行了 ^{19}F-MAS-NMR 定量光谱实验，矿石取自于沃森多夫的玛利亚矿井[80]。从文章和支撑背景材料看，他们的原位测定是科学、规范和严谨的，得到的结论是可信的。

(1) 使用光谱仪记录了 ^{19}F 固体核磁共振谱(图 1-25)。使用内标、测定、解析符合 IUPAC 规定标准[99]。由图 1-25 可以看出：425 ppm 处信号归属于 F_2，–108.8 ppm 为 CaF_2 中的 F^-；在 –1100～+20000 ppm 没有观察到其他信号。

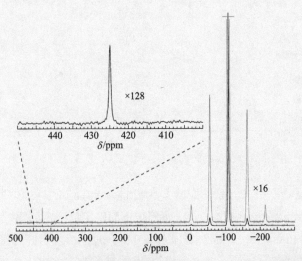

图 1-25　通过直接激发获得的呕吐石的 ^{19}F-MAS-NMR 定量光谱

(2) 实验的 ^{19}F 核磁共振化学位移值与从文献中收集的可用数据是一致的。其中，F^- 和 F_2 的分配是明确的(表 1-5)。

表 1-5　各种氟化物相对于 CCl_3F 的同位素 ^{19}F 的化学位移值 δ_{iso}

氟化物	δ_{iso}/ppm	参考文献
$BaF_2(s)$	–13	[100]
$CaF_2(s)$	–107	[100]
$CeF_4(s)$	235, 229, 222, 220, 210, 200, 196	[101]
$F_2(g)$	419	[102]
$F_2(g)$	421	[103]
$F_2(l)$	422	[102]
$F_2O(g)$	248	[102]
$F_2O(l)$	249	[102]
$HF(g)$	–221.3	[103]
$HF(l)$	–200.0	[103]
$HOF(l)$	21	[104]
$FSSF(g)$	–128.8	[105]

氟合物	δ_{iso}/ppm	参考文献
FSSF(l)	−123.2	[105]
SSF$_2$(g)	77.8	[105]
SSF$_2$(l)	79.0	[105]
SOF$_2$(l)	74.5	[106]
SO$_2$F$_2$(g)	33.5	[107]
SiF$_4$(g)	−174.5	[103]
XeF$_4$(g)	−199.6	[108]

（四）呕吐石中 F$_2$ 的生成机理

分析确定呕吐石中 F 元素的总含量为 (25.1 ± 0.8) mmol $\cdot$ g^{-1}[109]，这与 CaF$_2$ 中的 F 含量(25.6 mmol $\cdot$ g^{-1})基本一致。而 ^{19}F NMR 定量确定的呕吐石中 F$_2$ 含量为 (0.012 ± 0.0015) mmol $\cdot$ g^{-1}，也就是 (0.46 ± 0.06) mg $\cdot$ g^{-1}。研究已知，CaF$_2$ 在 γ 射线、β 射线或激光的辐射下会产生缺陷，这些缺陷也是 CaF$_2$ 产生蓝色或紫色外观的原因。同时，采用电子束照射 CaF$_2$ 会产生 F$_2$ 气体也已被实验证实[110-111]。因此，自然界中呕吐石的颜色与气味的产生均与其内部含有的放射性元素铀、钍及它们的衰减产物有关。在沃森多夫矿藏的呕吐石中，每克样品含有约 2.36×10^{-5} g 铀元素。这些矿石的寿命为 $2 \sim 3 \times 10^8$ 年[112]，而 ^{238}U 的半衰期为 4.468×10^9 年[113]。显然，在漫长的岁月中铀及其 β 衰变产物 ^{234}Th、^{234m}Pa、^{214}Pb、^{214}Bi、^{210}Pb 和 ^{210}Bi 是辐照萤石形成 F$_2$ 的主要原因。这便是呕吐石 F$_2$ 形成的根源。

至此，自然界中是否存在氟单质的争论才"盖棺定论"。

参 考 文 献

[1] Tallmadge J A, Butt J B, Solomon H J. Ind Eng Chem, 1964, 56 (7): 44.

[2] Oumeish O Y. Clin Dermatol, 1996, 14 (6): 659.

[3] Al-Weshah R A. Hydrological Processes, 2008, 14 (1): 145.

[4] Hollerman A. Inorganic Chemistry. Berlin: Academic Press, 2001.

[5] Haire R G. Transactinides and the Future Elements. 3rd ed. Dordrecht: Springer, 2006.

[6] Pershina V. Electronic Structure and Chemistry of the Heaviest Elements. Dordrecht: Springer, 2010.

[7] Bader R F W. An Introduction to the Electronic Structure of Atoms and Molecules. Hamilton: McMaster University Press, 1970.

[8] Bonchev D, Kamenska V. J Phys Chem, 1981, 85 (9): 1177.

[9] Groult H, Lantelme F, Salanne M, et al. J Fluorine Chem, 2007, 128 (4): 285.

[10] 张卜天. 中国科技史杂志, 2017, 38 (3): 339.

[11] Moissan H, Hebd C R. Seances Acad Sci, 1886, 102: 1543.

[12] Davy H. Philos Trans R Soc, 1831, 103: 263.

[13] Banks R E. J Fluorine Chem, 1986, 33 (1-4): 3.

[14] Storer F H. First Outlines of a Dictionary of Solubilities of Chemical Substances. Cambridge: Sever and Francis, 1864.

[15] 凌永乐. 化学元素的发现. 3 版. 北京: 商务印书馆, 2014.

[16] Landolt H H. Berichte der Deutschen Chemischen Gesellschaft, 1890, 23 (3): 905.

[17] Balard A J. Annales de Chimie et Physique, 1826, 32: 337.

[18] Mellor J W. A Comprehensive Treatise on Inorganic and Theoretical Chemistry, 1922, Ⅱ: 23.

[19] Corson D R, MacKenzie K R, Segrè E. Phys Rev, 1940, 58 (31): 672.

[20] Karlik B, Bernert T. Naturwissenschaften, 1943, 31 (25-26): 298.

[21] Karlik B, Bernert T. Zeitschrift für Physik, 1943, 123 (1-2): 51.

[22] Oganessian Y T, Utyonkov V K, Lobanov Y V, et al. JINR Commun, 2003: UCRL-ID-151619.

[23] Audi G W A, Thibault C. Nucl Phys A, 2003, 729 (1): 337.

[24] Barber R C, Karol P J, Nakahara H, et al. Pure Appl Chem, 2011, 83 (7): 1485.

[25] Oganessian Y T, Abdullin F S, Bailey P D, et al. Phys Rev Lett, 2010, 104 (14): 142502.

[26] Oganessian Y T, Abdullin F S, Alexander C, et al. Phys Rev C, 2013, 87 (5): 054621.

[27] Khuyagbaatar J, Yakushev A, Dullmann C E, et al. Phys Rev Lett, 2014, 112 (17): 172501.

[28] Karol P J, Barber R C, Sherrill B M, et al. Pure Appl Chem, 2016, 88 (1-2): 139.

[29] 丁佳. 中科院等公布 4 个新元素中文名. (2017-05-09). [2020-06-29]. http://news.sciencenet.cn/htmlnews/2017/5/375810.shtm

[30] Donohue J. The Structures of the Elements. New York: John Wiley & Sons, 1974.

[31] Hermann A, Hoffmann R, Ashcroft N W. Phys Rev Lett, 2013, 111 (11): 116404.

[32] Merinis J, Legoux G, Bouissières G. Radiochem Radioanal Lett, 1972, 11 (1): 59.

[33] Takahashi N, Otozai K. J Radioanal Nucl Chem, 1986, 103 (1): 1.

[34] Takahashi N, Yano D, Baba H. Chemical behavior of astatine molecules. Takasaki: Proceedings of the international conference on evolution in beam applications, 1991.

[35] Takahashi N, Yano D, Baba H. Inorganic Reactions and Methods, the Formation of Bonds to Halogens. Hoboken: John Wiley & Sons, 1989.

[36] Klara B, Siegfried H, Eberle H W, et al. At Astatine. 8th ed. Berlin: Springer-Verlag, 1985.

[37] Meyers R A. Encyclopedia of Physical Science and Technology. 3rd ed. New York: Academic Press, 2001.

[38] Keller C, Wolf W, Shani J. Radionuclides, 2. Radioactive Elements and Artificial Radionuclides. Weinheim: Wiley-VCH, 2011.

[39] Otozai K, Takahashi N. Radiochim Acta, 1982, 31 (3-4): 201.

[40] Zumdahl S S Z, Susan A. Chemistry. 8th ed. Stanford: Cengage Learning, 2008.

[41] Housecroft C E, Sharpe A G. Inorganic Chemistry. 3rd ed. London: Pearson Education, 2008.

[42] Visscher L, Dyall K G. J Chem Phys, 1996, 104 (22): 9094.

[43] Rao C N R, Ganguly P. Solid State Commun, 1986, 57 (1): 5.

[44] 钟兴厚, 萧文锦, 袁启华, 等. 卤素、铜分族、锌分族. 北京: 科学出版社, 1995.

[45] Jaccaud M, Faron R, Devilliers D, et al. Ullmann's Encyclopedia of Industrial Chemistry: Fluorine. Weinheim: Wiley-VCH, 2000.

[46] Kirsch P. Modern Fluoroorganic Chemistry: Synthesis, Reactivity, Applications. Weinheim: Wiley-VCH, 2004.

[47] Christe K O. Inorg Chem, 1986, 25 (21): 3721.

[48] Shriver D, Atkins P. Solutions Manual for Inorganic Chemistry. New York: Macmillan Publishers, 2010.

[49] Larned B A J. Fluorine Chem, 1986, 33 (3): 31.

[50] Krasnoperov L N, Panfilov V N, Nikonorov Y I. Kinet Katal, 1983, 24 (6): 1503.

[51] 刘文元, 李辉, 王德贵, 等. 应用化学, 2000, 17 (3): 300.

[52] Kirsch P. 当代有机氟化学: 合成反应应用实验. 朱士正, 吴永明, 译. 上海: 华东理工大学出版社, 2006.

[53] 卿凤翎, 邱小龙. 有机氟化学. 北京: 科学出版社, 2007.

[54] Uneyama K. Organofluorine Chemistry. Boston: Springer, 2006.

[55] Hudlicky M. Fluorine Chemistry for Organic Chemists. New York: Oxford University Press, 2000.

[56] Chambers R D. Fluorine in Organic Chemistry. Oxford: Blackwell, 2004.

[57] 陈庆云. 自然杂志, 1979, (6): 360.

[58] Midgley T. Ind Eng Chem, 1937, 29 (2): 241.

[59] Herran N. Ambix, 2018, 65 (4): 407.

[60] Reed B C. Am J Phys, 2020, 88 (2): 108.

[61] 毛海萍. 压缩机技术, 2011, (3): 27.

[62] 陈荣乐. 自然杂志, 1980, 3 (9): 684.

[63] 贾志旭, 姚传飞, 李真睿, 等. 中国激光, 2019, 46 (5): 0508006.

[64] 胡金波, 丁奎琳. 化学学报, 2018, 76 (12): 905.

[65] 娄嘉. 科技咨询导报, 2006, (8): 174.

[66] Molina M J, Rowland F S. Nature, 1974, 249 (5460): 810.

[67] Molina M J. Angew Chem Int Ed, 1996, 35 (16): 1778.

[68] Plunkett R J. Polymer Preprints, 1986, 27 (1): 485.

[69] Plunkett R J. The History of Polytetrafluoroethylene: Discovery and Development. New York: Elsevier, 1986.

[70] O'Hagan D, Schaffrath C, Cobb S L, et al. Nature, 2002, 416 (6878): 279.

[71] Pupo G, Ibba F, Ascough D M H, et al. Science, 2018, 360 (6389): 638.

[72] Ampere A M. Ann Phys Chim, 1816, 2: 5.

[73] Tressaud A. Progress in Fluorine Science Series-Volume 5: Fluorine—A Paradoxical Element. Amsterdam: Elsevier, 2019.

[74] Partington J R. Mem Proc Manchester Lit Phil Soc, 1923, 67: 73.

[75] Margraff A. Memoirs Royal Academy of Sciences of Berlin, 1768, ⅩⅩⅣ: 3.

[76] Scheele C W. Haushaltungskunst und Mechanik, 1771, 33: 122.

[77] Davy H. Philos Trans R Soc London, 1813, 103: 263.

[78] Weeks M E. J Chem Educ, 1932, 9 (11): 1915.

[79] Toon R. Educ Chem, 2011, 48 (5): 148.

[80] Gunne J S A D, Mangstl M, Kraus F. Angew Chem Int Ed, 2012, 51 (31): 7847.

[81] Bill H, Calas G. Phys Chem Miner, 1978, 3: 117.

[82] Dill H G, Weber B. Neues Jahrb Mineral Abh, 2010, 187: 113.

[83] Vochten R, Esmans E, Vermeirsch W. Chem Geol, 1977, 20: 253.

[84] Garnier J, Hebd C R. Seances Acad Sci, 1901, 132: 95.

[85] Arribas A. Estud Geol, 1964, 20: 149.

[86] Assadi P, Chaigneau M, Hebd C R. Seances Acad Sci, 1962, 255: 2798.

[87] Asadi P. Phys Status Solidi, 1967, 20: K71.

[88] Christman R A, Brock M R, Pearson R C, et al. Geology and Thorium Deposits of the Wet
Mountains, Colorado: A Progress Report. Washington: U.S. Government Printing Office, 1959.

[89] Heinrich E W, Anderson R J. Am Mineral, 1965, 50: 1914.

[90] Ellsworth H V. Economic Geology Report No. 11: Rare-element minerales of Canada. Ottawa:
Geological Survey of Canada, Department of Energy, Mines and Resources, 1932.

[91] Sine F L. Univ Toronto Stud Geol Ser, 1925, 20: 22.

[92] Iimori S. Rikagaku Kenkyusho Iho, 1932, 11: 1237.

[93] Spence H S, Carnochan R K. Trans Can Inst Min Metall Min Soc N S, 1930, 33: 43.

[94] Braithwaite R S W, Flowers W T, Haszeldine R N, et al. Min Mag, 1973, 39: 401.

[95] Schönbein C F. J Prakt Chem, 1861, 83: 86.

[96] Henrich F. Sitzungsber Phys-Med Soz Erlangen, 1914, 46: 1.

[97] Gilg H A. Extra-Lapis English, 2006, 9: 114.

[98] Dill H G, Füßl M, Weber B. Oberpfälzer Heimat, 2008, 53: 213.

[99] Harris R K, Becker E D, Cabral de Menezes S M, et al. Pure Appl Chem, 2008, 80: 59.

[100] Chan J C, Eckert H. J Non-Cryst Solids, 2001, 284: 16.

[101] Legein C, Fayon F, Martineau C, et al. Inorg Chem, 2006, 45: 10636.

[102] Nebgen J W, Rose W B, Metz F I. J Mol Spectrosc, 1966, 20: 72.

[103] Hindermann D K. J Chem Phys, 1968, 48: 2017.

[104] Ghibaudi E, Colussi A J, Christe K O. Inorg Chem, 1985, 24: 2869.

[105] Gombler W, Schaebs J, Willner H. Inorg Chem, 1990, 29: 2697.

[106] Seel F. Advances in Inorganic Chemistry. Amsterdam: Elsevier, 1974.

[107] Franz G, Neumayr F. Inorg Chem, 1964, 3: 921.

[108] Gillespie R J, Netzer A, Schrobilgen G J. Inorg Chem, 1974, 13: 1455.

[109] Avadhut Y S, Schneider D, Schmedt auf der Günne J. J Magn Reson, 2009, 201: 1.

[110] Zanetti R, Bleloch A J, Grimshaw M P, et al. Philos Mag Lett, 1994, 69: 285.

[111] Bennewitz R, Smith D, Reichling M. Phys Rev B, 1999, 59: 8237.

[112] Dill H G, Hansen B T, Weber B. Ore Geol Rev, 2011, 40: 132.

[113] Magill J, Pfennig G, Galy J. Karlsruher Nuklidkarte. Lage/Lippe: Haberbeck, 2006.

第2章

卤素简单化合物及拟卤素

2.1　卤化氢和氢卤酸

2.1.1　卤化氢的结构

卤化氢是卤素氢化物的通称，用分子式 HX 表示，其中 X 表示卤素，目前卤化氢包括 HF、HCl、HBr、HI、HAt 五种[1]。它们在常温常压下以气体形式存在，溶于水后形成酸，即氢卤酸。其中氢氯酸俗称盐酸，是最常见的氢卤酸。卤化氢的分子结构参数见表 2-1，它们都是以一个卤素原子和一个氢原子以共价键形式形成的分子化合物。可以看出，卤化氢的氢卤键键长随着卤素原子半径的增大而增长，其偶极矩则逐渐减小。偶极矩越大，分子极性越大，因此 HF 分子为卤化氢中极性最大的分子。

表 2-1　卤化氢的分子结构参数[2]

物质名称	分子式	键长 d(H—X)(气态)/pm	模型	偶极矩 μ/deb	水溶液
氟化氢	HF	H——F 91.7 pm		1.826	氢氟酸
氯化氢	HCl	H——Cl 127.5 pm		1.109	氢氯酸(盐酸)
溴化氢	HBr	H——Br 141.4 pm		0.827	氢溴酸
碘化氢	HI	H——I 160.9 pm		0.448	氢碘酸

续表

物质名称	分子式	键长 d(H—X)(气态)/pm	模型	偶极矩 μ/deb	水溶液
砹化氢	HAt	H———At 172.0 pm		−0.06	氢砹酸

　　固体卤化氢均为氢原子及卤素原子首尾相连形成的线形链状结构。因氘原子 (D)比氢原子更易测得，在 77 K 下可通过中子衍射[3]得到固体氘代氯化氢(DCl)结构示意图，如图 2-1 所示，其中虚线表示其无限延长的线形分子链，立方体表示一个晶胞单元。图 2-1(a)为 DCl 正面结构模型图，其中分子链沿着虚线方向呈锯齿状不断延伸，分子内 D—Cl 键键长为 125 pm，相邻分子间 D 与 Cl 原子距离为 244 pm。图 2-1(b)为其左侧面结构模型图，图中方框表示一个晶胞中的结构。DCl 结构表现出典型的卤化氢线形链状结构。

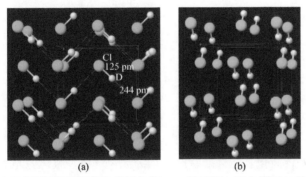

图 2-1　中子衍射测得的固体氘代氯化氢(DCl)的正面(a)及左侧面(b)结构模型图

例题 2-1

　　为什么晶态的 $(HF)_n$ 是锯齿形链状结构？

　　解　晶态 $(HF)_n$ 的结构如图 2-2 所示。HF 间的氢键键能较大，键长较短，因此质子把 F 看作原子偶极。HF 中 F 原子为 sp^3 杂化，四个杂化轨道取向四面体的四个顶角，其中一个杂化轨道与 H 形成共价键，另外三个杂化轨道被孤对电子占据，当另一 HF 分子的质子趋向该 F 原子时，就与其中一个孤对电子通过静电力相互作用，因此∠HFH 应该接近 sp^3 杂化轨道的夹角。

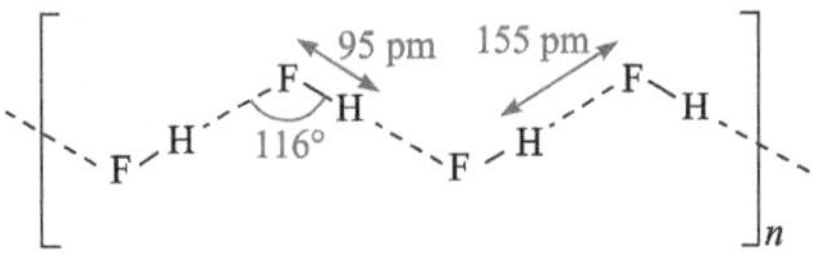

图 2-2　晶态 $(HF)_n$ 的结构示意图

　　需要注意的是，卤化氢与其水溶液氢卤酸是有差别的。卤化氢是双原子分子，在气相中没有离子化的倾向。但气相分子溶于水后，共价键被解离，形成卤离子和氢离子。例如，氯化氢溶于水得到盐酸，二者是有区别的。前者是一种在室温下与水反应生成酸的气体，一旦溶于水形成后者，双原子分子就很难再生，不能通过常规蒸馏得到。通常，酸和分子的名称并没有被清楚地区分开，如在实验室术语中，HCl通常是指盐酸，而不是指气态氯化氢。

卤化氢分子的分子轨道能级图如图 2-3 所示，电子基态所包括的价电子结构为 $(ns\sigma)^2(np\sigma)^2(np\pi)^4$。在形成 H—X 键时，主要由 $(np\sigma)^2$ 电子起作用，也可能有一部分空的氢轨道(如 $2p_\pi$)参与作用[4-5]。

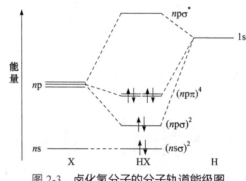

图 2-3　卤化氢分子的分子轨道能级图

2.1.2　卤化氢和氢卤酸的性质

1. 卤化氢和氢卤酸的物理性质

除氟化氢外，卤化氢在标准状态下均为无色气体。氟化氢与水在物理性质上很相似，它们都有较强的氢键并且产生分子间的相互缔合作用，从而使氟化氢的沸点高于氯化氢，正如水的沸点高于硫化氢的一样。两者都有较高的介电常数，水的介电常数在 18℃时为 81.1，而氟化氢的介电常数在 0℃为 83.6，在 18℃时约为 165。氟化氢的熔化热也很大，为 19.635 kJ · mol⁻¹。它的氢键生成热为 –27.82 kJ · mol⁻¹，比水的氢键生成热约大 50%。卤化氢与氧族氢化物的沸点如图 2-4 所示，沸点的顺序为 HF＞HI＞HBr＞HCl。氟化氢是由于形成氢键使分子缔合，故沸点较高，而其他三种卤化氢则由于外层电子数增加，使范德华力(van der Waals force)加强，极化率也按氯、溴、碘次序增加，致使挥发性减小，沸点升高。由于分子偶极矩从 HF 到 HI 不断减小，所以在较重卤化氢分子中偶极-偶极的作用就不如色散力或偶极-诱导偶极(dipole-induced dipole)的作用显得重要，因此在气相或液相中，HCl、HBr、HI 分子均无缔合作用，这已从它们的沸点、光谱及其他性质得以证明。但在晶体中可能有氢键存在。卤化氢与第ⅥA族氢化物 H_2O、H_2S、H_2Se、H_2Te 类似，而与第ⅤA族氢化物差别较大，且每族的第一个元素的氢化物的缔合性都表现出其特异性，呈不规则现象。

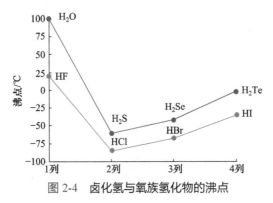

图 2-4　卤化氢与氧族氢化物的沸点

表 2-2 列出了卤化氢的一些基本物理性质，由于砹化氢研究较少，目前仍缺少相关数据，在此暂不列出。

表 2-2　卤化氢的一些基本物理性质[2,6-11]

性质	氟化氢	氯化氢	溴化氢	碘化氢
英文名	hydrogen fluoride	hydrogen chloride	hydrogen bromide	hydrogen iodide
摩尔质量 /(g·mol^{-1})	20.006	36.461	80.912	127.912
状态	无色气体或无色液体（小于 19.5℃）	无色气体	无色气体	无色或黄色气体
密度	1.15 g·L^{-1}(g，25℃)；1.002 g·mL^{-1}(l，0℃)；1.663 g·mL^{-1}(s，−125℃)[7]	1.187 g·mL^{-1} (l，−114.17℃)	3.6452 kg·m^{-3} (0℃，1013 mbar)；2.603 g·mL^{-1} (l，−84℃)	2.85 g·mL^{-1} (l，−47℃)
熔点/℃	−83.36	−114.17	−86.80	−50.76
沸点/℃	20	−85	−66.38	−35.55
水中溶解性	完全互溶	823 g·L^{-1} (0℃)；720 g·L^{-1}(20℃)；561 g·L^{-1}(60℃)	2210 g·L^{-1}(0℃)；2040 g·L^{-1} (15℃)；1930 g·L^{-1}(20℃)；1300 g·L^{-1}(100℃)	～2450 g·L^{-1}
蒸气压/kPa (300 K)	130	4921	2561	831
酸解离常数 /pK_a	3.20(水中)；15(DMSO 中)[6]	−3.0[7]；−5.9 (±0.4)[8]	−8.8(±0.8)[8]；约−9[9]	−10(水中，推测)[10]；−9.5(±1.0)[8]；2.8(乙腈中)[11]
$S_m^\ominus$(g)/ (J·mol^{-1}·K^{-1})	173.8	186.9	198.7	206.6

续表

性质	氟化氢	氯化氢	溴化氢	碘化氢
$\Delta_f H_m^{\ominus}$ (g)/ (kJ·mol^{-1})	−273.3	−92.3	−36.3	26.5
$\Delta_f G_m^{\ominus}$ (g)/ (kJ·mol^{-1})	−275.4	−95.3	−53.4	1.7
C_p (g)/ (J·mol^{-1}·K^{-1})	—	29.1	29.1	29.2

氟化氢与水可以完全互溶，形成一水合物 $HF \cdot H_2O$，它的熔点高于 HF，为 44℃[1]。氯化氢与水形成不同浓度的盐酸溶液，其物理性质见表 2-3。

表 2-3　不同浓度盐酸的物理性质(20℃，101.325 kPa)

浓度质量分数/%	密度/(kg·L^{-1})	摩尔浓度/(mol·L^{-1})	pH	黏度/(mPa·s)	蒸气压/kPa	沸点/℃	熔点/℃
10	1.048	2.87	−0.5	1.16	1.95	103	−18
20	1.098	6.02	−0.8	1.37	1.40	108	−59
30	1.149	9.45	−1.0	1.70	2.13	90	−52
32	1.159	10.17	−1.0	1.80	3.73	84	−43
34	1.169	10.90	−1.0	1.90	7.24	71	−36
36	1.179	11.64	−1.1	1.99	14.5	61	−30
38	1.189	12.39	−1.1	2.10	28.3	48	−26

例题 2-2

氢键强度 F—H···F 大于 O—H···O，为什么 HF 的熔沸点却比 H_2O 的低？

解　与同族元素氢化物相比，HF 和 H_2O 的熔沸点特别高，通常把它归因于氢键的形成。HF 和 H_2O 熔沸点高低与从氢键强度推测的次序不一致，其主要原因为

(1) 形成氢键的数目不同。HF 中每个 HF 分子只能用头尾与另外两个 HF 分子形成两个氢键；而在 H_2O 中，每个 H_2O 分子有可能形成四个氢键。

(2) 破坏氢键的程度不同。HF 的蒸气并不是单个 HF 分子，而是多个 HF 分子通过氢键相连而成的缔合分子$(HF)_n$，因此 HF 沸腾并不需要破坏所有氢键，而水蒸气中不存在缔合分子，它是由单个 H_2O 分子组成，所以水沸腾需要破坏所有氢键。

综上所述，虽然就单个氢键来讲，F—H···F 大于 O—H···O，但就固态变成液态或者液态变成气态所需要消耗的能量来看，H_2O 却大于 HF，这就是 H_2O 的熔沸点比 HF 高的主要原因。

2. 卤化氢和氢卤酸的化学性质

当卤化氢溶于水后在溶液中离子化产生水合氢离子(H_3O^+)和卤素离子(X^-)，同时放出大量的热形成相应的氢卤酸。除了氢氟酸外，氢卤酸都是强酸，强度从上到下依次增强，这点与氧族元素类似。例如，在氧族元素与氢的化合物中，水是极弱的酸，而硫化氢、硒化氢和碲化氢的酸性较强。

1) 氟化氢和氢氟酸

氟化氢溶于水称为氢氟酸。与其他氢卤酸不同，当氢氟酸浓度低时会形成氢键键合的离子对$[H_3O^+ \cdot F^-]$，因此显弱酸性，但浓度在 5 $mol \cdot L^{-1}$ 以上时，会发生以下的自偶电离，此时氢氟酸就是酸性很强的酸。

$$3HF \rightleftharpoons H_2F^+ + HF_2^-$$

液态氟化氢是酸性很强的酸，酸度与无水硫酸相当，但比氟磺酸弱[12]。它腐蚀性强，对牙、骨骼损害较严重，对硅的化合物有强腐蚀性，应在密闭的塑料瓶内保存。

氢氟酸能够溶解很多其他酸都不能溶解的玻璃(主要成分为二氧化硅)，生成气态的四氟化硅，其反应方程式如下：

$$SiO_2(s) + 4HF(aq) = SiF_4(g)\uparrow + 2H_2O(l)$$

生成的 SiF_4 可以继续与过量的 HF 作用，生成氟硅酸：

$$SiF_4(g) + 2HF(aq) = H_2[SiF_6](aq)$$

正因如此，氢氟酸必须储存在塑料、蜡制或铅制的容器中，存储于聚四氟乙烯容器中会更佳。如果要长期储存，需要存放在一个排空空气的密封容器内。

此外，氢氟酸还能与硅及硅化合物反应生成气态的四氟化硅，能强烈地腐蚀金属、玻璃和含硅的物体，但对塑料、石蜡、铅、金、铂无腐蚀作用。氟化氢能与水和乙醇混溶，市售氢氟酸溶质质量分数为 40%，相当于 22.5 $mol \cdot L^{-1}$。35.35%的氢氟酸是其与水的共沸混合物。氟化氢为剧毒物质，最小致死量(大鼠，腹腔)为 25 $mg \cdot kg^{-1}$，并且有腐蚀性，如不慎吸入氟化氢蒸气或接触皮肤将形成较难愈合的溃疡。

2) 氯化氢和盐酸

氯化氢是一种具有腐蚀性的不可燃气体，干燥氯化氢的化学性质很不活泼。碱金属和碱土金属在氯化氢中可燃烧，钠燃烧时发出亮黄色的火焰。

氯化氢气体溶于水生成盐酸，当药品瓶打开时常与空气中的小水滴形成盐酸酸雾。工业用盐酸常呈微黄色，主要是因为三氯化铁的存在。实验室中常用氨水检验盐酸的存在，氨水会与氯化氢反应生成白色的氯化铵微粒。

盐酸的化学性质包括酸性、还原性、配位性等。

盐酸是一种一元强酸，这意味着它只能电离出一个质子。在水溶液中氯化氢分子完全电离，氢离子与一个水分子配位，成为 H_3O^+，使水溶液显酸性：

$$HCl + H_2O == H_3O^+ + Cl^-$$

盐酸可以与氢氧化钠酸碱中和，产生氯化钠，即食盐：

$$HCl + NaOH == NaCl + H_2O$$

稀盐酸能够溶解许多金属(金属活动性排在氢之前的)，生成金属氯化物与氢气：

$$nHCl + M == MCl_n + n/2H_2$$

盐酸与金属反应显还原性。铜、银、金等活动性在氢之后的金属不能与稀盐酸反应，但铜在有空气存在时，可以缓慢溶解于盐酸[13]，其反应式为

$$2Cu + 4HCl + O_2 == 2CuCl_2 + 2H_2O$$

盐酸具有还原性，可以与一些强氧化剂(如二氧化锰、二氧化铅等)反应，放出氯气：

$$MnO_2 + 4HCl(浓) \xrightarrow{\triangle} MnCl_2 + Cl_2 \uparrow + 2H_2O$$

$$PbO_2 + 4HCl(浓) \xrightarrow{\triangle} PbCl_2 + Cl_2 \uparrow + 2H_2O$$

此外，盐酸中的氯离子可参与配位反应。部分金属化合物溶于盐酸后，金属离子会与氯离子配位。例如，难溶于冷水的二氯化铅可溶于盐酸，便归因于氯离子的配位作用[13]：

$$PbCl_2 + 2HCl == H_2[PbCl_4]$$

铜在无空气时难溶于稀盐酸，但其能溶于热浓盐酸中，放出氢气，也源于配位作用：

$$2Cu + 8HCl(浓) \xrightarrow{\triangle} 2H_3[CuCl_4] + H_2 \uparrow$$

此外，盐酸还可以参与到诸多有机化学反应中，包括对醇类进行亲核取代生成氯代烃；加成烯双键得到氯代烃；将胺类化合物转变为铵盐以增大其在水中的溶解度，并利用此性质将胺与其他有机化合物分离；锌粒与氯化汞在稀盐酸中反应可以制得锌汞齐，后者与浓盐酸、醛或酮一起回流可将醛酮的羰基还原为亚甲基，即克莱门森还原反应(Clemmensen reduction reaction)；无水氯化锌溶于高浓度盐酸可以制得卢卡斯试剂，用于鉴别六碳及以下的醇是伯醇、仲醇还是叔

醇等[14]。

3) 溴化氢和氢溴酸

溴化氢和氢溴酸是制备有机溴化物的重要原料[15]。溴化氢与烯烃发生自由基加成反应生成烷基溴化物：

$$RCH = CH_2 + HBr = R—CHBr—CH_3$$

这些烷基化试剂是脂肪胺衍生物的前驱体。

溴化氢与二氯甲烷反应生成溴氯甲烷和二溴甲烷：

$$HBr + CH_2Cl_2 = HCl + CH_2BrCl$$

$$HBr + CH_2BrCl = HCl + CH_2Br_2$$

丙烯醇与溴化氢反应可制备烯丙基溴：

$$CH_2 = CHCH_2OH + HBr = CH_2 = CHCH_2Br + H_2O$$

4) 碘化氢和氢碘酸

碘化氢溶于水形成的氢碘酸是一种很强的酸。它是重要的还原剂和制备碘单质的原料。氢碘酸很容易被空气氧化发生如下反应：

$$4HI + O_2 = 2H_2O + 2I_2$$

$$HI + I_2 = HI_3$$

因为 HI_3 呈深棕色，所以久置的碘化氢溶液因含有 HI_3 常呈深棕色。

与氯化氢、溴化氢一样，碘化氢与烯烃发生加成反应[16]，

$$HI + H_2C = CH_2 = H_3CCH_2I$$

碘化氢还可以与伯醇发生 S_N2 取代反应生成烷基卤化物：

$$H_3C \diagdown \diagup OH + HI \longrightarrow H_3C \diagdown \diagup OH_2^+ \xrightarrow[S_N2]{I^-} H_3C \diagdown \diagup I + H_2O$$

相比于 Cl^- 和 Br^-，I^- 是更好的亲核试剂，因为当采用碘化氢时，该反应可以在较温和的条件下发生。此外，该反应也适用于仲醇及叔醇，不过反应采用的是 S_N1 机理。

碘化氢或溴化氢还被用于将醚裂解为烷基卤化物和醇，该类反应可以将化学惰性的醚类转化成更活泼的物种：

$$H_3C \diagdown O \diagup CH_3 \xrightarrow[\triangle]{HI} H_3C \diagdown \underset{H^+}{O} \diagup CH_3 \xrightarrow{I^-} H_3C \diagdown OH + H_3C \diagup I$$

例题 2-3

为什么氢卤酸酸强度的次序为 HI＞HBr＞HCl≫HF？

解 氢卤酸酸强度的次序可以用化学热力学分析。氢卤酸 HX 在水溶液中的电离反应为

$$HX(aq) \Longrightarrow H^+(aq) + X^-(aq)$$

酸强度可用上述电离过程的平衡常数 K 来反映。K 与标准吉布斯自由能变 $\Delta_r G_m^{\ominus}$ 的关系为

$$\Delta_r G_m^{\ominus} = -2.303RT \lg K$$

$\Delta_r G_m^{\ominus}$ 越负，K 值越大，表示酸性越强，又根据 $\Delta_r G_m^{\ominus} = \Delta_r H_m^{\ominus} - T\Delta_r S_m^{\ominus}$，当 $T = 298$ K 时，将相应的热力学函数计算结果列于表 2-4。

表 2-4 卤化氢热力学函数计算结果

HX	$\Delta_r H_m^{\ominus}$/(kJ·mol^{-1})	$\Delta_r S_m^{\ominus}$/(J·mol^{-1}·K^{-1})	$\Delta_r G_m^{\ominus}$/(kJ·mol^{-1})	电离度(0.1 mol·L^{-1})/%
HF	−2.1	−97	20.3	10
HCl	−57.3	−58.6	−39.8	92.6
HBr	−63.6	−46.0	−49.9	93.5
HI	−59.0	−31.0	−49.8	95.0

由此可见，HX 酸的强度次序为 HI＞HBr＞HCl≫HF。HI、HBr、HCl 是强酸，HF 是弱酸。HF 的 K 值之所以与 HI、HBr、HCl 的差别很大，可以从 $\Delta_r G_m^{\ominus}$ 所包含的焓变和熵变做进一步分析：

(1) 焓变项：HF 电离过程放热最小，HI、HBr、HCl 均较大。造成此结果的主要原因是：HF 解离能特别大，其次 HF 的脱水所吸收的能量最高，这与 HF 在溶液中存在的氢键有关。另外，F⁻的电子亲和能比预期的小。尽管 F⁻的水合能特别大，但还不足以抵消上述一些因素的影响。

(2) 熵变项：HF 电离过程的熵减小最多，这与 F⁻半径最小、水合程度最高有关，也与溶液中形成有方向性的氢键有关。

从结构上分析，HF 酸性最弱是因为 F⁻是一种特别的质子接受体，与 H₃O⁺通过氢键结合成强度很大的离子对，即使在无限稀的溶液中，它的电解度也只有 15%，而 HX 中 I⁻半径最大，最易受水分子的极化而电离，因而 HI 是最强的酸。

例题 2-4

　　HF 是弱酸，根据弱酸电离规律，随着酸浓度增大，电离度将变小，但实验发现，在很浓的 HF 水溶液（5～15 mol·L⁻¹）中，HF 的电离度却急剧增大，变成强酸，这种反常现象该如何解释？

　　解　HF 在水溶液中几乎全部电离，在稀溶液中之所以表现出弱酸性，是因为形成离子对($H_3O^+\cdots F^-$)，该离子对较稳定，仅小部分电离。

$$HF + H_2O \longrightarrow (H_3O^+\cdots F^-) \rightleftharpoons H_3O^+ + F^- \tag{1}$$

浓 HF 溶液电离的情况与稀溶液不同，它除了以反应(1)的方式进行外，随着 HF 浓度增加，反应(2)将变得越来越重要：

$$HF + F^- \rightleftharpoons HF_2^- \tag{2}$$

这是因为 F^- 有很强的结合质子的能力，F^- 与未电离的 HF 之间以氢键的方式结合，生成很稳定的 HF_2^-。由于反应(2)的进行，有效地降低了溶液中 F^- 的浓度，促进反应(1)向右移动，HF 的电离度变大，由此可见，浓 HF 溶液酸性变强与稳定的 HF_2^- 的形成是分不开的。

2.1.3　卤化氢和氢卤酸的制备

1. 氟化氢和氢氟酸的制备

1) 工业生产

　　工业上采用氟氢化钾加热至 500℃进行热分解或用萤石(CaF_2)与浓硫酸加热到 700℃制备氢氟酸[17]：

$$CaF_2 + H_2SO_4 \xrightarrow{700℃} CaSO_4 + 2HF$$

$$KHF_2 \xrightarrow{500℃} KF + HF$$

　　氟化氢还来自工业生产的副产品。例如，有20%的工业氟化氢来自肥料生产的副产物，该过程产生的 H_2SiF_6 可加热、水解得到氟化氢：

$$H_2SiF_6 = 2HF + SiF_4$$
$$SiF_4 + 2H_2O = 4HF + SiO_2$$

氟化氢也是工业制备磷酸的副产物。由于制备磷酸的矿物磷灰石中伴有一定数量的氟磷灰石，因此在酸解过程中会产生氟化氢，气体经过分离、除杂，再经过发烟硫酸后，即得到无水氟化氢[17]。

2) 实验室制备

1771 年，瑞典化学家舍勒通过向萤石晶体中加入硫酸，观察到玻璃被形成的烟雾侵蚀。这些气体在水中溶解，产生了一种酸性溶液，命名为氟酸[18]。这是氟化氢在历史上的首次制备，目前实验室氟化氢的制备仍主要采用该方法，265℃下即可得到氟化氢。

2. 氯化氢与盐酸的制备

1) 工业生产

工业上制备盐酸基于氯碱工业。它是指用电解饱和氯化钠溶液的方法来制取氢氧化钠、氯气和氢气，并以它们为原料生产一系列化工产品的工业过程(图 2-5)。其产品包括氢氧化钠、高纯盐酸、工业盐酸、次氯酸钠等。其中制备盐酸的反应原理为

$$2NaCl + 2H_2O \xrightarrow{\text{通电}} 2NaOH + H_2\uparrow + Cl_2\uparrow$$

$$H_2 + Cl_2 \xrightarrow{\text{通电}} 2HCl$$

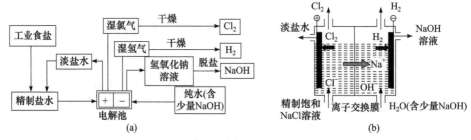

图 2-5　氯碱工业流程图(a)及采用离子交换膜法进行电解原理示意图(b)

2) 实验室制备

16 世纪，德国医生、化学家利巴菲乌斯(A. Libavius，1555—1616)正式记载了氯化氢的制备方法：将浓硫酸与食盐混合加热[19]。1808 年，英国科学家戴维证明了氯化氢气体由氢、氯两种元素组成[20]。

目前实验室仍采用该原始方法，即固体氯化钠和浓硫酸在不加热或稍微加热的条件下分别生成硫酸氢钠和氯化氢：

利巴菲乌斯

$$NaCl + H_2SO_4 \xrightarrow{\hspace{1cm}} NaHSO_4 + HCl\uparrow$$

该反应在 500~600℃的条件下可继续反应生成氯化氢和硫酸钠。

$$NaHSO_4 + NaCl = Na_2SO_4 + HCl\uparrow$$

总的化学反应方程式可以表示如下：

$2NaCl + H_2SO_4 = Na_2SO_4 + 2HCl\uparrow$ (注意：加热且缺水环境下，HCl 后才加↑)

另外，也可以通过氯气与二氧化硫在水溶液中反应来制备：

$$SO_2 + Cl_2 + 2H_2O = 2HCl + H_2SO_4$$

3. 溴化氢与氢溴酸的制备

1) 工业生产

工业上采用氢气与溴单质在 200~400℃下直接化合得到溴化氢，反应通常需要钯或石棉作催化剂，或通过水、溴和硫或磷反应或电解法来制取[21]。

2) 实验室制备

实验室可采用多种方法制备溴化氢，可采用溴化钾或溴化钠与磷酸或硫酸反应：

$$KBr + H_2SO_4 = KHSO_4 + HBr$$

溴单质与水和硫单质反应：

$$2Br_2 + S + 2H_2O = 4HBr + SO_2$$

溴单质与亚磷酸反应：

$$Br_2 + H_3PO_3 + H_2O = H_3PO_4 + 2HBr$$

4. 碘化氢与氢碘酸的制备

1) 工业生产

工业上采用碘单质与肼反应，同时产生氮气[1]：

$$2I_2 + N_2H_4 = 4HI + N_2$$

也可用氢气和碘单质经铂黑或铂石棉催化直接合成(此反应可逆)：

$$H_2 + I_2 \xrightleftharpoons{\triangle} 2HI$$

2) 实验室制备

实验室用干燥红磷和碘互相接触，加少量水微热。将生成的气体通入装有粘着潮湿红磷的短棒玻璃 U 形管，收集即可(注意：反应不可以用白磷，白磷接触碘即可自燃)，该方法也适用于溴化氢的制备。

$$2P + 6H_2O + 3I_2 \stackrel{\triangle}{=\!=\!=} 6HI + 2H_3PO_3$$

用非氧化性、非挥发性的磷酸与碘化物作用：

$$NaI + H_3PO_4 =\!=\!= NaH_2PO_4 + HI\uparrow$$

非金属碘化物的水解：

$$PI_3 + 3H_2O =\!=\!= H_3PO_3 + 3HI\uparrow$$

思考题

2-1 三个试管中分别放置一些 NaCl、NaBr、NaI 晶体，再分别加入浓 H_2SO_4，各有什么现象发生？用什么方法鉴定？

2.1.4 卤化氢和氢卤酸的应用

1. 氟化氢和氢氟酸的应用

氟化氢是基础化工产品，在电子工业中，无水氟化氢用作电解合成三氟化氮的原料；在化学工业中，广泛应用于氟置换卤代烃中氯制取氯氟烃，如二氟二氯甲烷和二氟一氯甲烷等；在石化工业中，作为芳烃、脂肪族化合物烷基化制高辛烷值汽油的液态催化剂[22]。由于氢氟酸溶解氧化物的能力较强，它在铝和铀的提纯中起着重要作用。氢氟酸也用来蚀刻玻璃，可以雕刻图案、标注刻度和文字。半导体工业使用它来除去硅表面的氧化物(图 2-6)。不锈钢表面含氧杂质的除去也会用到氢氟酸，称为浸酸过程。氢氟酸也用于多种含氟有机物的合成，如特氟龙及氟利昂一类的制冷剂[23]。

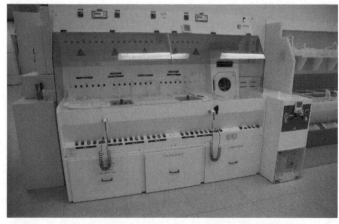

图 2-6　采用 HF 等溶剂批量处理 6 英寸晶片的湿法刻蚀装置(1 英寸 = 2.54 cm)

2. 氯化氢和盐酸的应用

工业革命期间，盐酸开始大量生产。化学工业中，盐酸有许多重要应用，对产品的质量起决定性作用。

1) 分析化学

在分析化学中，用酸测定碱的浓度时，一般都用盐酸滴定。用强酸滴定可使终点更明显，从而得到的结果更精确。在 1 个标准大气压下，20.2%的盐酸可组成恒沸溶液，常用作一定气压下定量分析中的基准物，其恒沸时的浓度会随气压的改变而改变[24]。

2) 酸洗钢材

盐酸最重要的用途之一是酸洗钢材。在对铁或钢材进行挤压、轧制、镀锌等操作之前，可用盐酸除去表面的铁氧化物。通常使用浓度为18%的盐酸溶液作为酸洗剂清洗碳钢。酸洗钢材工业发展了盐酸再生工艺，如喷雾焙烧炉或流化床盐酸再生工艺等。这些工艺能让氯化氢气体从酸洗液中再生，其中最常见的是高温水解工艺，其反应方程式为

$$4FeCl_2 + 4H_2O + O_2 \stackrel{\triangle}{=\!=\!=} 8HCl(g) + 2Fe_2O_3$$

将制得的氯化氢气体溶于水又得到盐酸。通过对废酸的回收，建立了一个封闭的酸循环。副产品氧化铁在各种工业加工流程中也有较多应用[1]。

3) 制备无机、有机化合物

盐酸的另一大用途是制备无机、有机化合物，如合成聚氯乙烯(PVC)塑料的原料氯乙烯、二氯乙烷、聚碳酸酯的前驱体双酚 A、催化胶黏剂聚乙烯醇缩甲醛、抗坏血酸等。盐酸在制药方面也有很大的用途[14]。盐酸可以发生酸碱反应，故能制备许多无机化合物，如处理水所需的化学品氯化铁与聚合氯化铝(简称聚铝，PAC)。

4) 控制 pH 及中和碱液

盐酸因显酸性且廉价易得，常用于调节溶液的 pH(图 2-7)。在工业中对纯度要求极高时(如用于食品、制药及饮用水等)，常用高纯的盐酸调节水流的 pH；要求相对不高时，如中和废水或处理游泳池中的水，可使用工业纯的盐酸[1]。

5) 焰色反应

用于检验金属或它们的化合物时常使用焰色反应，用于检验的铂丝需用稀盐酸洗净以除去杂质元素的影响。检验物质前，应将铂丝用盐酸清洗，再放到火焰上灼烧，直到火焰呈原来的颜色方可实验(图 2-8)。

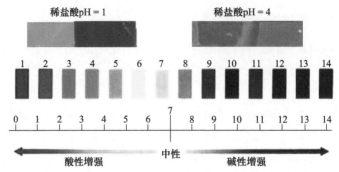

图 2-7　pH = 1 及 pH = 4 的稀盐酸对应 pH 试纸颜色

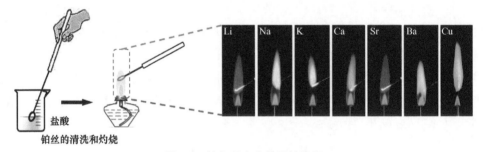

图 2-8　焰色反应中盐酸的使用

3. 溴化氢和氢溴酸的应用

氢溴酸主要用于制备无机溴化物，如溴化锌、溴化钙、溴化钠等。它在有机反应中，清除醇盐和酚盐，取代反应中取代羟基，以及与烯烃加成。它也可以催化矿物提取和某些烷基化反应。同时它也是制备有机溴化物的主要试剂，工业上重要的有机化合物如烯丙基溴、溴乙酸、四溴苯酚都是从溴化氢制备而来的。

4. 碘化氢和氢碘酸的应用

氢碘酸与氢溴酸一样，在有机化学中有着重要用途，可发生加成、取代、裂解等反应。

2.2　卤素的氮化物和氧化物

2.2.1　卤素的氮化物

这里讨论的氮化物指卤素的二元氮化物及氨的衍生物。其中，氟元素包含的氮化物种类最多，其次为氯，溴和碘的氮化物最少，且不稳定。

1. 氟氮化合物

在氟氮化合物及其衍生物中，N—F 键的键能小，容易解离，因而和氟一样也是一类强的氧化剂和氟化剂。在高能氧化剂和火箭推进剂的研究中，其引起了人们极大的重视，而且在金属焊接、高分子催化聚合上也有重要用途。稳定的氟氮化合物包含三氟化氮、二氟化二氮、四氟化二氮和叠氮化氟，此外还有其他一些衍生物。

1) 三氟化氮

三氟化氮，英文名称 nitrogen trifluoride，化学式为 NF_3，是卤化氮中最稳定的，它的结构和氨相似，氮原子处于四面体中心，一对孤对电子占据一个顶点。三卤化氮与氨的结构及物理性质对比见表 2-5。目前工业制备方法可分为直接化合法和氟化氢铵熔融盐电解法[25-26]。化学合成包括氟气与氨或氟化氢氨 (NH_4HF_2) 反应生成三氟化氮：

$$3F_2 + NH_3 = NF_3 + 3HF$$

$$3F_2 + NH_4HF_2 = NF_3 + 5HF$$

或氟气与尿素直接化合生成三氟化氮：

$$NH_2CONH_2 + 6F_2 = 2NF_3 + COF_2 + 4HF$$

$$2NH_2CONH_2 + 12F_2 = 4NF_3 + CO_2 + CF_4 + 8HF$$

此外，还可以使用电解法：

阳极
$$6F^- = 6F + 6e^-$$

$$6F + NH_4^+ = NF_3 + 4H^+ + 3F^-$$

阴极
$$6H^+ + 6e^- = 3H_2$$

表 2-5　三卤化氮和氨的结构及物理性质[2,28-30]

性质	氨	三氟化氮	三氯化氮	三溴化氮	三碘化氮
英文名	ammonia	nitrogen trifluoride	nitrogen trichloride	nitrogen tribromide	nitrogen triiodide
化学式	NH_3	NF_3	NCl_3	NBr_3	NI_3
摩尔质量 /(g·mol^{-1})	17.031	71.002	120.366	253.719	394.72
分子构型					

续表

性质	氨	三氟化氮	三氯化氮	三溴化氮	三碘化氮
分子模型					
键长/pm	101.5[28]	137	175.9	—	—
键角/(°)	106.6[28]	102.5	107.1	—	—
偶极矩 μ/deb	1.4718	0.235	0.39	—	—
外观	无色气体	无色气体	黄色油状液体	不稳定固体	不稳定黑色晶体
密度/(g·cm^{-3})	0.7329(1, −77.7℃)	0.002902(g)	1.653	—	
熔点/℃	−77.65	−206.79	−40	−100(爆炸)[29]	−20(升华)
沸点/℃	−33.33	−128.75	71		
蒸气压/kPa	60.41(230 K)	3990(230 K)		—	
水溶性	47%(质量分数, 0℃); 31%(质量分数, 25℃); 18%(质量分数, 50℃)[30]	2.1%(体积分数, 20℃, 1 bar)	不溶, 缓慢分解	—	分解
$S_m^{\ominus}$(g)/ (J·mol^{-1}·K^{-1})	192.8	260.8	—	—	—
$\Delta_f H_m^{\ominus}$ /(kJ·mol^{-1})	−45.9	−132.1(g)	230.0(l)	—	—
$\Delta_f G_m^{\ominus}$(g)/ (kJ·mol^{-1})	−16.4	−90.6	—	—	—
C_p(g)/ (J·mol^{-1}·K^{-1})	35.1	53.4	—	—	—

　　三氟化氮主要用途是作为高能化学激光器的氟源；其次是微电子工业中一种优良的等离子蚀刻气体，对硅和氮化硅蚀刻有较高的蚀刻速率和选择性，而且对表面无污染；同时它也是非常良好的清洗剂[27]。随着纳米技术和电子工业大规模的发展，三氟化氮的需求量将日益增加。但由于三氟化氮属于温室气体，会加剧温室效应，因此有人认为应该限制这种化合物的使用。

　　2) 二氟化二氮

　　二氟化二氮，英文名称 dinitrogen difluoride，化学式为 N_2F_2，也称二氟肼、二氟二胺、二氟二氮烯。二氟化二氮是在 1952 年叠氮化氟的热分解产物中被发现的，具有 F—N≡N—F 结构的顺式和反式两种异构体，它的结构及物理性质见表 2-6。二氟化二氮可通过三氟化氮与金属和化合物反应来制备[28]：

$$NF_3 + (Hg, g) \xrightarrow{\text{放电作用}} N_2F_2(15\%) + \text{副产物}$$

$$NF_3 + (Hg, l) \xrightarrow{320\sim330℃} N_2F_2(\text{少量}) + \text{副产物}$$

$$NF_3 + NH_3 \xrightarrow{\text{T形钢管反应器}} N_2F_2(15\%) + \text{副产物}$$

也可利用氟化钾与二氟一氢氮(HNF$_2$)混合物热分解，该反应先在-80℃时生成 KF·HNF$_2$ 加合物，后在 20℃时分解为二氟化二氮，即

$$2KF + 2HNF_2 \xrightarrow{-80℃} 2KF \cdot HNF_2 \xrightarrow{20℃} 2KF \cdot HF + N_2F_2$$

大部分的二氟化二氮合成方法会同时合成两种异构体，而采用浓 KOH 与 N,N-二氟脲反应在产率为 40%的条件下可主要得到顺式异构体，其含量是反式异构体的 3 倍[31]。它也可以通过在溴单质存在的条件下光解四氟化氮的方法制备得到：

$$N_2F_4 \xrightarrow{h\upsilon, Br_2} N_2F_2 + \text{副产物}$$

表 2-6　稳定氮氟化合物的结构及其物理性质[2]

性质	二氟化二氮		四氟化二氮	叠氮化氟
英文名	dinitrogen difluoride		1,1,2,2-tetrafluorohydrazine	fluorine azide
别名	二氟肼、二氟二胺、二氟二氮烯		四氟肼	—
化学式	N_2F_2		N_2F_4	FN_3
摩尔质量 /(g·mol^{-1})	66.01		104.007	61.019
分子构型				
分子模型				
外观	无色气体		无色气体	黄绿色气体
密度(25℃) /(g·cm^{-3})	2.698		4.251	61.019
熔点/℃	<-195（顺）	-172（反）	-164.5	-152
沸点/℃	-106.75（顺）	-111.45（反）	-74	-82

二氟化二氮高于 100℃分解为氮和氟，其中顺式更易分解，且化学活泼性高于反式。反式能储存在玻璃容器中，顺式则与玻璃反应生成氟化硅和一氧化二氮，因此后者常被用作氟化剂。

3) 四氟化二氮

四氟化二氮，英文名称 1,1,2,2-tetrafluorohydrazine，化学式为 N_2F_4，也称为四氟肼，是重要的氟氮化合物之一，可作为火箭燃料的高能氧化剂。它的结构及物理性质见表 2-6。四氟化二氮也有两种异构体，二者之间的转化能垒约为 12.5 kJ·mol^{-1}(图 2-9)。

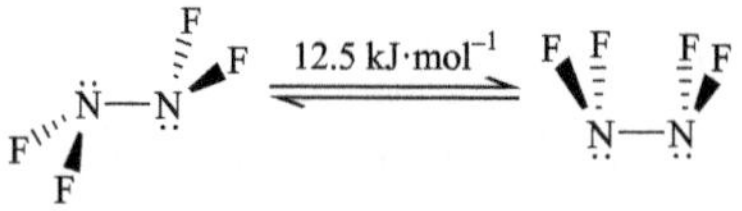

图 2-9　N_2F_4 两种异构体的相互转化

1958 年，科尔伯恩(C. B. Colburn，1923—1988)等[32]首次用三氟化氮在带有螺旋形铜的不锈钢弹体中加热到 450℃进行热还原而制得四氟化二氮，其产率为 72%：

$$2NF_3 + Cu = N_2F_4 + CuF_2$$

四氟化二氮也可在铁等金属或碳作为还原剂存在时制得：

$$2NF_3 + Fe = N_2F_4 + FeF_2$$

$$4NF_3 + C = 2N_2F_4 + CF_4$$

三氟化氮与一氧化氮反应也可制得四氟化二氮，并产生亚硝酰氟(NOF)：

$$2NF_3 + 2NO = N_2F_4 + 2NOF$$

四氟化二氮与二氟化氮自由基处于分子-自由基平衡状态，类似于 $N_2O_4 \rightleftharpoons 2NO_2$ 平衡体系：

$$N_2F_4 \rightleftharpoons 2NF_2 \cdot$$

二氟化氮自由基使四氟化二氮在高温下略显深蓝色。正因为自由基的存在，四氟化二氮能发生许多相关的反应，也可在一些物质的化学合成中作为前驱体或催化剂。

4) 叠氮化氟

叠氮化氟，英文名称 fluorine azide，化学式为 FN_3，是一种黄绿色气体[33]，该化合物的结构及物理性质见表 2-6。因为叠氮基团也称为拟卤素，因此它可以归类为卤素间化合物。同样地，ClN_3、BrN_3 和 IN_3 也归为此类[34]。由于氟原子和氮原子之间的化学键很弱，因此该化合物很不稳定，易于爆炸[35]，在液态时激烈振动或光照射下就发生爆炸。气体在室温下缓慢分解为氮气和二氟化二氮，在分解过程中有 ·NF 自由基生成。

叠氮化氟是由哈勒(J. F. Haller)在 1942 年首次合成的[36]，由氟气与经氮气稀释的叠氮化氢反应制得，其反应式如下：

$$HN_3 + F_2 \Longrightarrow FN_3 + HF$$

1964 年，潘克拉托夫(A. V. Pankratov)等发现用叠氮化钠和氟气反应也能得到叠氮化氟[37]。

叠氮化氟在不同条件下可分别与氧气、氯气、二氟化氧、一氧化氮和一氧化碳等反应，得到不同的反应产物，如

$$FN_3 \xrightarrow[h\upsilon]{OF_2} NF_3,\ N_2,\ O_2$$

$$FN_3 \xrightarrow[40\sim80℃]{O_2} NF_3 + N_2F_2$$

$$FN_3 \xrightarrow[50\sim80℃,Ni管]{Cl_2} ClNF_2(与Br_2不反应)$$

$$FN_3 \xrightarrow[-40\sim-25℃]{NO} NF_3$$

$$FN_3 \xrightarrow{CO} NF_3,\ N_2F_2,\ COF_2,\ CF_3OF$$

由于 FN_3 容易分解，故该类反应都需在低温加压下进行，而且需要安全防护措施。

5) 其他氮氟化合物

除了稳定的氮氟化合物，还存在几种其他类型的氮氟化合物，如一氟化氮、二氟化氮和五氟化氮。

一氟化氮是一种在激光中发现的亚稳态分子，化学式为 FN，与 O_2 是等电子体[38-39]。相比于其二聚体二氟化二氮及元素氮和氟单质，它是不稳定的。FN 可以通过将 FN_3 分解为 N_2F_2 和 N_2 时短暂形成。它也可以由各种自由基，如 $\cdot H$、$\cdot O$、$\cdot N$、$\cdot CH_3$ 夺走二氟化氮(NF_2)的一个氟原子而形成[40]。许多 FN 的反应使产物以激发态生成，具有特征的化学发光，因此已被研究开发为化学激光[41]。

二氟化氮又称二氟氨基自由基，是一种自由基，化学式为 $NF_2\cdot$。这个小分子和它的二聚体四氟化二氮之间存在化学平衡：$N_2F_4 \Longrightarrow 2NF_2\cdot$。温度越高，$NF_2\cdot$ 的含量越多。虽然这种分子有奇数个电子，但足够稳定到可以在实验上研究[42]。

五氟化氮的化学式为 NF_5，是理论上推测出的一种模型化合物。因氮族元素中除氮以外的元素都存在五氟化物(如五氟化磷)，因此科学家认为这种化合物应当存在[43]。五氟化氮的理论模型有两种，一种是三角双锥形的分子 NF_5，对称群为 D_{3h}；另一种是离子晶体，$NF_4^+F^-$。

例题 2-5

三氟化氮 NF_3 的沸点为$-129℃$，显路易斯碱性，而相对分子质量较低的化合物 NH_3 的沸点为$-33℃$，是众所周知的路易斯碱。

(1) 说明它们沸点差别如此之大的原因；

(2) 说明它们碱性不同的原因。

解

(1) NH_3 中存在分子间氢键，虽然相对分子质量越大，沸点越高，但因为存在分子间氢键，使 NH_3 分子挥发难，所以沸点高。

(2) NH_3 分子中 N 的电负性比 H 大，使 NH_3 中 N 原子的电子云密度大，且给电子对能力较大，因而碱性较强。相反，NF_3 中 F 的电负性比 N 大，F 的吸电子能力强，N 周围电子云密度小，则 NF_3 分子的中心原子 N 的给电子能力较差，因而碱性较弱。

2. 氯氮化合物

1) 三氯化氮

二元氯氮化合物没有二元氟氮化合物种类丰富，仅有三氯化氮，英文名称 nitrogen trichloride，化学式为 NCl_3，结构同样与 NH_3 类似，可以看作是 NH_3 中的三个 H 原子被 Cl 原子取代。它的结构及物理性质见表 2-5。三氯化氮为黄色、油状、具有刺激性气味的液体，易爆炸，因此应采用比较安全的制备方法，如在与水不互溶的有机溶剂(如 CCl_4)存在下，由铵盐(如氯化铵)与氯气作用制得，由于它在水中的溶解度较小，因此 NCl_3 几乎全部转入有机相中。

$$NH_4Cl + 3Cl_2 = NCl_3 + 4HCl$$

三氯化氮可发生水解生成氨和次氯酸：

$$NCl_3 + 3H_2O = NH_3 + 3HClO$$

当公共供水中采用一氯胺消毒时，会形成少量的三氯化氮；游泳池中的氯气与游泳者汗液中的尿素反应也会产生三氯化氮。

2) 氯胺

在水溶液中氨分子中的氢可被氯取代生成三种氯取代物，pH<4.5 时全部取代得到三氯胺也就是 NCl_3，在 pH>8.5 时生成一氯取代产物——一氯胺，pH = 4.5~5 时生成二氯取代产物——二氯胺，它们之间存在的平衡反应与 pH 有关[28]。一氯胺及二氯胺的结构及分子模型见图 2-10。

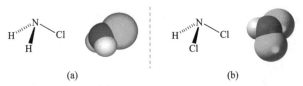

图 2-10 一氯胺(a)及二氯胺(b)的结构及分子模型图

一氯胺，英文名称 chloramine，也称氯胺、氯代氨、一氯代氨，化学式为 NH_2Cl，为不稳定的无色液体，熔点−66℃，通常以水溶液的形式储存和使用，由于不稳定性，其沸点无法测量[44]。NH_2Cl 可用于水的消毒，与氯气相比较为温和，与次氯酸盐相比更加稳定。一氯胺可以通过氨与次氯酸根反应制得[45]：

$$NH_3 + ClO^- \Longrightarrow NH_2Cl + OH^-$$

此反应必须在弱碱性(pH = 8.5～11)的环境下进行。气态 NH_2Cl 也可通过氨气和氯气反应得到(过程中用氮气稀释)：

$$2NH_3(g) + Cl_2(g) \Longrightarrow NH_2Cl(g) + NH_4Cl(s)$$

纯一氯胺还可将氟胺(NH_2F)吹过氯化钙得到：

$$2NH_2F + CaCl_2 \Longrightarrow 2NH_2Cl + CaF_2$$

二氯胺，英文名称 dichloramine，化学式为 $NHCl_2$，是一种高活性的无机化合物。这种黄色气体很不稳定，会与许多物质反应[46]，可由氨气和氯气或次氯酸钠反应而成：

$$NH_2Cl + Cl_2 \Longrightarrow NHCl_2 + HCl$$

它是制备一氯胺和三氯化氮的副产物。

3. 溴氮及碘氮化合物

三溴化氮(NBr_3)和三碘化氮(NI_3)同样与氨结构类似，它们的结构和部分物理性质见表 2-5。

NBr_3 的首次制备采用如下反应：

$$(Me_3Si)_2NBr + 2BrCl \Longrightarrow NBr_3 + 2Me_3SiCl$$

其中，Me 表示甲基。它也可由溴或次溴酸盐和氨在稀的缓冲溶液中反应生成[47]，或溴和叠氮化溴反应得到[48]。氨和溴进行辉光放电，经处理后可以得到红色的 $NBr_3 \cdot 6NH_3$[49]。纯的三溴化氮在 1975 年才被制得[50]。

NI_3 是一种极为敏感的接触炸药，少量爆炸时，即使是轻轻一碰，也会发出巨大而尖锐的爆裂声，释放出紫色的碘蒸气(图 2-11)，其爆炸性分解反应为

$$2NI_3(s) \Longrightarrow N_2(g) + 3I_2(g) ; \quad \Delta_r H_m^\ominus = -290 \ kJ \cdot mol^{-1}$$

图 2-11　轻触 NI_3 爆炸产生紫色烟气

NI_3 具有复杂的结构和化学性质，由于其衍生物的不稳定性，很难对其进行研究。少量的 NI_3 可在 $-30℃$ 下，用氮化硼(BN)与溶解在三氯氟甲烷的氟化碘(IF)制得：

$$BN + 3IF === NI_3 + BF_3$$

该反应制得的 NI_3 在 1990 年首次采用拉曼光谱表征[51]。目前主要以碘和氨反应制备三碘化氮。当碘浓度足够大时，可析出黑色 $NI_3 \cdot NH_3$ 固体：

$$NH_2I + 2I_2 + 3NH_3 === 2NH_4^+ + 2I^- + NI_3 \cdot NH_3(s)$$

这个加合物是法国化学家库图瓦在 1812 年首先发现的，但化学式直到 1905 年才由斯尔波拉德(O. Silberrad)搞清楚[52]。$NI_3 \cdot NH_3$ 在暗处和用氨润湿时是稳定的，干燥时按下列反应爆炸性分解[53]：

$$8NI_3 \cdot NH_3 === 5N_2 + 6NH_4I + 9I_2$$

2.2.2　卤素的氧化物

1. 氟的氧化物

氟的氧化物为氟和氧组成的二元化合物，通式为 O_nF_2，其中 $n=1\sim6$。因此已知的氟氧化合物包括二氟化氧、二氟化二氧、二氟化三氧、二氟化四氧、二氟化五氧和二氟化六氧，它们的基本性质见表 2-7。目前研究较多、较透彻的是二氟化氧和二氟化二氧。

表 2-7　部分氟氧化物的结构及物理性质[2,28]

性质	二氟化氧	二氟化二氧	二氟化三氧	二氟化四氧	二氟化五氧	二氟化六氧
英文名	oxygen difluoride	dioxygen difluoride	trioxygen difluoride	tetraoxygen difluoride	pentaoxygen difluoride	hexaoxygen difluoride
化学式	OF_2	O_2F_2	O_3F_2	O_4F_2	O_5F_2	O_6F_2
摩尔质量/(g·mol⁻¹)	53.996	69.996	85.996	101.996	117.996	133.996

续表

性质	二氟化氧	二氟化二氧	二氟化三氧	二氟化四氧	二氟化五氧	二氟化六氧
分子构型	(O—F 键长 140.5 pm, ∠103°)	(F—O—O—F 结构)	—	—	—	—
分子模型	(分子模型)	(分子模型)	—	—	—	—
外观	无色气体或微黄色液体	橙红色液体或固体	暗红色液体或红棕色固体	红棕色固体	红棕色黏滞性液体	有暗棕色金属光泽
密度/(g·cm^{-3})	0.002207 (g, 25℃)	0.002861 (g, 25℃)	—	—	—	—
熔点/℃	−223.8	−163.5	−190	−191	<−196	>−213
沸点/℃	−144.3	−57	−70	−185		
分解温度/℃	约 200	−78	<−158	−183	<−183	>−213 (爆炸性)
$S_m^{\ominus}$ (g)/(J·mol^{-1}·K^{-1})	247.5	277.2	—	—	—	—
$\Delta_f H_m^{\ominus}$ /(kJ·mol^{-1})	24.5	19.2	—	—	—	—
$\Delta_f G_m^{\ominus}$ (g)/(kJ·mol^{-1})	41.8	58.2	—	—	—	—
C_p(g)/ (J·mol^{-1}·K^{-1})	43.3	62.1	—	—	—	—

1) 二氟化氧

二氟化氧，英文名称 oxygen difluoride，化学式为 OF_2，是氟氧化物中最早被发现的，其结构与 H_2O 类似，O—F 键键长为 140.5 pm，F—O—F 键角(bond angle)为 103°。它是一种很强的氧化剂，其中氧原子的氧化数为+2，而不是通常的−2。该化合物在 1929 年被勒博(P. Lebeau)等首次报道[54]，采用电解熔融的含 1%～20% H_2O 和 10% NaF 的氟化氢溶液得到。目前合成方法采用氟单质与氢氧化钠反应：

$$2F_2 + 2NaOH = OF_2 + 2NaF + H_2O$$

在高于 200℃时，该化合物通过自由基机理分解为氧气和氟。它与很多金属及非金属反应生成相应的氧化物和氟化物。例如，与磷生成五氟化磷和三氟氧磷，与硫生成二氧化硫和四氟化硫，甚至可以和稀有气体氙反应生成四氟化氙和氙的氟氧化物。它还可以分别与水和二氧化硫发生如下反应：

$$OF_2(aq) + H_2O(l) = 2HF(aq) + O_2(g)$$
$$OF_2 + SO_2 = SO_3 + F_2$$

2) 二氟化二氧

二氟化二氧，英文名称 dioxygen difluoride，化学式为 O_2F_2，是一种橙红色的液体或固体，它的结构与过氧化氢类似(图 2-12)，键长、键角略有差别。在二氟化二氧结构中由于 F 较大的电负性导致其 O—O 键键长(121.7 pm)比过氧化氢的 O—O 键键长(147.4 pm)短，且二面角(87.5°)比过氧化氢的二面角(115.5°)小。F 原子较大的半径则使 O—F 键键长(157.5 pm)比 O—H 键键长(95.0 pm)长。

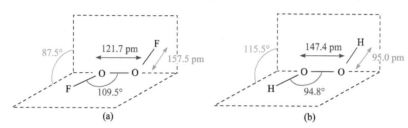

图 2-12 O_2F_2(a)与 H_2O_2(b)的分子结构示意图

二氟化二氧可在低压下由 1∶1 的氧气和氟气放电制得。该方法在 1933 年由拉夫(O. Ruff)等首次使用并制得二氟化二氧[55]：

$$O_2 + F_2 \xrightarrow{\text{放电}} O_2F_2$$

此外，还可以用二氟化三氧分解反应制得：

$$O_3F_2 = O_2F_2 + \frac{1}{2}O_2$$

二氟化二氧很容易分解为氧气和氟，即使在温度为−160℃的条件下，依然以每天 4%的分解速度进行[53]。它的主要化学性质为氧化性，且大部分实验在低温下(约−100℃)进行[56]。二氟化二氧没有实际的应用，但是一些实验室用它可以实现在超低温下合成六氟化钚[57]，而此前由于合成温度过高常造成六氟化钚分解。因此，它在某些化学反应上具有潜在的应用。

3) 其他氟氧化合物

在氟氧化合物中，当氧原子数目在一个以上时可称为过氧氟化物，除二氟化二氧之外，其他的含氟过氧化物研究较少，但它们的合成都可以采用类似于制备二氟化二氧时的放电法。具体为将氧气与氟单质的混合物在石英或派热克斯(Pyrex)玻璃制成的放电管中进行放电合成，所用的氧和氟的比例按化学计算量混合，随着产物含氧量的增加，反应的温度等条件需加强控制。过氧氟化物的放电合成条件见表 2-8。

表 2-8　过氧氟化物的放电合成条件[28]

合成的产物	$O_2 : F_2$	浴温/K	气体压力/kPa	所用电能
O_2F_2	1 : 1	90	160 ± 60	25 mA, 2.1~2.4 kV
O_3F_2	3 : 2	77	160 ± 60	20~25 mA, 2.0~2.2 kV
O_4F_4	2 : 1	60~77	60~200	4.5~4.8 mA, 0.8~1.3 kV
O_5F_5	2.5 : 1	60~77	60~110	4~6 W
O_6F_2	3 : 1	60~77	60~110	4~5 W

氟氧化合物中，由于 O—F 键较弱，在光、电和热的作用下即能激发为 $O_2F \cdot$ 自由基，而使氟氧化合物具有很高的反应性，氟氧化合物在 15~45℃被光照射 ($\lambda = 365$ nm)时，可发生如下反应：

$$OF_2 \xrightarrow{h\upsilon} F \cdot + OF \cdot, \quad F \cdot + F \cdot = F_2$$

$$OF \cdot = F \cdot + \frac{1}{2}O_2, \quad F \cdot + OF_2 = F_2 + OF \cdot$$

$$O_2 + F \cdot = O_2F \cdot$$

氟氧化合物都是很强的氧化剂和氟化剂，反应的活化能都很小，约为 63 kJ·mol^{-1}，反应性和氟一样强。随着含氧键的增多，氟氧化合物的稳定性减小，反应活性增大。OF_2 对热比较稳定，在 200℃分解；而 O_3F_2 在-196℃时就发生分解，在-183℃时分解很快，产生 O_2 和 F_2；O_6F_2 在-183~-213℃即发生分解并析出 O_3。

例题 2-6

氟氧化物最重要的用途是什么？

解

用途一：OF_2 在室温下稳定，不与玻璃发生反应，是强氟化剂，但弱于 F_2 本身：

$$2NaOH + 2F_2 = 2NaF + OF_2 + H_2O$$

用途二：O_2F_2 是比 ClF_3 更强的氟化剂：

$$Pu(s) + 3O_2F_2(g) = PuF_6(g) + 3O_2(g)$$

该反应用于从废核燃料中以挥发性 PuF_6 的形式除去强放射性的金属 Pu。

2. 氯的氧化物

氯的氧化物种类繁多，包括一氧化一氯、一氧化二氯、二氧化氯、二氧化二氯、三氧化二氯、四氧化二氯、六氧化二氯、七氧化二氯等，其结构及物理性质见表 2-9。

表 2-9　氯的氧化物的结构及物理性质[2,28]

性质	一氧化一氯(自由基)	一氧化二氯	二氧化氯	二氧化二氯	三氧化二氯	四氧化二氯(高氯酸氯)	六氧化二氯	七氧化二氯
英文名	chlorine monoxide	dichlorine monoxide	chlorine dioxide	dichlorine dioxide	dichlorine trioxide	chloro perchlorate	dichlorine hexoxide	dichlorine heptoxide
化学式	ClO·	Cl_2O	ClO_2	Cl_2O_2	Cl_2O_3	$ClOClO_3$	Cl_2O_6	Cl_2O_7
摩尔质量 /(g·mol⁻¹)	51.45	86.905	67.452	102.905	118.904	134.904	166.902	182.902
分子构型								
分子模型								
外观	—	棕色固体 红棕色液体 黄棕色气体	亮橙色固体 红棕色液体 黄绿色气体	—	深棕色固体	浅黄色固体 不稳定 黄色液体 浅黄色气体	黄色固体(-180℃) 红色液体 暗红色气体	无色固体 无色油状液体 无色气体
密度/(g·cm⁻³)	—	0.003552 (g)	0.002757 (g)	—	—	1.81	—	1.9
熔点/℃	—	-120.6	-59	—	<25	-177	3.5	-91.5
沸点/℃	—	2.2	11	—	—	约45	约200	82
$\Delta_f H_m^{\ominus}(g)$/(kJ·mol⁻¹)	101.8	80.3	102.5	—	—	约180	155	272
$\Delta_f G_m^{\ominus}(g)$/(kJ·mol⁻¹)	98.1	97.9	120.5	—	—	—	—	—
$S_m^{\ominus}(g)$/(J·mol⁻¹·K⁻¹)	226.6	266.2	256.8	—	—	327.25	—	—
$C_p(g)$/(J·mol⁻¹·K⁻¹)	31.5	45.4	42.0	—	—	86.02	—	—

1) 一氧化一氯

一氧化一氯，英文名称 chlorine monoxide，化学式为 ClO·，实际上是一种自由基。它对大气中臭氧消耗起到关键作用。在平流层中，它可以通过氯自由基 Cl·与臭氧反应生成，然后继续分解臭氧[53]：

$$Cl· + O_3 \Longrightarrow ClO· + O_2$$

$$ClO· + O· \Longrightarrow Cl· + O_2$$

因此，其总反应式为

$$O· + O_3 \Longrightarrow 2O_2$$

该反应揭示了 Cl·分解臭氧的机理，也因此使很多国家限制了氟氯烃(氟利昂的一种)的使用。

2) 一氧化二氯

一氧化二氯，英文名称 dichlorine monoxide，化学式为 Cl_2O，在室温下是黄棕色的气体，它由巴拉尔在1834年首次合成[58]。早期的合成方法主要为氧化汞法[59]：

$$2Cl_2 + HgO \Longrightarrow HgCl_2 + Cl_2O$$

但该方法价格高且有泄漏汞的风险，更加安全和方便的方法是碳酸钠法[59]：

$$2Cl_2 + 2Na_2CO_3 + H_2O \Longrightarrow Cl_2O + 2NaHCO_3 + 2NaCl$$

$$2Cl_2 + 2NaHCO_3 \Longrightarrow Cl_2O + 2CO_2 + 2NaCl + H_2O$$

一氧化二氯在水中有很高的溶解度，它与次氯酸存在以下平衡[53]：

$$2HClO \Longrightarrow Cl_2O + H_2O, \quad K(0℃) = 3.55 \times 10^{-3} \ L·mol^{-1}$$

它在光照下发生分解反应[60]：

$$2Cl_2O \Longrightarrow 2Cl_2 + O_2$$

还可以与金属卤化物发生反应放出 Cl_2：

$$VOCl_3 + Cl_2O \Longrightarrow VO_2Cl + 2Cl_2$$

$$TiCl_4 + Cl_2O \Longrightarrow TiOCl_2 + 2Cl_2$$

$$SbCl_5 + 2Cl_2O \Longrightarrow SbO_2Cl + 4Cl_2$$

3) 二氧化氯

二氧化氯，英文名称 chlorine dioxide，化学式为 ClO_2，是一种黄绿色气体，液态时呈红棕色。它最早在 19 世纪初被发现，并广泛用作造纸工业中的漂白剂。二氧化氯分子的价层有 19 个电子，其 $^2B_1$ 基态具有 C_{2v} 对称性，Cl—O 键键长为 147 pm，比计算的单键键长短 22 pm，O—Cl—O 键键角比 SO_2 的键角

(119.3°)小约 2°。

二氧化氯的制备可采用氧化法和还原法，氧化法可采用亚氯酸钠分别与氯气、盐酸和硫酸反应：

$$2NaClO_2 + Cl_2 === 2ClO_2 + 2NaCl$$

$$2NaClO_2 + 2HCl + NaOCl === 2ClO_2 + 3NaCl + H_2O$$

$$5NaClO_2 + 4HCl === 5NaCl + 4ClO_2 + 2H_2O$$

$$4NaClO_2 + 2H_2SO_4 === 2ClO_2 + HClO_3 + 2Na_2SO_4 + H_2O + HCl$$

还原法采用氯酸钾和草酸反应：

$$2KClO_3 + 2H_2C_2O_4 === K_2C_2O_4 + 2ClO_2 + 2CO_2 + 2H_2O$$

当今世界上 95%以上的二氧化氯是由氯酸钠还原而成的，还原剂包括甲醇、过氧化氢、盐酸及二氧化硫[61]。较纯的二氧化氯的制备方法包括电解亚氯酸钠[62]：

$$2NaClO_2 + 2H_2O === 2ClO_2 + 2NaOH + H_2$$

二氧化氯是一种强氧化剂，易与许多无机物(如硫、磷的卤化物及硼氢化钾)反应，甚至在冷的水溶液中也能使金属氧化，该反应可能包含电子的直接转移。二氧化氯的主要化学反应见图 2-13[28]。

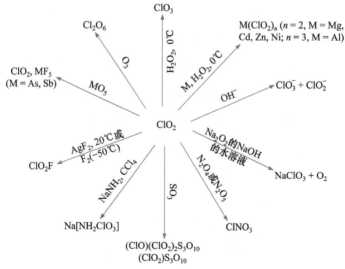

图 2-13 二氧化氯的主要化学反应

二氧化氯还可以发生光解作用，其水溶液经光照射，存在如下反应：

$$ClO_2 \xrightarrow{h\upsilon} ClO + O \quad ; \quad \Delta_r H_m^{\ominus} = 278.2 \ kJ \cdot mol^{-1}$$

在温度约 45℃时，二氧化氯发生爆炸生成氯气和氧气，这种热分解作用可借助一氧化碳降低其分解速度。当温度在 35～45℃时，二氧化氯的分解速度与其分压的平方根成正比。

二氧化氯主要用作氧化剂、脱臭剂、杀生剂、保鲜剂及漂白剂等，因为其杀菌能力强，且对人体及动物没有危害以及对环境不造成二次污染等，所以是一种被世界卫生组织(World Health Organization，WHO)列为 A1 级安全高效绿色消毒剂。二氧化氯可以代替氯气用于纺织与造纸的漂白，也可以用于自来水的消毒。

4) 二氧化二氯

二氧化二氯，英文名称 dichlorine dioxide 或 chlorine peroxide，可以看成是 $ClO \cdot$ 的二聚体。其中，Cl—O 键键长为 170.4 pm，O—O 键键长为 142.6 pm，Cl—O—O 键键角为 110.1°，Cl—O—O 形成的二面角为 81°[63]。它也是造成臭氧空洞的重要中间体。二氧化二氯可以由氯气和臭氧在光照下反应生成[64]：

$$Cl_2 \xrightarrow{hv} 2Cl \cdot$$

$$Cl \cdot + O_3 = O_2 + ClO \cdot$$

$$2ClO \cdot + M = ClOOCl + M$$

5) 三氧化二氯

三氧化二氯，英文名称 dichlorine trioxide，化学式为 Cl_2O_3，是一种在 1967 年被发现的深棕色固体，它在 0℃以下便可发生爆炸[1]。它的可能结构为 OCl—ClO_2 以及 Cl—O—ClO_2 异构体[53]。它可在低温下由二氧化氯发生光化学反应而得到，同时生成氯气和氧气。

6) 四氧化二氯

四氧化二氯，也称高氯酸氯，英文名称 chloro perchlorate，化学式为 Cl_2O_4。该化合物为非对称氧化物，其中一个 Cl 为+1 氧化态，另一个为+7 氧化态，它的化学式更确切地应写成 $ClOClO_3$。该化合物可以在室温下 436 nm 紫外线照射下由 ClO_2 反应生成[65]：

$$2ClO_2 = ClOClO_3$$

或在−45℃条件下由以下反应得到：

$$CsClO_4 + ClOSO_2F = Cs(SO_3)F + ClOClO_3$$

在室温下可发生分解反应：

$$2ClOClO_3 = O_2 + Cl_2 + Cl_2O_6$$

也可以与金属氯化物发生反应生成氯气及相应的高氯酸盐：

$$CrO_2Cl_2 + 2ClOClO_3 = 2Cl_2 + CrO_2(ClO_4)_2$$

$$TiCl_4 + 4ClOClO_3 = 4Cl_2 + Ti(ClO_4)_4$$

$$AgCl + ClOClO_3 = Cl_2 + AgClO_4$$

7) 六氧化二氯

六氧化二氯，英文名称 dichlorine hexoxide，化学式为 Cl_2O_6。气相时为 Cl_2O_6 分子，在液相及固相时为离子化合物 $[ClO_2]^+[ClO_4]^-$。它可由二氧化氯与臭氧反应生成：

$$2ClO_2 + 2O_3 \longrightarrow 2ClO_3 + 2O_2 \longrightarrow Cl_2O_6 + 2O_2$$

也可以由氯和臭氧经光照作用而制得，或通过光解二氧化氯而生成，还可以用四氧化二氯直接分解制取。

$$2ClO_2 \xrightarrow{h\upsilon} ClO + ClO_3; \quad 2ClO_3 \rightleftharpoons Cl_2O_6$$

$$2ClOClO_3 \xrightarrow{\triangle} Cl_2O_6 + Cl_2 + O_2$$

六氧化二氯是一种很强的氧化剂，在室温下稳定，但与有机化合物接触时会发生剧烈爆炸[66]。也可以与金发生下列反应：

$$2Au + 6Cl_2O_6 = 2[ClO_2]^+[Au(ClO_4)_4]^- + Cl_2$$

还有很多反应可以显示它的离子化合物的性质，如：

$$NO_2F + Cl_2O_6 = NO_2ClO_4 + ClO_2F$$

$$NO + Cl_2O_6 = NOClO_4 + ClO_2$$

$$2V_2O_5 + 12Cl_2O_6 = 4VO(ClO_4)_3 + 12ClO_2 + 3O_2$$

$$SnCl_4 + 6Cl_2O_6 = [ClO_2]_2[Sn(ClO_4)_6] + 4ClO_2 + 2Cl_2$$

它也可以显示出 ClO_3 自由基的性质：

$$2AsF_5 + Cl_2O_6 = 2ClO_3AsF_5$$

8) 七氧化二氯

七氧化二氯，英文名称 dichlorine heptoxide，化学式为 Cl_2O_7，它是高氯酸的酸酐。分子为具有 C_2 对称性的 O_3Cl—O—ClO_3 结构，其中 Cl—O—Cl 键键角为 118.6°，终端的 Cl—O 键键长为 170.9 pm，Cl=O 键键长为 140.5 pm[53]。但在 400℃左右，曾检测到有大量 ClO_2 和少量 ClO[28]。它可由高氯酸与五氧化二磷反应制得[53]：

$$2HClO_4 + P_4O_{10} = Cl_2O_7 + H_2P_4O_{11}$$

它是一种不稳定分子，会分解成相应的单质并放出大量热：

$$2Cl_2O_7 \rightleftharpoons 2Cl_2 + 7O_2 \; ; \quad \Delta_r H_m^{\ominus} = -552 \text{ kJ·mol}^{-1}$$

七氧化二氯可以在四氯化碳溶液中与伯胺或仲胺生成氯酸胺：

$$2RNH_2 + Cl_2O_7 \rightleftharpoons 2RNHClO_3 + H_2O$$

$$2R_2NH + Cl_2O_7 \rightleftharpoons 2R_2NClO_3 + H_2O$$

9) 四氧化氯

四氧化氯，英文名称 chlorine tetroxide，化学式为 ClO_4。1923 年，冈伯格(M. Gomberg，1866—1947)提出在无水乙醚中将碘与高氯酸银作用可制得 $ClO_4^{[67]}$。

$$I_2 + 2AgClO_4 \rightleftharpoons 2AgI + (ClO_4)_2$$

但随后对该反应的进一步研究认为产物是高氯酸碘[68]。然而，到目前为止，还没有直接证据表明高氯酸碘的存在。

1968 年，埃库斯(R. S. Eachus)用 γ 射线在 77 K 照射氯酸钾制得 ClO_4，其结构可能是 $Cl\overset{\displaystyle O}{\underset{\displaystyle O}{—O—O}}$。它是 Cl_2O_7 热分解的中间产物[28]。

10) 五氧化二氯

五氧化二氯，英文名称 dichlorine pentoxide，化学式为 Cl_2O_5，是一种推测的化合物。理论计算表明它为过氧化物结构，即 $Cl—O—O—ClO_3$，将是该分子式的各种异构体中最稳定的[69]。

思考题

2-2　用价层电子对互斥理论预测 ClO_2 分子的空间构型，并用杂化轨道理论给予解释。

2-3　ClO_2 主要用于纸浆漂白、污水杀菌和饮用水净化。目前对此争论的焦点：一种观点是，ClO_2(和 Cl_2)与有机物反应生成低浓度的碳氯化合物可能致癌；另一种观点则强调，通过对水消毒而挽救的生命肯定比致癌副产物夺去的生命多。对此应如何评论？

3. 溴的氧化物

1) 氧化二溴

氧化二溴，英文名称 dibromine monoxide，化学式为 Br_2O，是一种深棕色不稳定固体，熔点–17.5℃[2]。它的结构与氧化二氯类似，具有 C_{2v} 对称性[图 2-14(a)]，Br—O 键键长为 185 pm，Br—O—Br 键键角为 112°[53,70]。氧化二溴可以在低温下通过溴蒸气或液溴在四氯化碳溶液中与氧化汞反应制得[53]：

$$2Br_2 + 2HgO \Longrightarrow HgBr_2 \cdot HgO + Br_2O$$

也可通过热解二氧化溴或者用 1∶5 的 Br_2 和 O_2 的混合气体通过电流制备[53]。

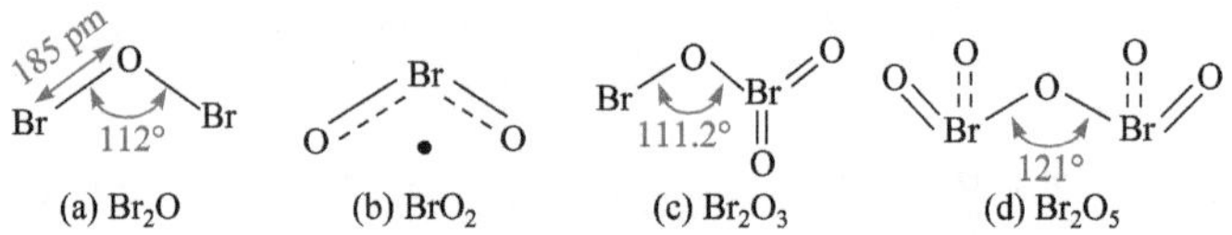

图 2-14　溴的氧化物结构

2) 二氧化溴

二氧化溴，英文名称 bromine dioxide，化学式为 BrO_2，是一种熔点在 0℃的不稳定黄色晶体[2]，其结构与 ClO_2 类似[图 2-14(b)]。它在 1937 年被施瓦茨(R. Schwarz)和施梅耶(M. Schmeißer)首次分离出来，并被认为和溴与大气中的臭氧反应相关[71]。二氧化溴是在低温低压下，在溴和氧气的混合气中通入电流而得到的[72]，也可以在–50℃采用溴与臭氧在三氟氯甲烷中反应得到[73]：

$$Br_2 + 4O_3 \xrightarrow{\text{CF}_3\text{Cl}} 2BrO_2 + 4O_2$$

固体 BrO_2 具有多聚结构，温度高于–40℃时很不稳定，当温度升至 0℃时立即强烈地分解为 Br_2 和 O_2：

$$2BrO_2 \Longrightarrow Br_2 + 2O_2$$

二氧化溴可以与碱反应生成溴酸盐[72]：

$$6BrO_2 + 6NaOH \Longrightarrow NaBr + 5NaBrO_3 + 3H_2O$$

3) 三氧化二溴

三氧化二溴，英文名称 dibromine trioxide，化学式为 Br_2O_3，是一种熔点为–40℃的橙色固体。它具有 $Br-O-BrO_2$ 的结构[图 2-14(c)]，其中 $Br-O-Br$ 键键角为 111.2°，$Br-O$ 键键长为 185 pm[53]。

三氧化二溴可在低温下采用溴和臭氧在二氯甲烷中反应，并可以在碱性溶液中发生，Br_2O_3 发生歧化反应生成 Br^- 和 BrO_3^- [74]。

4) 五氧化二溴

五氧化二溴，英文名称 dibromine pentoxide，化学式为 Br_2O_5，是一种熔点为–20℃的无色晶体[2]。它具有 $O_2Br-O-BrO_2$ 结构[图 2-14(d)]，$Br-O-Br$ 键键角为 121°。每一个 BrO_3 结构均呈 Br 位于顶点的金字塔结构[74]。五氧化二溴可在低温下采用溴和臭氧在二氯甲烷中反应，并在丙腈中重结晶得到[73]。

4. 碘的氧化物

在碘的氧化物中，稳定存在的仅有四氧化二碘和五氧化二碘，其他的氧化物只能短时间存在或者仅被预测存在。

1) 四氧化二碘

四氧化二碘，英文名称 iodine tetroxide，化学式为 I_2O_4。红外光谱和穆斯堡尔谱(Mössbauer spectrum)研究表明，抗磁性的 I_2O_4 可看成是$[IO]^+[IO_3]^-$[75]，因此也称为碘酸氧碘。四氧化二碘为黄色固体，熔点为 130℃，沸点约 85℃，密度为 4.2 g·cm^{-3}[2]。在碱性溶液中，四氧化二碘水解生成碘酸盐和碘化物：

$$3I_2O_4 + 6OH^- \Longrightarrow 5IO_3^- + I^- + 3H_2O$$

四氧化二碘可与盐酸反应生成一氯化碘。

$$I_2O_4 + 8HCl \Longrightarrow 2ICl + 3Cl_2 + 4H_2O$$

2) 五氧化二碘

五氧化二碘，英文名称 iodine pentoxide，化学式为 I_2O_5，其分子模型见图 2-15。由于分子呈非镜面对称结构，因此属于 C_2 而非 C_{2v}。其中 I—O—I 键键角为 139.2°，终端 I—O 键键长为 185 pm，桥键 I—O 键键长为 195 pm[76]。五氧化二碘为易吸潮的白色晶体，熔点约 300℃，密度为 4.98 g·cm^{-3}，20℃时在 100 g 水中的溶解度为 253.4 g。它是碘酸的酸酐，因此可由碘酸在 200℃脱水得到[1]：

$$2HIO_3 \Longrightarrow I_2O_5 + H_2O$$

图 2-15 五氧化二碘的分子模型

五氧化二碘在 300℃左右熔化分解为碘和氧；可与水作用，并能使许多物质如 NO、C_2H_4、H_2S 和 CO 氧化。根据一氧化碳与五氧化二碘反应析出碘单质，可用来测定空气或其他气体中 CO 的含量：

$$5CO + I_2O_5 \Longrightarrow I_2 + 5CO_2$$

用 F_2、BrF_3、ClF_3、SF_4 或 ClO_2F 作氟化剂可使五氧化二碘氟化为 IF_5，再与五氧化二碘进一步作用生成 IOF_3；I_2O_5 与 SO_3 或 $S_2O_6F_2$ 作用生成 IO_2^+ 阳离子的盐；在浓酸(如 H_2SO_4、$H_2S_2O_7$ 或 H_2SeO_4)中，五氧化二碘被 I_2 还原为 $(IO)_2X(X = SO_4,$ $S_2O_7, SeO_4)^{[28]}$。

3) 其他碘的氧化物

碘酸溶液经闪光光解可检测出短寿命的 IO_2 基(半衰期为 $50\ \mu s$)：

$$IO_3^- \xrightarrow{hv} IO_2 + O^-$$

$$IO_3^- + O^- + H_2O \Longrightarrow IO_3 + 2OH^-$$

六氧化二碘(I_2O_6)为黄色固体，熔点为 $150℃$，可与水反应[2]；I_2O_7 也可由高碘酸脱水制得；九氧化四碘(I_4O_9)为易吸潮的黄色固体，实际上是三碘酸碘 $[I(IO_3)_3]$，熔点为 $75℃$。

思考题

2-4 准确画出常见卤素氧化物的结构。

例题 2-7

下列哪些氧化物是酸酐：OF_2、Cl_2O_7、ClO_2、Cl_2O、Br_2O 和 I_2O_5。若是酸酐，写出由相应的酸或其他方法得到酸酐的反应。

解 Cl_2O_7 是 $HClO_4$ 的酸酐，Cl_2O 是 $HClO$ 的酸酐，Br_2O 是 $HBrO$ 的酸酐，I_2O_5 是 HIO_3 的酸酐。它们的制备方法如下：

Cl_2O_7：
$$2HClO_4 \xrightarrow[\text{蒸馏}]{P_4O_{10}} Cl_2O_7 + H_2O$$

Cl_2O：通氯气于新鲜沉淀的 HgO 上，

$$2Cl_2 + 2HgO \Longrightarrow HgO \cdot HgCl_2 + Cl_2O$$

Br_2O：通溴蒸气于新鲜沉淀的 HgO 上，

$$2Br_2(\text{蒸气}) + HgO \xrightarrow{323\sim373\,K} HgBr_2 + Br_2O(\text{深棕色})$$

I_2O_5：443 K 在干燥空气中使 HIO_3 失水可得 I_2O_5，

$$2HIO_3 \xrightarrow{443\,K} I_2O_5 + H_2O\uparrow$$

历史事件回顾

2　二氧化氯——人类健康前行的守护者

二氧化氯气体从发现到制备再到广泛应用，经历了两百多年。目前，它在人类生产、生活领域已经发挥了巨大作用。

一、二氧化氯的标志性历史事件

在二氧化氯二百多年的历史中有很多标志性事件(图 2-16)。

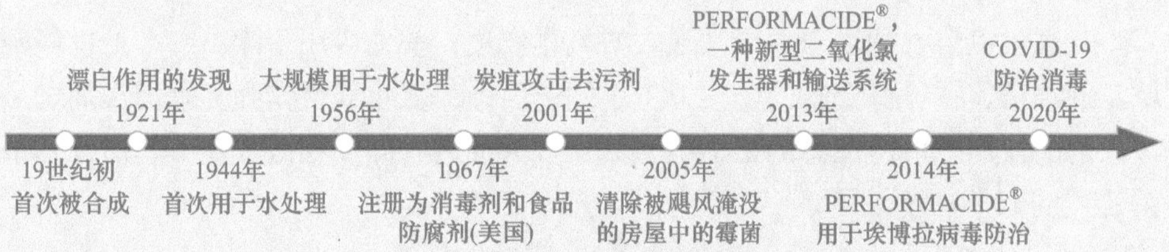

		PERFORMACIDE®，一种新型二氧化氯发生器和输送系统	COVID-19 防治消毒
漂白作用的发现 1921年	大规模用于水处理 1956年	炭疽攻击去污剂 2001年	2013年	2020年
19世纪初 首次被合成	1944年 首次用于水处理	1967年 注册为消毒剂和食品防腐剂(美国)	2005年 清除被飓风淹没的房屋中的霉菌	2014年 PERFORMACIDE® 用于埃博拉病毒防治

图 2-16　二氧化氯的历史性事件

早在 19 世纪初，多位科学家在实验室中采用硫酸将氯酸钾酸化制得一种具有极强氧化性的黄绿色气体(图 2-17)。1811 年，英国化学家戴维将这一气体命名为 euchlorine，意为黄绿色气体。1843 年，米隆(Millon)用盐酸将氯酸钾酸化获得一种黄绿色气体，但制备出的二氧化氯并没有被识别出来。直至 1881 年舍恩拉科(G. Thurnlackh)才鉴别出这种气体是二氧化氯和氯气的混合物。二氧化氯虽然很早就被制备出来，但在当时并未得到广泛应用，也未用于杀菌消毒。20 世纪 20 年代，德国生物学家施密特(E. Schmidt)于 1921 年在制备木片标本时，使用二氧化氯溶去木质素而剩下碳水化合物后，发现木片标本被漂白了，该发现使人们初次认知了二氧化氯作为纸浆漂白剂的作用。但在当时的技术条件下，二氧化氯制造工艺复杂、毒性大、成本高、产品不稳定、易爆炸、腐蚀性

图 2-17　黄绿色二氧化氯气体及其水溶液

强，因此尚未大量工业应用。直到 1944 年，在美国纽约州尼亚加拉瀑布城，二氧化氯首次被用于处理饮用水[77]，至此开启了二氧化氯进行饮用水消毒的历史。1956 年，比利时布鲁塞尔将饮用水消毒业务的消毒剂从氯气转向二氧化氯，标志着二氧化氯首次大规模用于饮用水处理。1967 年，美国国家环境保护

局(EPA)率先将液态二氧化氯注册为消毒剂和食品防腐剂，指示用途包括食品加工、处理和消毒储存设备、清洗水果和蔬菜、消毒水、控制气味和处理医疗废物。由于相比于氯气，二氧化氯对环境更为安全，截至 1970 年，美国和欧洲的数百个市政供水系统成功地将消毒剂从氯气转为二氧化氯。2013 年，美国国家环境保护局注册了 PERFORMACIDE®，这是一种新型二氧化氯发生器和输送系统，被广泛使用。另外，二氧化氯多次在公共卫生事件中作为有效的消毒剂。其中包括：2001 年美国著名的炭疽攻击事件，2005 年的飓风事件，2014 年的埃博拉病毒(Ebola virus)事件，以及 2020 年新型冠状病毒肺炎(COVID-19)事件。

二、二氧化氯的应用

二氧化氯自发现以来由于其强大的氧化作用，率先应用于漂白、水处理等领域。近年来，在一些突发的公共卫生事件方面，二氧化氯也作为高效消毒剂之一被大范围使用。值得注意的是，由于其独特的性质，即使在低浓度下其消毒和杀菌效果也十分有效[78-79]。

(一) 漂白

1946 年，加拿大和瑞典的纸浆厂开始用二氧化氯漂白剂漂白纸浆。20 世纪 50 年代后期，二氧化氯已经成为发达国家制浆造纸最常规的漂白剂之一。20 世纪 80 年代后期，世界各国对元素氯带来的生态环境问题越来越重视，无元素氯(elemental chlorine free，ECF)和全无氯(totally chlorine free，TCF)纸浆漂白工艺被广泛推广。此前，二氧化氯常与氯气一起用于木浆漂白。在漂白过程中氯气会产生较多的含氯有机化合物，而二氧化氯的使用条件为中等酸性(即 pH 为 3.5～6)，能将漂白过程中有机氯化合物的产生量最小化[80]。因此在 ECF 漂白工序中，二氧化氯被单独使用。

目前，二氧化氯是纺织和木纸浆漂白非常有效和重要的氧化剂，大约 95%的硫酸盐浆漂白中使用二氧化氯。其用于木纸浆漂白时，生产制造的纸张洁白、牢固和光滑，目前还没有哪项工艺或技术能与二氧化氯的漂白效果相媲美。现在，二氧化氯以 2000 t/d 的消耗量用于纸浆漂白领域中。在北美和欧洲纸浆/造纸行业中用二氧化氯进行漂白已很普遍。我国直到 20 世纪 90 年代中期才引进了二氧化氯发生系统。2006 年左右，我国逐步重视二氧化氯的推广和使用，于 2006 年 6 月 1 日颁布了中华人民共和国国家标准《稳定性二氧化氯溶液》(GB/T 20783—2006)，中华人民共和国卫生部批准二氧化氯为消毒剂和新型食品添加剂。21 世纪后，我国的制浆造纸工业基本采用二氧化氯漂白工艺。除了纸浆和纺织漂白，在食品添加剂方面，二氧化氯还用于漂白面粉[81-82]。

二氧化氯的漂白作用源于其强氧化性。在相同质量下，它的氧化性是氯气的 2.63 倍，是次氯酸盐的 2.76 倍[83]。其漂白作用机理主要是通过放出原子氧和产生次氯酸盐而达到分解色素的目的。在一系列氧化过程中，二氧化氯将得到 5 个电子，最终被还原为氯离子：

$$ClO_2 + 4H^+ + 5e^- = Cl^- + 2H_2O$$

在木纸浆漂白过程中，ClO_2 的氧化电位比木质素中的发色官能团氧化电位高，而比纤维素的氧化电位低，因此在氧化过程中氧化选择性好，对纤维素损伤较小[84-85]。在棉织物的漂白过程中，其典型的氧化作用不会造成 C—C 键的断裂使其形成无机物，而是对其中的天然杂质、色素中可氧化的氢或者易氧化官能团进行氧化[86]。

(二) 消毒杀菌

1) 水处理

二氧化氯的强氧化性使其具有良好的杀菌效果，因此广泛用于水处理系统。1944 年，纽约州尼亚加拉瀑布城(图 2-18)的水处理厂首次使用二氧化氯处理饮用水，以破坏产生味道和气味的酚类化合物[79]。1956 年，比利时布鲁塞尔大规模地将饮用水消毒剂从氯气替换为二氧化氯[87]。二氧化氯在水处理中最常见的用途是在饮用水氯化之前作为预氧化剂，以消除天然水中的杂质。这些杂质主要为原水中的天然有机物，其在接触游离氯时发生氯化作用[88]产生三卤甲烷这种致癌副产品[88-91]。此外，在 pH 高于 7 且存在氨和胺时，二氧化氯对水系统中的生物膜的控制也优于氯气[79,88]。在工业水处理中，二氧化氯也用作杀菌剂，包括冷却塔、工艺用水和食品加工[92]。

图 2-18 首次采用二氧化氯进行饮用水处理的尼亚加拉瀑布城

二氧化氯的腐蚀性比氯气小，并且在控制军团菌方面更优越[87,93]。二氧化氯优于其他一些二次水消毒剂，不受 pH 的影响，不会随着时间的推移而失效(对细菌不会产生耐药性)，并且不受二氧化硅和磷酸盐等常用的饮用水缓蚀剂的影响。在大多数情况下，二氧化氯是一种比氯更有效的消毒剂，可以对抗水中病原体的传播，如病毒[94]、细菌和原生动物。

二氧化氯杀菌作用机制及反应路线因作用物质不同而不同。由于其具有强氧化能力，几乎百分之百以分子态存在。它可以利用其特殊的单一电子转移机制，释放出新生态的氧原子，利用氧原子本身的强氧化作用及渗透压差，穿透细菌细胞膜以抑制其呼吸作用，并使磷酸转移酶失去活性，影响其代谢，借以杀灭细菌。此外，它也可通过将葡萄糖氧化酶(如硫氢氧化酶)的双硫键氧化，破坏其键结构，使蛋白质失去活性，使细菌无法生存。

2) 公共卫生危机处理

除了水处理，二氧化氯作为消毒杀菌剂仍有许多用途[61,95]，并在近年来广泛用于各种公共卫生危机事件中。例如，2001 年美国著名的炭疽攻击事件中，二氧化氯作为去污剂之一被用来对付炭疽杆菌的孢子，并成为 2001 年炭疽袭击后美国建筑物净化的主要药剂。2005 年 8 月，路易斯安那州新奥尔良的墨西哥湾沿岸，发生了美国历史上破坏力最大的卡特里娜飓风灾难(图 2-19)，灾难过后，二氧化氯被用来清除被洪水淹没的房屋中的危险霉菌[96]。2020 年，在应对新型冠状病毒肺炎时，美国国家环境保护局公布了消毒剂的清单，这些消毒剂符合其在防治致病性冠状病毒的环境措施中使用的标准。尽管每种产品使用的配方不同，但相当一部分消毒剂是以亚氯酸钠为基础的，其在使用过程中被活化为二氧化氯从而进行消毒。

(a)   (b)

图 2-19　2005 年卡特里娜飓风(a)及被淹没的房屋(美国新奥尔良)(b)

3) 其他消毒使用

除此之外，二氧化氯已被许多国家批准为安全的食品消毒剂。例如，其可用作熏蒸剂，对蓝莓、覆盆子和草莓等产生霉菌和酵母的水果进行消毒[97]，可用于畜牧业家禽养殖的消杀[98]。二氧化氯可用于内窥镜的消毒，如商标名为 Tristel 的消毒剂[99]。该消毒剂使用时分为三步：首先采用表面活性剂进行预清洗，其次采用杀孢子湿巾进行高级杀毒，最后用去离子水及低水平抗氧化剂进行冲洗。二氧化氯还被证明能有效地消灭臭虫[100]。

(三) 其他用途

除漂白、杀菌等用途外，二氧化氯被用作氧化剂，用于破坏废水中的酚类物质；也可用于空气洗涤器，在动物副产品工厂中进行气味消除[79]。此外，它也可用作汽车和船的除臭剂，使用时二氧化氯消毒包被水激活后留在船或汽车中放置过夜即可。

三、二氧化氯与其他消毒剂的对比

表 2-10 列出了二氧化氯与几种常见消毒剂的对比。从综合消毒能力、环保性能、操作性、经济性等方面可以看出，二氧化氯仍是目前较为优选的消毒剂。

表 2-10 二氧化氯与几种常见消毒剂的对比

消毒剂	优点	缺点
二氧化氯	杀菌效果佳，仅次于臭氧，位列第二； 不生成多卤化物等有害副产物； 可即用即制，成本低，无残留	易挥发； 对光、热敏感，需储存于阴暗处
氯气	杀菌效果位列第四； 费用低； 可为主要或辅助消毒剂	易产生多氯化物致癌物； 损害呼吸系统； 作为辅助消毒剂时，对 pH 有一定要求，可能与防止管材腐蚀 pH 要求形成冲突
臭氧	杀菌效果极佳，位列第一； 有害副产物最少； 使用无残留	易挥发； 需现场制备，操作复杂； 对有机污染物效果有限； 损害呼吸系统； 生产成本高，费用最高
氯胺	杀菌效果位列第三； 对细菌有轻度去除效果，且能够维持长时间的杀菌力； 成本低	会产生有害副产物； 对肾透析等病患具有毒害作用； 仅被推荐为辅助消毒剂； 对病毒、鞭毛虫类等不具有去除能力，杀菌效果较差

四、使用安全性

虽然二氧化氯具有良好的杀菌消毒效果，但它仍是一种有毒的化学药品，因此需要限制接触二氧化氯的限度以确保其安全使用。美国国家环境保护局规定饮用水中二氧化氯的最高含量为 0.8 mg·L^{-1}[101]。美国劳工部职业安全卫生管理局(OSHA)规定，人在空气中接触二氧化氯 8 h 内，容许接触限值为 0.1 ppm(0.3 mg·m^{-3})。在水处理中使用二氧化氯仍有一些副作用，如会导致副产品亚氯酸盐的形成，美国标准规定该物质在饮用水中的最高限量为百万分之一[79]。

2010 年 7 月 30 日及 2010 年 10 月 1 日，美国食品药品监督管理局(FDA)连续发布警告不要使用一种名为"奇迹矿物补充剂"(miracle mineral supplement，MMS)的药品。MMS 已经被市场推广为一种治疗多种疾病的药物，包括艾滋病、癌症、孤独症和痤疮。FDA 警告消费者，MMS 可能对健康造成严重危害，并表示已收到大量关于脱水导致恶心、腹泻、严重呕吐和危及生命的低血压的报告。因为当按照说明书配制时会产生二氧化氯，该浓度显然超过了安全使用浓度。该警告分别于 2019 年 8 月 12 日、2020 年 4 月 8 日进行了第三次、第四次重复发布，并声明摄入该药品等同于饮用漂白剂，并敦促消费者不要使用该药品并禁止儿童接触。

五、总结

二氧化氯在人类发展的历史上作为漂白剂、消毒剂的使用是成功的。在漂白领域，特别是纸浆漂白领域，目前还没有更优秀的可替代产品。在消毒除菌领域，不仅可以作为常规消毒剂处理饮用水，工厂消毒，汽车、轮船消毒及除味，在处理突发公共卫生事件时，也是强有力的消毒剂之一。虽然在使用过程中仍存在一些安全性问题，但其贡献远远大于个案的危害性。如果合理监测二氧化氯浓度，并严格遵循使用规范，则在可预见的未来它仍将是人类健康前行的守护者。

2.3 卤素与其他元素的化合物

卤素除了与氧元素、氮元素形成化合物之外，还可与许多非金属元素形成相应的化合物，统称为非金属卤化物。除此之外，卤素之间也可形成化合物，称为卤素互化物。而非金属的卤素更易与大部分的金属元素形成化合物，称为金属卤化物。本节将简要介绍一些重要的非金属卤化物及金属卤化物。

2.3.1　非金属卤化物

1. 硼的卤化物

三卤化硼及其衍生物是卤素硼化物中最重要的，它们的分子结构特点以及在催化反应中的作用是这类化合物引起人们注意的主要原因。三卤化硼包括三氟化硼、三氯化硼、三溴化硼及三碘化硼，它们的结构及物理性质见表 2-11。

表 2-11　三卤化硼的结构及物理性质[2]

性质	三氟化硼	三氯化硼	三溴化硼	三碘化硼
英文名	boron trifluoride	boron trichloride	boron tribromide	boron triiodide
化学式	BF_3	BCl_3	BBr_3	BI_3
摩尔质量/(g·mol^{-1})	67.806	117.17	250.523	391.524
分子构型	F—B《F〈F	Cl—B《Cl〈Cl	Br—B《Br〈Br	I—B《I〈I
分子模型				
外观	无色气体	无色液体或气体	无色液体(易潮解)	白色针状固体
密度/(g·cm^{-3})	0.002772(g)	0.004789(g)	2.6	3.35
熔点/℃	−126.8	−107.3	−46	49.7
沸点/℃	−99.9	12.5	91.3	209.5
$\Delta_f H_m^{\ominus}$ /(kJ·mol^{-1})	−1136.0(g)	−403.8(g) −427.2(l)	−205.6(g) −239.7(l)	71.1(g)
$\Delta_f G_m^{\ominus}$ /(kJ·mol^{-1})	−1119.4(g)	−388.7(g) −387.4(l)	−232.5(g) −238.5(l)	20.7(g)
$S_m^{\ominus}$ /(J·mol^{-1}·K^{-1})	254.4(g)	290.1(g) 206.3(l)	324.2(g) 229.7(l)	349.2(g)
C_p/(J·mol^{-1}·K^{-1})	—	62.7(g) 106.7(l)	67.8(g)	70.8(g)

1) 结构及性质

三卤化硼中，硼原子为 sp^2 杂化，分子为平面三角形结构，D_{3h} 对称群，与价层电子对互斥理论(valence-shell electron pair repulsion theory)的预测相吻合。B—X 键键长从 F 到 I 依次增长，熔、沸点依次升高。BX_3 中的 B—X 键键长比预测的单键键长要短，可能是由于存在大 π 键[1]。三种较轻卤素形成的 BX_3 均可以与路易斯碱形成稳定加合物，它们的路易斯酸性大小为

$$BF_3 < BCl_3 < BBr_3\text{(最强的路易斯酸)}$$

该趋势也归因于 B—X 键形成的 π 键的程度。

2) 应用

三氟化硼是很常用的路易斯酸，常用于制取其他硼化合物；三氯化硼用于制备各种硼化合物，也用作有机合成催化剂、硅酸盐分解时的助熔剂及钢铁的硼化剂等；三碘化硼是强路易斯酸，常在药物生产中使醚类化合物脱去甲基或烷基[102]。此外，三氟化硼也可作为烯烃聚合反应和傅-克反应的酸性催化剂，以及作为掺杂剂，用于半导体工业中[103]。

2. 碳的卤化物

1) 命名

碳与卤素形成的化合物通常归类为卤代烷烃，即烷烃分子中的一个或多个氢原子被卤素原子(氟、氯、溴、碘)取代的有机化合物，也称卤代烃。天然存在的卤代烃种类不多，大多数卤代烃属于合成产物。卤代烃一般用 RX 表示(X = F, Cl, Br, I)，卤原子是卤代烃的官能团。

从结构的角度来看，卤代烷可以分成一级卤代烷、二级卤代烷、三级卤代烷。一个连有卤素的碳原子与几个碳原子直接相连(又称伯碳、仲碳、叔碳)，就是几级烷。例如，氯乙烷(CH_3CH_2Cl)是一级卤代烷。从官能团的种类来看，卤代烷可以分成氟代烷、氯代烷、溴代烷、碘代烷。它们的分子中有对应的碳卤键，当然有的分子中含有多种碳卤键。常使用以下名称：氯氟烃(ClFCs)、氢氯氟烃(HClFCs)、氢氟烃(HFCs)。这些物质常用于探讨卤代烷对环境的影响问题。

2) 制备

卤代烃可由烃类和卤素或含卤化合物反应得到。醇和一些含卤化合物反应也能得到卤代烃。例如：

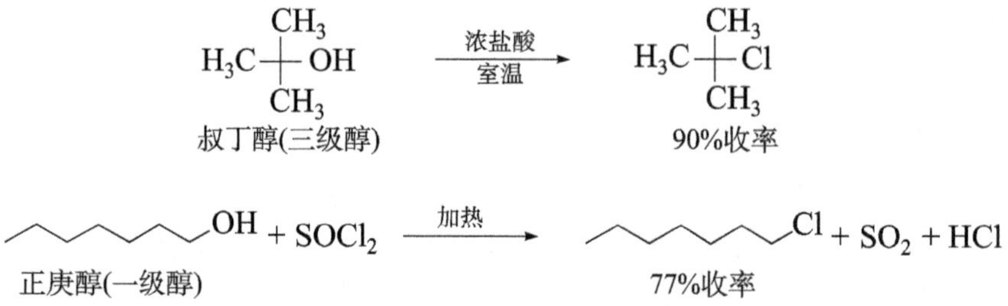

CH3
H3C OH
CH3
浓盐酸
室温
CH3
H3C Cl
CH3
叔丁醇(三级醇)
90%收率
OH + SOCl2
加热
Cl + SO2 + HCl
正庚醇(一级醇)
77%收率

3) 化学性质

卤代烃容易发生碳卤键异裂、卤素被取代的反应，同时具有极性，很容易与亲核试剂反应。其原因是卤代烷分子中，卤素原子电负性较大，带有部分负电荷，而与卤素相连的碳原子带有部分正电荷，导致其具有亲电性。卤代烷在有机合成中被广泛地用于形成碳正离子，在合成中起重大作用。

4) 应用

氟代烷：据估计，1/5 的药品含有氟，包括一些顶级药物。这些化合物大多数是烷基氟化物[104]，如 5-氟尿嘧啶、氟硝西泮、氟西汀、环丙沙星、甲氟喹和氟康唑。氟代醚是一种挥发性麻醉剂，包括商用产品甲氧基氟烷、安氟醚、异氟醚、七氟醚和地氟醚。

氯代烷：一些低相对分子质量氯化烃，如氯仿、二氯甲烷、二氯乙烯和三氯乙烷是有用的溶剂。氯甲烷是氯硅烷和硅酮的前驱体。氯二氟甲烷($CHClF_2$)用于制造特氟龙[105]。

溴代烷：烷基溴化物的大规模应用利用了其毒性，这也限制了其用途。甲基溴是一种有效的熏蒸剂，但其生产和使用存在争议。

碘代烷：碘甲烷是有机合成中常用的甲基化剂，目前尚没有烷基碘化物的大规模应用。

氯氟烃：氯氟烃具有毒性低、汽化热高的特点，因此被广泛用作制冷剂和推进剂。但从 20 世纪 80 年代开始，随着氯氟烃造成臭氧层空洞问题的揭示，其使用越来越受到限制，现在传统氯氟烃制冷剂基本已被氢氟碳化合物取代。

3. 磷的卤化物

磷和卤素可以形成多种磷卤化合物，可称为卤化磷。在卤化磷中，磷的化合价可以是+5、+3 或+2 价，分别对应五卤化磷(PX_5)、三卤化磷(PX_3)和四卤化二磷(P_2X_4)。除了 PI_5 尚有争议外，其他化合物都有或详或略的报道[106]。

1) 五卤化磷

五卤化磷包含五氟化磷(PF_5)、五氯化磷(PCl_5)及五溴化磷(PBr_5)，其结构及物理性质见表 2-12。

表 2-12　五卤化磷的结构及物理性质[2]

性质	五氟化磷	五氯化磷	五溴化磷
英文名	phosphorus pentafluoride	phosphorus pentachloride	phosphorus pentabromide
化学式	PF_5	PCl_5	PBr_5

续表

性质	五氟化磷	五氯化磷	五溴化磷
摩尔质量/(g·mol^{-1})	125.966	208.239	430.494
分子构型			—
分子模型			
外观	无色气体	黄白色晶体	黄色晶体(易潮解)
密度/(g·cm^{-3})	0.005149(g)	2.1	3.61
熔点/℃	−93.8	167(三相点)	≈100
沸点/℃	−84.6	160(升华)	—
$\Delta_f H_m^{\ominus}$/(kJ·mol^{-1})	−1594.4(g)	−374.9(g) −443.5(s)	−269.9(s)
$\Delta_f G_m^{\ominus}$ (g)/(kJ·mol^{-1})	−1520.7	−305.0	—
$S_m^{\ominus}$ (g)/(J·mol^{-1}·K^{-1})	300.8	364.6	—
C_p(g)/(J·mol^{-1}·K^{-1})	84.8	112.8	—

在气相中，五氟化磷和五氯化磷分子具有三角双锥形状，符合价层电子对互斥理论。固态时五氯化磷的结构单元可以写作[PCl$_4$]$^+$[PCl$_6$]$^-$，氯化铯型晶体结构，两个离子分别为四面体和八面体结构，阳离子中的磷为 sp^3 杂化，阴离子中的磷为 sp^{3}d^2 杂化。而五溴化磷固态时是离子晶体[PBr$_4$]$^+$Br$^-$，但在气态时完全分解成 PBr$_3$ 和 Br$_2$。这时将它快速冷却到 15 K 可以产生离子化合物[PBr$_4$]$^+$[Br$_3$]$^-$。

五氟化磷是相对惰性的气体，是弱的路易斯酸，可以与 F$^-$ 形成 PF$_6^-$。五氯化磷可通过三氯化磷的氯化制备，该方法 2000 年生产了大约 10000 t 的五氯化磷[53]：

$$PCl_3 + Cl_2 \Longrightarrow PCl_5 \;;\quad \Delta_r H_m^{\ominus} = -124 \text{ kJ·mol}^{-1}$$

180℃时，PCl$_5$ 与 PCl$_3$ 和 Cl$_2$ 构成平衡，PCl$_5$ 的解离度大约为 40%[53]，因此 PCl$_5$ 的样品中经常含有氯气，也因此常带绿色。PCl$_5$ 与水剧烈反应，生成氯化氢和含氧磷化合物。部分水解的产物为三氯氧磷：

$$PCl_5 + H_2O \Longrightarrow POCl_3 + 2HCl$$

在热水中，五氯化磷完全水解，生成磷酸：

$$PCl_5 + 4H_2O \Longrightarrow H_3PO_4 + 5HCl$$

五溴化磷具有强烈的腐蚀性，因此必须小心保存。它在 100℃以上分解产生三溴化磷和溴[1]：

$$PBr_5 \Longrightarrow PBr_3 + Br_2$$

2) 三卤化磷

三卤化磷包含三氟化磷(PF_3)、三氯化磷(PCl_3)、三溴化磷(PBr_3)及三碘化磷(PI_3)，其结构及物理性质见表 2-13。三卤化磷分子结构均为三角锥形，随着原子序数的增加，P—X 键逐渐增长，X—P—X 键键角逐渐增大，熔、沸点依次升高，各项热力学数据也依次升高。PI_3 中的 P—I 键很弱，因此它比 PBr_3 和 PCl_3 稳定性都差，标准生成焓仅为$-45.6\ kJ \cdot mol^{-1}$。

表 2-13　三卤化磷的结构及物理性质[2]

性质	三氟化磷	三氯化磷	三溴化磷	三碘化磷
英文名	phosphorus trifluoride	phosphorus trichloride	phosphorus tribromide	phosphorus triiodide
化学式	PF_3	PCl_3	PBr_3	PI_3
摩尔质量/(g·mol^{-1})	87.969	137.333	270.686	411.687
分子构型	156 pm, 96.3°	204 pm, 100°	222 pm, 101°	243 pm, 102°
分子模型				
外观	无色气体	无色液体	无色液体	橙红色晶体
密度/(g·cm^{-3})	0.003596(g)	1.574	2.8	4.18
熔点/℃	−151.5	−93	−41.3	61.2
沸点/℃	−101.8	76	173.2	227(分解)
$\Delta_f H_m^{\ominus}$ /(kJ·mol^{-1})	−958.4(g)	−287.0(g) −319.7(l)	−139.3(g) −184.5(l)	−45.6(s)
$\Delta_f G_m^{\ominus}$ /(kJ·mol^{-1})	−936.9(g)	−267.8(g) −272.3(l)	−162.8(g) −175.7(l)	—

性质	三氟化磷	三氯化磷	三溴化磷	三碘化磷
$S_m^{\ominus}$/(J·mol^{-1}·K^{-1})	273.1(g)	311.8(g) 217.1(l)	348.1(g) 240.2(l)	374.4(g)
C_p/(J·mol^{-1}·K^{-1})	58.7(g)	71.8(g)	76.0(g)	78.4(g)

除三氟化磷外，其他三卤化磷的制备均可采用磷单质与相应的卤素单质制备，如：

$$P_4 + 6Cl_2 = 4PCl_3$$

工业上采用白磷，而实验室中为了安全起见可采用红磷[107]。三氟化磷则采用三氯化磷与氟化物如氟化钙、氟化砷、氟化锌等的交换反应制备：

$$2PCl_3 + 3ZnF_2 = 2PF_3 + 3ZnCl_2$$

在配位化学中，三氟化磷是很强的 π 电子接受体，可以作为配体形成低氧化态的金属配合物，如 Pt(PF$_3$)$_4$[108](图 2-20)；它与一氧化碳性能相似，可以与血红蛋白中的 Fe 配位使之失去获得氧分子的能力。三氯化磷常作为合成其他磷化物，如五氯化磷、三氯硫磷或三氯氧磷的前驱体；在有机合成中可作为亲电试剂或亲核试剂用于合成含磷有机化合物；此外，还可以与水发生激烈的反应：

$$PCl_3 + 3H_2O = H_3PO_3 + 3HCl$$

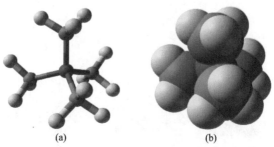

(a)   (b)

图 2-20   Pt(PF$_3$)$_4$分子结构的球棍模型(a)及比例模型(b)

三溴化磷与三氯化磷、三氟化磷类似，同样兼具路易斯酸和路易斯碱的特性，它最重要的反应之一是在有机化学上将醇转化为烷基溴化物：

$$PBr_3 + 3ROH = 3RBr + HP(O)(OH)_2$$

该机理是形成磷脂(形成良好的离去基团)，随后进行 S$_N$2 取代：

三溴化磷同样可以发生水解反应，生成亚磷酸(H_3PO_3)和溴化氢：

$$PBr_3 + 3H_2O \rightleftharpoons H_3PO_3 + 3HBr$$

但需注意，当蒸馏温度高于 160℃时，该反应会产生副产物磷化氢，与空气接触发生爆炸[109]。三碘化磷的水解反应与三氯化磷及三溴化磷相似，三碘化磷在有机反应中也可将醇转化为烷基碘化物，这些碘化物可用来合成格氏试剂；它还是一种很强的还原剂和除氧剂，甚至可在−78℃将亚砜(SO 基团)转换为硫化物[110]。

3) 四卤化二磷

四卤化二磷包括四氟化二磷(P_2F_4)、四氯化二磷(P_2Cl_4)、四溴化二磷(P_2Br_4)及四碘化二磷(P_2I_4)，其中四溴化二磷的相关研究较少，它们的结构及部分物理性质见表 2-14。四卤化二磷中磷的氧化态为+2，属于磷的低价卤化物。

表 2-14 四卤化二磷的结构及物理性质[2]

性质	四氟化二磷	四氯化二磷	四溴化二磷	四碘化二磷
英文名	diphosphorus tetrafluoride	diphosphorus tetrachloride	diphosphorus tetrabromide	diphosphorus tetraiodide
化学式	P_2F_4	P_2Cl_4	P_2Br_4	P_2I_4
摩尔质量/($g \cdot mol^{-1}$)	137.942	203.76	381.564	569.566
分子构型			—	
分子模型	—		—	
外观	无色气体	无色油状液体		红色针状晶体
密度/($g \cdot cm^{-3}$)	0.005638(g)	—		3.89
熔点/℃	−86.5	−28		125.5
沸点/℃	−6.2	180(分解)		(分解)

四氟化二磷在 1966 年被勒斯蒂格(M. Lustig)等发现，使用 PF_2I 与 Hg 反应制得[111]：

$$2PF_2I + 2Hg = P_2F_4 + Hg_2I_2$$

它可以与氧气反应，将氧原子插入 P—P 键之间生成 F_2POPF_2[111]，也可以与水反应生成该物质[112]：

$$2P_2F_4 + H_2O = 2PHF_2 + F_2POPF_2$$

四氯化二磷在 1910 年被首次合成：

$$2PCl_3 + H_2 = P_2Cl_4 + 2HCl$$

为避免使用危险性高的 H_2，可用 Cu 代替[113]：

$$2PCl_3 + 2Cu = P_2Cl_4 + 2CuCl$$

在室温下，四氯化二磷可发生分解反应生成三氯化磷和尚未明确的 $(PCl)_n$：

$$P_2Cl_4 = PCl_3 + \frac{1}{n}(PCl)_n$$

四碘化二磷是四卤化二磷中最稳定的，为中心对称结构。它可由三碘化磷在乙醚中发生歧化反应得到：

$$2PI_3 = P_2I_4 + I_2$$

也可由三碘化磷和碘化钾在无水环境中得到[114]。四碘化二磷与溴反应生成 $PI_{3-x}Br_x$，与硫反应生成 $P_2S_2I_4$，其中 P—P 键被保留[1]。

2.3.2 金属卤化物

在周期表中几乎所有的金属元素都能生成卤化物。对于不同卤素，由于氟离子很小，键合很牢，因此其结构往往与其他卤化物差别较大。例如，许多金属的氟化物为三维骨架型结构，而相应的氯化物、溴化物、碘化物多为层型或链型结构。在分类方面，因为离子型和分子型化合物没有明显的界线，因此应当在二者之间加入半离子型卤化物来讨论。此外，卤素还可以与金属离子形成很多配合物，也在这里加以讨论说明。

1. 离子型卤化物

离子型卤化物包括 MX 型(M 为碱金属离子或其他一价阳离子)如 Cu^+、Ag^+、NH_4^+ 和 NR_4^+ 等，以及 MX_2 型和 MX_3 型化合物，如 $PbCl_2$ 和 UCl_3 等。理论上的离子型卤化物是指在常温下不挥发的固体，具有三维骨架的晶格，原子规则地排列在晶格中；且固体的导电性很弱，只在熔融时才显著增强。采用 X 射线衍射研究这类化合物，发现它们的电子云密度的分布在两个邻近的异核之间下降到最低值，好像电子云在此处正好被"切割"，似乎每个原子完全相当于一个单位电荷。

与氢化物一样，凡是与周期表中左方的元素所形成的卤化物几乎都属于离子型化合物。所不同的是，由于卤离子有较大的体积和易极化的性质，有利于生成气态卤阴离子，即其生成热较大。因此，氯、溴、碘与周期表中大多数元素相结合生成的离子型卤化物比相应元素的氢化物具有较大的生成热和较高的热力学稳定性。

氟化物的性质具有一般卤化物的规律性，但氟化物与氯化物性质之间常出现更大的突跃，这是因为氟化物和氯化物之间的差别大于氯化物和溴化物以及溴化物和碘化物之间的差别，致使氟化物显示出许多特殊的性质。钠的卤化物的物理性质及热化学性质见表 2-15。可以看出，从氟到碘，离子半径增大，化合物中键长增长，晶格能减小，使性质呈现有规律的变化。氯化钠、溴化钠和碘化钠的溶解度都很大，并且有规律地增加，但氟化钠的生成热和晶格能却出现突跃式增大，使其熔点、沸点都很高，在水中的溶解度很小。氟化物的高熔点和高沸点反映出它们在固态时的键型具有较高的离子特性[28]。

表 2-15　钠的卤化物的物理性质及热化学性质[2]

性质	NaF	NaCl	NaBr	NaI
键长*/pm	192.60	236.09	250.20	271.15
晶格能/(kJ·mol^{-1})	910	769	732	682
熔点/℃	996	802.018	747	661
沸点/℃	1704	1465	1390	1304
溶解度/[g·(100 g H$_2$O)$^{-1}$] (25℃)	4.13	36.0	94.6	184
$\Delta_f H_m^{\ominus}$/(kJ·mol^{-1})	−576.6	−411.2	−361.1	−287.8
$\Delta_f G_m^{\ominus}$/(kJ·mol^{-1})	−546.3	−384.1	−349.0	−286.1
$S_m^{\ominus}$/(J·mol^{-1}·K^{-1})	51.1	72.1	86.8	98.5
C_p/(J·mol^{-1}·K^{-1})	46.9	50.5	51.4	52.1

*气态中自由分子键长。

例题 2-8

氟化物表现出哪些特殊性?

解 卤化物中,氟化物表现出两个鲜明的特征:

(1) 分子型氟化物具有高挥发性,都高于相应的氯化物,有的甚至比相应的氢化物还要高。这与 F 原子(体积小)中的电子紧紧地被核所控制,因而变形性小、色散力也比较弱有关。

(2) 化合物中,F 原子有能力从与之键合的另一个原子上将电子吸引向自身,导致化合物的布朗斯台德(Brønsted)酸性增大,如三氟甲基磺酸 HSO_3CF_3 的酸性比甲基磺酸 HSO_3CH_3 高 3 个数量级(pK_a 分别为 3.0 和 6.0)。

2. 半离子型卤化物

阳离子 M^{2+} 由于有极化能力,因此能够改变离子的电荷分布,极化能与 Z^*/r^2 有关(Z^* 为有效核电荷,r 为离子半径)或与离子的电子亲和能有关,这些性质反映出变化不仅与 Z/r 有关,而且与价电子或内层电子的屏蔽能力有关。随着阳离子极化能力的增强,非库仑相互作用使金属卤化物的键合增强。因此,KCl、$CaCl_2$、$ScCl_3$、$TiCl_4$ 这些化合物依次由离子型化合物过渡到分子型化合物。卤离子的大小和极化能力对卤化物性质的影响是很大的。例如,大多数的金属二氟化物,其晶体属于金红石型或萤石型,一般为离子型化合物,而其他的金属二卤化物如 $CdCl_2$ 或 CdI_2 则为层型结构,在层型结构中一个阴离子只与三个最近的阳离子邻近,并且均偏向一边,其层与层之间由相邻卤原子通过范德华力结合在一起,显然这种不对称的排列与简单离子型不符合。同样,三卤化物中三氟化物属于规则的八面体构型,而其他的金属三卤化物(如 $CrCl_3$ 及 BiI_3)则为层型结构。

氢在很大程度上能形成类金属和隙间氢化物,但卤原子的大小和轨道能量仍在很大程度上妨碍了其进入类合金结构。不过也发现像 TiI_3 及 NbI_4 这类低价态的金属碘化物具有明显的结构缺陷,接近于半导体和金属。一些重金属卤化物具有规则的结构和半导体性质,如 AgI 的导电性是离子迁移,而 HgI_2 是电子传递。另外,已知的还有许多卤化物中金属原子通过金属—金属键形成原子簇,如 $[Re_2Cl_8]^{2-}$、$[Re_3Cl_{12}]^{3-}$、$ReCl_3$、$ReCl_4$、$[M_2X_{12}]^{2+}$(M = Nb 或 Ta;X = Cl、Br 或 I)和 $[M_6'X_8]^{4+}$(M' = Mo 或 W;X = Cl、Br 或 I)。这些体系的特征是保持着原来金属中的原子间距离,金属原子不易失去 1~3 个电子的电离能以及较高的原子化热。

3. 分子型卤化物

由非金属或高氧化态金属形成的卤化物，无论气相、液相还是固相，一般以分子形式存在，如 SnI_4、$SbCl_5$、WCl_6 及 Al_2Br_6。这些分子是通过范德华力相结合，主要是不同分子中的卤原子之间借偶极-偶极和偶极-诱导偶极的作用力联系在一起。这些卤化物的特征是晶格能较低，沸点和熔点也低，可溶于非极性溶剂，无论在固态还是液态导电能力都很弱。离子型卤化物的沸点和熔点均随着卤素原子序数的增加而降低，而分子型卤化物与此相反，它们的沸点和熔点随着原子序数的增加而升高，这主要是卤素的极化作用的影响。大多数离子型卤化物溶于水生成水合金属离子及卤离子，而分子型卤化物一般也溶于水但易于水解。

在 MX_n 型卤化物分子中，在 M 和 X 两核之间的电子云密度分布主要是 M 和 X 之间形成的 σ 键，其次是些不确定的 π 键。例如，在 $SiCl_4$ 中 M←X 是 $p_x→d_\pi$ 作用，在 PCl_6^{2-} 中 M→X 为 $d_\pi→d_\pi$ 作用，这种聚集体的立体化学可以用定域分子轨道法[115]或中心原子的价层电子对互斥理论[116]予以说明。

4. 卤素配合物

以氟化物、氯化物、溴化物及碘化物中的卤离子作为配体，可以与大多数金属离子或分子卤化物形成配合物，如 $AgCl_2^-$、$FeCl_4^-$、$SbBr_4^-$、HgI_4^{2-}、WCl_6^{2-} 等；也可以与其他配体一起形成混合型配合物，如 $[Co(NH_3)_4Cl_2]^+$、$NbOCl_4^-$、$[Cl_5RuORuCl_5]^{4-}$、$Mn(CO)_5I$ 等。

在固态中 A_mBX_n 型的化合物可能存在下列三种结构：①A、B 及 X 形成一种无限的三维骨架的离子的排列，如氟的配合物 ABF_3；②B 和 X 形成无限的二维或一维的配合物，如 NH_4CdCl_3；③B 和 X 形成有限的配合物，如 K_2SeBr_6、$(NH_4)_2PdCl_4$ 或 R_4NHX_2(R＝Me、Et 或 Bu)，同样还可以得到有限的多核配离子，如 $Tl_2Cl_9^{3-}$、$[Mo_6X_8]^{4+}$和$[Nb_6X_{12}]^{2+}$。有时 A_mBX_n 还可能是以 BX_{n-p} 和 p 个 X-结合，如 Cs_3CoCl_5 实为 $Cs_3^+[CoCl_4]^{2-}\cdot Cl^-$，还有其他类型的配离子，如 PCl_5 包含 PCl_4^+ 和 PCl_6^-，$(NH_4)_2SbBr_6$ 包含 $SbBr_6^{3-}$ 和 $SbBr_6^-$。

在研究水溶液中配位卤离子的稳定性时发现，如 H^+、Be^{2+}、Ce^{3+}、Fe^{3+} 和 Ti^{4+} 与 F^- 形成了最稳定的配合物，它们不易解离成单个组分的离子；而如 Pt^{2+}、Pt^{4+}、Ag^+、Tl^{3+} 及 Hg^{2+} 与 F 形成的配合物很不稳定，但与 I 却可生成最稳定的配合物[117-118]。这种现象可采用软硬酸碱理论解释。不过这两组金属离子作为卤离子的接受体，可认为极化作用 Z^*/r^2 以及 M→X 的 $d_\pi→d_\pi$ 键合能力都是很重要的

影响因素。当然一个配离子在溶液中的稳定性不仅依赖于 M—X 键的强度，还与所有物种的溶剂化能有密切关系。例如，

$$MF_6^{2-} + 6Cl^- \rightleftharpoons MCl_6^{2-} + 6F^-$$

这个平衡需要注意 M—F 和 M—Cl 键能的差别，还要考虑 MF_6^{2-} 和 MCl_6^{2-} 水合热的差别，以及 6 倍的 F⁻ 和 Cl⁻ 的水合热的差别。

此外，若从溶液中分离出配合物，其溶解度应作为考虑的主要因素。若存在比中心离子大得多的配离子，则化合物的晶格能比较低，且不因中心离子大小的不同而有明显变化，而主要是中心离子的溶剂化能起作用，且其大小与离子半径成反比。因此，随着中心离子半径的增大，离子溶剂化能的总和比固体配合物晶格能的减少要迅速得多。此原理可作为分离特殊卤化物的依据。例如，已知在所有碱金属中，铯离子易与配位卤离子形成难溶的盐，如 $RbCl_6^{2-}$ 离子的铯盐[119]，以此可作为分离该盐的依据。

> **思考题**
>
> 2-5 什么是离子型卤化物和分子型卤化物？各举一例。
> 2-6 卤化物的键型及性质的递变规律是什么？

2.4 卤素间化合物

卤素间化合物(interhalogen compound)即卤素互化物，是指由不同卤素之间彼此靠共用电子对形成的化合物。多卤化合物(polyhalide)指含有多聚卤素离子(polyhalogen ion)的化合物。多聚卤素离子也称多卤离子，指仅含有卤素的多原子阴离子或阳离子，包括多聚卤素阳离子(polyhalogen cation)和多聚卤素阴离子(polyhalogen anion)。这些化合物中均包含了两个或两个以上的卤素原子。本节将首先介绍多聚卤素阳离子和多聚卤素阴离子的形成，最后对典型的卤素互化物进行介绍。

2.4.1 卤素阳离子

卤族元素电负性从上到下依次减弱，电正性依次增强，因此周期数较大的卤素离子较易形成简单形式的阳离子。长期以来为证明卤素一价阳离子(X⁺)的存在，人们进行了大量研究，虽然还没有证据表明 I⁺、Br⁺、Cl⁺可以作为一种稳定物种存在于溶液或固体中，但是许多多聚卤素阳离子在这一研究过程中被发现。

卤素可以形成同一元素或不同卤素之间的复合阳离子，如 X^+、X_2^+、X_3^+、XY_2^+、X_5^+、XY_4^+、X_7^+、XY_6^+ 以及卤氧阳离子等。但因卤素阳离子本身缺电子，需要外界因素的稳定，因此只能在强的路易斯酸介质或足够弱的路易斯碱介质中稳定存在。卤素阳离子的稳定性与电正性顺序一致，因此碘的阳离子衍生物最多，溴和氯的阳离子只能存在于足够高的亲质子溶剂中或作为中间体被发现。对氟来说，要分离出正价态的氟离子难度非常大，ClF^+ 的存在也还有争论。在所有的卤素阳离子中，三元卤素阳离子稳定性最高，二元卤素阳离子因存在奇数价电子具有较高活性而不稳定，而单原子阳离子具有更大的不对称结构[120]。

1. 卤素阳离子的存在介质

1) 氧化性强酸介质

卤素阳离子的存在需要外界因素即溶液来稳定，因此这种阳离子的存在依赖于介质的氧化性和酸性的强弱。以碘在硫酸中的溶解为例：在 30%的发烟硫酸中，碘的溶解度增大到约 0.5 mol·L^{-1}，呈红棕色，含有 I_3^+，可能还含有 I_5^+。在 65%的发烟硫酸中，碘的浓度超过 10 mol·L^{-1}，呈深蓝色，为顺磁性溶液，含有 I_2^+ 和 SO_2[121]。与碘的阳离子衍生物不同的是，在多数情况下，氯和溴的阳离子衍生物要在更强的酸性介质中才能稳定存在。例如，在比 65%浓度更大的发烟硫酸中，Br_2 变成 Br_3^+。卤素阳离子在强酸介质中的不稳定性与其本身电子亲和能有关，电子亲和能越强，其不稳定性越大，其顺序为 Cl_2^+>Br_2^+>Br_3^+>I_2^+>I_3^+。

2) 强路易斯酸介质

卤素间化合物与 BF_3、SbF_5、$SbCl_5$ 等强路易斯酸作用时，路易斯酸作为接受体与卤素间化合物形成离子型晶体配合物，反应如下：

$$ClF_3 + BF_3 = [ClF_2]^+[BF_4]^-$$

$$BrF_5 + 2SbF_5 = [BrF_4]^+[Sb_2F_{11}]^-$$

$$ICl_3 + SbCl_5 = [ICl_2]^+[SbCl_6]^-$$

$$IF_7 + AsF_5 = [IF_6]^+[AsF_6]^-$$

ClF 与 SbF_5 作用，不是按 1∶1 生成加合物，而是按 2∶1 生成$[Cl_2F]^+[SbF_6]^-$化合物。AsF_5 与等摩尔的 Cl_2 和 ClF 混合物作用生成$[Cl_3]^+[AsF_6]^-$化合物，与 Br_2 和 BrF_3 或 Br_2 和 BrF_5 混合物作用生成$[Br_3]^+[AsF_6]^-$。某些未确定的卤素间化合物如 Cl_2F_2、Cl_3F、Br_3F 及其衍生物已能制备成配合物形式。配合物的热稳定性随阳离子的不同和路易斯酸接受体强度的不同而不同。路易斯酸的强度越大，阳离子稳定性越高，一般来说形成的配合物稳定性也越大[122]。

3) 水介质

在水中的卤素离子由于不能被很好地稳定，因此存在种类较少。在水中的卤素单质存在以下平衡：

$$X_2 \rightleftharpoons X^+ + X^- \tag{1}$$

$$X_2 + H_2O \rightleftharpoons H_2OX^+ + X^- \tag{2}$$

$$H_2OX^+ + H_2O \rightleftharpoons HOX + H_3O^+$$

$$3HOX + 3H_2O \rightleftharpoons XO_3^- + 2X^- + 3H_3O^+$$

$$X_2 + X^- \rightleftharpoons X_3^-$$

其中，反应(1)中，氯、溴和碘的平衡常数 K 分别为 10^{-60}、10^{-50} 和 10^{-40}；反应(2)中平衡常数 K 分别为 10^{-30}、10^{-20} 和 10^{-11}。因此，X^+ 在水中的浓度十分小。但在芳香族化合物发生卤化作用时，X^+ 水合离子成为反应的中间产物已为动力学数据所证实[123]。

4) 非水溶剂

卤素间化合物溶解在非水溶剂中的化学和电化学行为可看成电离为卤素阳离子形式。虽然 I^+ 在溶液中是否存在仍有不同看法，但是实验证明将 INO_3 的乙醇溶液通过 Amberlite IR100H 树脂可以使 I^+ 固定在树脂上，也可使 I_2 通过树脂而直接固定 I^+[124]：

$$H^+ + 树脂^- + I_2 \longrightarrow I^+ 树脂^- + HI$$

此外，亲质子溶剂如吡啶也可以稳定卤素阳离子，如 I_2、ICl 和 IBr 溶解于该溶剂中形成 $[(py)_2I]^+$ 阳离子，这种离子或与其类似的阳离子的一系列有机衍生物如 $[I(py)_2]NO_3$、$[I(py)_2]ClO_4$ 等已被分离出来[125]。

2. 卤素阳离子的分类

1) 单原子卤素阳离子

单原子卤素阳离子 X^+ 的电子组态为 ns^2np^4，这种离子的生成要吸收大量的热，并且离子是亲电子的。因此，它们作为单个的化学实体存在时，将强烈地依赖于提供的酸性环境和本身的极性。在氟磺酸、发烟硫酸等介质中，碘(+1)化合物并不是简单地分解成相应的离子，而是歧化为 I_2^+ 和 $I(+3)$ 的衍生物。Br_2 和 $S_2O_6F_2$ 的等摩尔混合物溶解在 $HSO_3F\text{-}SbF_5\text{-}3SO_3$ 中生成的是 Br_2^+ 和 $Br(OSO_2F)_3$，

而不是 Br^+，这与碘的情况相同。虽然 Cl^+、Br^+、I^+ 独立存在还缺乏证据，但这些阳离子与芳香胺给予体形成的稳定配合物是已知的，如[126-127]：

$$AgNO_3 + I_2 + 2py \xrightarrow{CHCl_3} AgI + [I(py)_2]^+NO_3^-$$

$$[Ag(py)_2]SbF_6 + Br_2 \xrightarrow{MeCN} AgBr + [Br(py)_2]^+SbF_6^-$$

$$AgOCOCH_3 + I_2 + py \longrightarrow AgI + [I(pyOCOCH_3)]$$

$$ClNO_3 + 2py \xrightarrow{EtOH} [Cl(py)_2]^+NO_3^-$$

2) 双原子卤素阳离子

I_2^+ 是最早发现的双原子卤素阳离子。吉列斯皮(R. J. Gillespie)和米尔恩(J. B. Milne)研究了碘在氟磺酸中的行为[128]，发现 I_2 被 $S_2O_6F_2$ 氧化时，按照比值为 2 : 1 发生以下反应：

$$2I_2 + S_2O_6F_2 \xrightarrow{HSO_3F} 2I_2^+ + 2SO_3F^-$$

在 65%发烟硫酸中，碘按以下反应氧化成 I_2^+：

$$2I_2 + 5SO_3 + H_2S_4O_{13} \Longrightarrow 2I_2^+ + 2HS_4O_{13}^- + SO_2$$

在低温的 HSO_3F 溶液中，I_2^+ 会发生聚合作用[129]：

$$2I_2^+ \Longrightarrow I_4^{2+}$$

Br_2^+ 阳离子能在 $HSO_3F\text{-}SbF_5\text{-}3SO_3$ 体系中用 $S_2O_6F_2$ 氧化溴化合物而制得，Br_2^+ 阳离子在超酸中具有特征的樱桃红色，$Br_2^+Sb_3F_{10}^-$ 是红色的顺磁性晶体化合物，可通过下面的反应制得：

$$9Br_2 + 2BrF_5 + 30SbF_3 \Longrightarrow 10Br_2^+Sb_3F_{10}^-$$

即使在非常弱的碱性介质中，Br_2^+ 仍然会发生不同程度的歧化作用：

$$2Br_2^+ + 2HSO_3F \Longrightarrow Br_3^+ + BrOSO_2F + H_2SO_3F^+$$

$$5BrOSO_2F + 2H_2SO_3F^+ \Longrightarrow 2Br_2^+ + Br(OSO_2F)_3 + 4HSO_3F$$

$$4BrOSO_2F + H_2SO_3F^+ \Longrightarrow Br_3^+ + Br(OSO_2F)_3 + 2HSO_3F$$

Cl_2^+ 阳离子已有报道，在非常低的压力和气相中由电子吸收光谱检出。由 Cl_2 或 ClF 在 SbF_5、$HSO_3F\text{-}SbF_5$ 或 $HF\text{-}SbF_5$ 的溶液中，也发现有 Cl_2^+ 和 ClF^+。固体配合物 Cl_2IrF_6 已有报道，但在液相中其存在尚未完全证实[120,130-131]。

表 2-16 给出了卤素单质与双原子卤素阳离子的伸缩频率、特征吸收和键长比较。可以看出由于正电荷的影响，卤素阳离子伸缩频率增大、键长缩短。

表2-16   卤素单质与双原子卤素阳离子的伸缩频率、特征吸收和键长比较[120]

单质及离子	伸缩频率/cm⁻¹	特征吸收/nm	键长/pm
Cl_2	564.9	330	198
Cl_2^+	645.3	—	189
Br_2	320	410	228
Br_2^+	360	510	213
I_2	215	510	266
I_2^+	238	646	256

3) 三原子卤素阳离子

已知的三原子卤素阳离子如表2-17所示。

表2-17   已知的三原子卤素阳离子

元素	A_3型	A_2B型	AB_2型
I	I_3^+	(I_2Cl^+)、(I_2Br^+)	IF_2^+、ICl_2^+、(IBr_2^+)
Br	Br_3^+	(Br_2Cl^+)	BrF_2^+、$(BrCl_2^+)$
Cl	Cl_3^+	Cl_2F^+	ClF_2^+

表2-17中带( )的离子仅存在于溶液中，其他的离子已知有固体衍生物形式，通常与配位阴离子如 BF_4^-、AsF_6^-、SbF_6^- 和 $SbCl_6^-$ 等相结合成盐。在这些阳离子中，中心卤原子形式上为+3价态，但由于它还与另两个形式上为–1的卤原子结合而使其表观氧化态为+1，因此每个卤原子平均氧化态为+1/3。在这些离子中较重卤原子都位于晶格结构的顶点，两端略呈弯曲，键角为 90°～100°。例如，Cl_2F^+结构为[Cl—Cl—F]⁺而非[Cl—F—Cl]⁺。各种三原子卤素阳离子的制备方法见表2-18。

表2-18   三原子卤素阳离子的制备方法[28]

三原子卤素阳离子	制备方法
I_3^+	固体 $I(SbF_5)_2$ 溶解在 AsF_3 时产生； $7I_2 + HIO_3 + 8H_2SO_4 = 5I_3^+ + 8HSO_4^- + 3H_3O^+$
IX_2^+ ($X_2 = Cl_2$、Br_2、I_2、ICl 或 IBr)	$ISO_3F + X_2 = IX_2SO_3F$
Br_3^+	$3Br_2 + S_2O_6F_2 = 2Br_3^+ + 2SO_3F^-$
BrF_2^+	$BrF_3 + SbF_5 = [BrF_2]^+[SbF_6]^-$

续表

三原子卤素阳离子	制备方法
$BrCl_2^+$ 、Br_2Cl^+	$BrSO_3F + \frac{1}{2}Br_2 + 4SbF_5 \xrightarrow{25℃} Br_2^+Sb_3F_{16}^- + SbF_4SO_3F$ $Br_2^+Sb_3F_{16}^- + \frac{1}{2}Cl_2 \xrightarrow{25℃} [Br_2Cl]^+[Sb_3F_{16}]^-$ 后一反应 Cl_2 稍过量，即可生成 $BrCl_2^+$
Cl_3^+	$Cl_2 + ClF + AsF_5 = Cl_3^+ + AsF_6^-$
ClF_2^+	$ClF_3 + BF_3 = [ClF_2]^+[BF_4]^-$
Cl_2F^+	$Cl_2F_2 + SbF_5 = [Cl_2F]^+[SbF_6]^-$

4) 五原子和七原子卤素阳离子

重要的五原子和七原子卤素阳离子类型有 X_5^+、XF_4^+、X_7^+ 和 XF_6^+ (X 为 Cl、Br 或 I)。碘酸和过量的 I_2 在硫酸中溶解时，能形成 I_5^+，当 I_2 继续溶解时，还可以生成 I_7^+。五原子或七原子卤素阳离子的制备方法见表 2-19。

表 2-19 五原子或七原子卤素阳离子的制备方法

五原子或七原子卤素阳离子	制备方法
I_5^+	$I_3^+ + I_2 = I_5^+$
I_7^+	$I_5^+ + I_2 = I_7^+$
IF_4^+	IF_5 能与接受体 SbF_5 或 PtF_5 生成 1:1 加合物 $[IF_4]^+[SbF_6]^-$ 或 $[IF_4]^+[PtF_6]^-$； 与 SO_3 作用生成 $[IF_4]^+[SO_3F]^-$
BrF_4^+	BrF_5 与 SbF_5 生成白色固体 $BrF_5 \cdot 2SbF_5$，暴露于空气中时，即转变为红色化合物 $[BrF_4]^+[Sb_2F_{11}]^-$； BrF_5 和 SO_3 反应生成 $[BrF_4]^+[SO_3F]^-$
ClF_4^+	ClF_5 和 SbF_5 或 AsF_5 反应可生成 1:1 加合物 $[ClF_4]^+[SbF_6]^-$ 或 $[ClF_4]^+[AsF_6]^-$
IF_6^+	$IF_7 + 2SbF_5 \xrightarrow{90\sim100℃} [IF_6]^+[Sb_2F_{11}]^-$ $IF_7 + [IF_6]^+[Sb_2F_{11}]^- \xrightarrow{170\sim190℃} 2[IF_6]^+[SbF_6]^-$ $[KrF]^+[Sb_2F_{11}]^- + IF_5 = Kr + [IF_6]^+[Sb_2F_{11}]^-$
BrF_6^+	$BrF_5 + KrF^+ = BrF_6^+ + Kr$ $BrF_5 + KrF_3^+ = BrF_6^+ + KrF_2$
ClF_6^+	$6ClO_2F + PtF_6 \xrightarrow[\ ]{-78℃, 2天} 5ClO_2 + O_2 + [ClF_6]^+[PtF_6]^-$ $2PtF_6^- + 2ClF_5 \xrightarrow[蓝宝石反应器]{23℃, 8天} [ClF_6]^+[PtF_6]^- + [ClF_4]^+[PtF_6]^-$

2.4.2 多聚卤素阴离子

多聚卤素阴离子比阳离子种类更多,从三原子可以到三十原子,包含同原子和异原子两类。目前已知的多聚卤素阴离子见表2-20。从表中可以看出,与阳离子不同,最小的多聚卤素阴离子为三原子,相同原子数目的异原子种类普遍多于同原子种类,但九原子以上均为碘的同原子多聚阴离子。

表 2-20 多聚卤素阴离子

分类	同原子	异原子
三原子	Cl_3^-、Br_3^-、I_3^-	ClF_2^-、BrF_2^-、$BrCl_2^-$、IF_2^-、ICl_2^-、$IBrF^-$、$IBrCl^-$、IBr_2^-、I_2Cl^-、I_2Br^-、$AtBrCl^-$、$AtBr_2^-$、$AtICl^-$、$AtIBr^-$、AtI_2^-
四原子	Br_4^{2-}、I_4^{2-}	—
五原子	I_5^-	ClF_4^-、BrF_4^-、IF_4^-、ICl_3F^-、ICl_4^-、$IBrCl_3^-$、$I_2Cl_3^-$、$I_2BrCl_2^-$、$I_2Br_2Cl^-$、$I_2Br_3^-$、I_4Cl^-、I_4Br^-
六原子	—	IF_5^{2-}
七原子	I_7^-	ClF_6^-、BrF_6^-、IF_6^-、$I_3Br_4^-$
八原子	Br_8^{2-}、I_8^{2-}	—
九原子及以上	I_9^-、I_{10}^{2-}、I_{10}^{4-}、I_{11}^-、I_{12}^{2-}、I_{13}^{3-}、I_{16}^{2-}、I_{22}^{4-}、I_{26}^{3-}、I_{26}^{4-}、I_{28}^{4-}、I_{29}^{3-}	IF_8^-

1. 多聚卤素阴离子的结构

大部分多卤化合物的结构都已被红外光谱、拉曼光谱、X射线晶体衍射等分析检测技术所确定。结构中重原子卤素也就是电负性最小的元素位于中心位置。大部分的异原子阴离子和较小的同原子阴离子的结构都符合价层电子对互斥理论。但也有例外,当中心原子是重原子且含有七对孤对电子时,如BrF_6^-和IF_6^-,F^-在周围形成规则的八面体结构而没有变形。在固态的含有多聚卤素阴离子的化合物中,由于强的阴、阳离子相互作用,阴离子结构与理想价层电子对互斥理论模型存在较大偏差,这也使振动光谱数据的解释变得复杂。在所有已知的多聚卤素阴离子盐结构中，阴离子通过卤素桥与阳离子有着紧密的相互作用[132]。例如，在固态中，IF_6^- 不是规则的八面体，因为 $[Me_4N]^+$ $[IF_6]^-$的固态结构显示出松散键合的 $I_2F_{12}^{2-}$ 二聚体(图 2-21)。在$[BrF_2]^+[SbF_6]^-$、$[ClF_2]^+[SbF_6]^-$、$[BrF_4]^+[Sb_6F_{11}]^-$中也发现了显著的阳离子-阴离子相互作用[133]。表 2-21 总结了部分异原子多聚卤素阴离子的构型，基本符合价层电子对互斥理论。

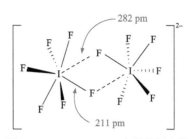

图 2-21　$[Me_4N]^+[IF_6]^-$中松散键合的 $I_2F_{12}^{2-}$ 二聚体

表 2-21　部分异原子多聚卤素阴离子构型

构型	离子种类
直线形(或近似直线形)	ClF_2^-、BrF_2^-、$BrCl_2^-$、IF_2^-、ICl_2^-、IBr_2^-、$[I_2Cl]^-$、$[I_2Br]^-$
平面四边形	ClF_4^-、BrF_4^-、IF_4^-、ICl_4^-
四方锥形	IF_5^{2-}
八面体	ClF_6^-、BrF_6^-、IF_6^-
四方反棱柱	IF_8^-

对于具有更多原子的多聚碘阴离子，它们的结构更加复杂。孤立的多聚碘阴离子通常具有线形结构，其中碘离子与碘原子交替排列，即以 I_2、I^-和 I_3^- 的形式连接。在固相结构中，这些阴离子会相互作用形成链状、环状，甚至更复杂的二维、三维的网络结构。

2. 多聚卤素阴离子的合成

多聚卤素阴离子有两种合成方法：

(1) 采用卤素互化物或者卤素与路易斯碱反应：

$$[Et_4N]^+Y^- + XY_n = [Et_4N]^+[XY_{n+1}]^-$$

$$X_2 + X^- = X_3^-$$

(2) 氧化法，如：

$$KI + Cl_2 = K^+[ICl_2]^-$$

表 2-22 总结了部分多聚卤素阴离子的合成方法。多碘阴离子是在不同比例

的 I_2 和 I^- 溶液中结晶得到的。例如，KI_3 是在含有 KI 和 I_2 的饱和溶液中冷却得到的。

表 2-22 部分多聚卤素阴离子的合成方法[1,132-134]

离子种类	合成方程式	备注
Cl_3^-、Br_3^-、I_3^-	$X_2 + X^- \Longrightarrow X_3^- \ (X = Cl、Br、I)$	
Br_3^-	$Br_2 + [^nBu_4N]^+Br^- \Longrightarrow [^nBu_4N]^+Br_3^-$	在二氯乙烷或液态二氧化硫中，Br_3^- 不存在于溶液中，仅以盐的形式结晶出来
Br_5^-	$2Br_2 + [^nBu_4N]^+Br^- \Longrightarrow [^nBu_4N]^+Br_5^-$	在二氯乙烷或液态二氧化硫中，Br_2 过量
ClF_2^-	$ClF + CsF \Longrightarrow Cs^+[ClF_2]^-$	
$BrCl_2^-$	$Br_2 + Cl_2 + 2CsCl \Longrightarrow 2Cs^+[BrCl_2]^-$	
ICl_2^-	$KI + Cl_2 \Longrightarrow K^+[ICl_2]^-$	
IBr_2^-	$CsI + Br_2 \Longrightarrow Cs^+[IBr_2]^-$	
$AtBr_2^-$、$AtICl^-$、$AtIBr^-$、AtI_2^-	$AtY + X^- \Longrightarrow [AtXY]^-$ $(X = I、Br、Cl；Y = I、Br)$	
ClF_4^-	$NOF + ClF_3 \Longrightarrow [NO][ClF_4]^-$	
BrF_4^-	$6KCl + 8BrF_3 \Longrightarrow 6K^+[BrF_4]^- + 3Cl_2 + Br_2$	过量 BrF_3
IF_4^-	$2XeF_2 + [Me_4N]^+I^- \Longrightarrow [Me_4N]^+[IF_4]^- + 2Xe$	反应物在 242 K 混合，之后升温至 298 K 反应
ICl_4^-	$KCl + ICl_3 \Longrightarrow K^+[ICl_4]^-$	
IF_5^{2-}	$IF_3 + 2[Me_4N]^+F^- \Longrightarrow [Me_4N]_2^+[IF_5]^{2-}$	
IF_6^-	$IF_5 + CsF \Longrightarrow Cs^+[IF_6]^-$	
$I_3Br_4^-$	$[PPh_4]^+Br^- + 3IBr \Longrightarrow [PPh_4][I_3Br_4]^-$	
IF_8^-	$IF_7 + [Me_4N]^+F^- \Longrightarrow [Me_4N]^+[IF_8]^-$	在乙腈中

3. 多聚卤素阴离子的稳定性

$M^+[X_mY_nZ_p]^-$ 型多卤化合物能自发地解离为卤素或卤素间化合物与 M^+ 的卤化物。在多数情况下，其解离在室温下已很明显。首先，从晶格能的角度考虑，在晶体中较大的阳离子(如 Cs)可以更好地稳定多聚卤素阴离子。若阳离子为质子，其较小的半径难以稳定多聚卤素阴离子，因此与多聚卤素阴离子相对应的质子酸还未制得，目前仅得到其水溶液。其次，具有相同阳离子的多卤化合物的阴离子中心卤素原子的电正性越大，形成的离子其对称性越高，其稳定性也越高，因此稳定性有以下顺序：

$$I_3^- > IBr_2^- > ICl_2^- > I_2Br^- > Br_3^- > BrCl_2^- > Br_2Cl^-$$

最后，当多聚卤化物发生解离时，趋向于生成氧化态最低的卤离子化合物，如 $CsICl_2$ 解离时，生成 $CsCl$ 和 ICl，而不是 CsI 和 Cl_2。

多卤化合物在溶剂中的行为是复杂的，这是由于多卤化合物受溶剂的强烈作用而可能发生分解或产生卤化作用的结果。如在水溶液中，多聚卤素阴离子对由水产生的水解作用是十分敏感的。虽然它的水解作用能被加入高浓度的酸所抑制，但这样一来，不仅增加了溶液的离子强度，而且在体系中引入了另一种活性物质。因此，在水溶液中进行多卤化合物测定时，由于物理化学分析的局限性而影响了某些数据的可靠程度。

4. 多聚卤素阴离子的化学性质

多卤化合物在溶剂中发生解离时，生成多聚卤素阴离子。在通常情况下，多聚卤素阴离子易解离成卤素、卤素间化合物和卤离子。多聚卤素阴离子的化学反应大多是由这些解离的产物引起的。因此，它们的化学作用在很大程度上与相应的阴离子化合物的稳定性及其所在溶剂的性质有关。与多聚卤素阳离子相比，阴离子的反应活性较低，比组成它的卤素氧化性弱，与有机化合物反应也较弱，有些盐具有很好的热稳定性。$M^+[X_mY_nZ_p]^-$ 型多卤化合物会分解成电负性最小的卤素与 M^+ 形成的卤化物，使其具有最高的晶格能。

在水溶液中，多聚卤素阴离子均易发生水解。其中三碘化物水解性最弱，但碘若被电负性更大的卤素置换后，水解倾向即增强。水解作用能够通过加入高浓度的酸抑制。加了氢卤酸的多卤化合物所产生的酸的酸性比相应的氢卤酸更强。

具有不对称性的多聚卤素阴离子化合物有解离为对称性化合物的倾向。例如，不对称的三卤离子 $BrICl^-$、Br_2Cl^- 的解离作用为

$$2BrICl^- \Longrightarrow IBr_2^- + ICl_2^-$$

$$2Br_2Cl^- \Longrightarrow Br_3^- + BrCl_2^-$$

多卤化合物在溶液中解离时，常倾向于生成最低一级的一卤化物，相反，多聚卤素阴离子被卤素或卤素间化合物氧化时，会生成一个含更多卤原子的阴离子或相应的卤素间化合物[120,135-136]：

$$ICl_2^- + ICl \Longrightarrow I_2Cl_3^-$$

$$MICl_2 + Cl_2 \Longrightarrow MICl_4$$

$$MClF_4 + F_2 \Longrightarrow MF + ClF_5$$

在发生相互取代反应时,电负性较大的卤素可取代出多卤化物中电负性较小的配位卤原子,而电正性较大的卤素则可取代电正性较小的中心卤原子,如:

$$KI_3 + Br_2 \Longrightarrow KIBr_2 + I_2$$

$$KIBr_2 + Cl_2 \Longrightarrow KICl_2 + Br_2$$

$$MBr_3 + I_2 \Longrightarrow MIBr_2 + IBr$$

实际上,后一反应是经由以下几步进行的:

$$MBr_3 \Longrightarrow MBr + Br_2$$

$$Br_2 + I_2 \Longrightarrow 2IBr$$

$$MBr + IBr \Longrightarrow MIBr_2$$

上面过程的不同是因为电正性较大的碘直接取代 MBr_3 很困难,$MIBr_2$ 生成的速率小,经过生成 IBr 的步骤后,电负性较大的溴离子加合到 IBr 中变得容易,反应速率增大,从而使反应更易进行。

例题 2-9

什么是多卤化合物?与 I_3^- 相比,形成 Cl_3^-、Br_3^- 的趋势怎样?

解 多卤化合物指含有多聚卤素离子的化合物。多聚卤素离子指仅含有卤素的多原子阴离子或阳离子,包括多聚卤素阳离子和多聚卤素阴离子。由于多聚卤素阴离子比阳离子更常见,因此多卤化合物常指多聚卤素阴离子化合物。

多聚卤素离子是由于极化作用形成的物质。当分子的极化能超过卤化物的晶格能,反应才能进行。卤素分子的极化能随 Cl、Br、I 的次序逐渐增大,卤化物晶格能随 Cl、Br、I 的次序逐渐减小。因此,形成多卤离子的趋势随 I_3^-、Br_3^-、Cl_3^- 的次序逐渐减弱。用价层电子对互斥理论可判断上述三种多卤离子都是直线形结构。

2.4.3 卤素互化物

目前大部分已知的卤素互化物为二元化合物,即仅由两种不同的卤素组成。尽管一些书中表明存在 $IFCl_2$ 和 IF_2Cl[1,137]，但目前尚未有确凿的证据表明有三种及以上卤素组成的卤素互化物[34]。理论计算的结果也表明 $BrClF_n$ 系列的化合物稳定性欠佳[138]。卤素互化物结构通式为 $XY_n(n = 1,3,5,7)$，其中 X 的电负性小于 Y 的电负性。因为卤素的价电子为奇数，所以 n 的取值总为奇数，这也使分子中含有的电子数为偶数，具有反磁性质。它们都易于水解，并且释放出多聚卤素离子。由于砹的强烈放射性，与砹形成的多卤化物均具有很短的半衰期。

目前已知的卤素互化物见图 2-22。由图可知，大部分的卤素互化物为氟化物，其次为氯化物，溴化物有两个，碘化物有一个。氟化物中，氯和溴均可以形成 F 原子数为 1、3、5 的三种化合物，而碘还可以形成 F 原子数为 7 的化合物。

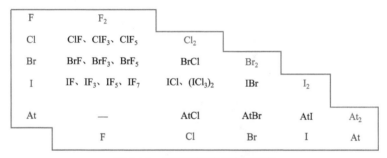

图 2-22　目前已知的卤素互化物

1. 二原子卤素互化物

二原子卤素互化物(XY)共有八个。它们的物理性质介于组成它的两种卤素之间。两原子间的共价键具有一定的离子性，电负性小的卤素原子 X 带有部分正电荷。由氟、氯、溴、碘相互组合的二原子卤素互化物都是已知的。与砹形成的二原子卤素互化物有一些还未被发现，已发现的部分非常不稳定。二原子卤素互化物的结构及物理性质见表 2-23。

气态双原子分子 XY 的稳定性与 X—Y 键的键能有关，而其大小取决于 X 和 Y 原子之间电负性的差异，X 和 Y 的电负性相差越大，其化合物的稳定性越大，故有 IF＞BrF＞ClF＞ICl＞BrCl 的稳定顺序，解离为气态元素原子时，对所有双原子卤素分子来说，在 25℃时其热力学都是稳定的，只有 BrCl 是处于稳定的边沿值[28]。

XY 型双原子分子的结构为直线形，X 与 Y 的原子距离一般比共价半径略小，其差别是由 X 和 Y 的电负性不同所引起的[139]。

表 2-23　二原子卤素互化物的结构及物理性质[2]

性质	氟化氯	氟化溴	氟化碘	氯化溴	氯化碘	氯化砹	溴化碘	溴化砹	碘化砹
英文名	chlorine monofluoride	bromine monofluoride	iodine monofluoride	bromine monochloride	iodine monochloride	astatine monochloride	iodine monobromide	astatine monobromide	astatine monoiodide
化学式	ClF	BrF	IF	BrCl	ICl	AtCl	IBr	AtBr	AtI
摩尔质量/(g·mol⁻¹)	54.451	98.902	145.902	115.357	162.357	245.446	206.808	289.904	336.904
分子构型	Cl—F 162.81 pm	Br—F 175.6 pm	I—F 190.9 pm	Br—Cl 213.8 pm	I—Cl 232.07 pm	At—Cl	I—Br	At—Br	At—I
分子模型									
外观	无色气体	极不稳定红棕色气体	白色粉末(−78℃)	金黄色气体(<5℃)	红棕色油状液体	—	黑色正交晶体	—	—
密度/(g·cm⁻³)	0.002226 (25℃, g)	0.004043 (25℃, g)	—	2.172	3.24	—	4.3	—	—
熔点/℃	−155.6	−33	−14 (分解)	−66	27.38	—	40	—	—
沸点/℃	−101.1	20(分解)	—	5(分解)	97.0(分解)	—	116	—	—
$\Delta_f H_m^{\ominus}$ /(kJ·mol⁻¹)	−50.3	−93.8	−95.7	14.6	17.8	—	40.8	—	—
$\Delta_f G_m^{\ominus}$(g) /(kJ·mol⁻¹)	−51.8	−109.2	−118.5	−1.0	−5.5	—	3.7	—	—
$S_m^{\ominus}$(g) /(J·mol⁻¹·K⁻¹)	217.9	229.0	236.2	240.1	247.6	—	258.8	—	—
C_P(g) /(J·mol⁻¹·K⁻¹)	32.1	33.0	33.4	35.0	35.6	—	36.4	—	—

1) 氟化氯

氟化氯，英文名称 chlorine monofluoride，化学式为 ClF，是一种挥发性卤素互化物。它在室温下是一种无色气体，在高温下也很稳定，当温度降到 $-100\,℃$ 时，氟化氯呈浅黄色液体。它的性质介于氯单质和氟单质之间[140]。氟化氯是一种很好的氟化剂，可以把金属及非金属转化为相应的氟化物并释放氯气。例如，将 W 和 Se 转化为相应的氟化物：

$$W + 6ClF \longrightarrow WF_6 + 3Cl_2$$

$$Se + 4ClF \longrightarrow SeF_4 + 2Cl_2$$

它还可以使化合物同时加氟和氯：

$$CO + ClF \longrightarrow F\!-\!\underset{\underset{Cl}{|}}{\overset{\overset{O}{\|}}{C}}$$

2) 氟化溴

氟化溴，英文名称 bromine monofluoride，化学式为 BrF，是一种极不稳定的化合物。它可以通过三氟化溴、五氟化溴或氟和溴反应得到：

$$BrF_3 + Br_2 = 3BrF$$

$$BrF_5 + 2Br_2 = 5BrF$$

$$Br_2 + F_2 = 2BrF$$

它在室温下便可分解为三氟化溴、五氟化溴及溴。

3) 氟化碘

氟化碘，英文名称 iodine monofluoride，化学式为 IF，在 $-78\,℃$ 时是一种白色粉末。在 $0\,℃$ 发生分解反应生成五氟化碘和碘单质[66]：

$$5IF = 2I_2 + IF_5$$

它可由碘分别与氟、三氟化碘或氟化银在不同温度下反应生成：

$$I_2 + F_2 \xrightarrow{\;-45\,℃\;} 2IF$$

$$I_2 + IF_3 \xrightarrow{\;-78\,℃\;} 3IF$$

$$I_2 + AgF \xrightarrow{\;0\,℃\;} IF + AgI$$

氟化碘可以与氮化硼反应生成纯的 NI_3：

$$BN + 3IF = NI_3 + BF_3$$

4) 氯化溴

氯化溴，英文名称 bromine monochloride，化学式为 BrCl，气态时是金黄色气体[图 2-23(a)]，液态时是红色液体。它的化学性质很活泼，是一种强氧化剂。它可以定量地将汞氧化为 Hg(Ⅱ)，从而在分析化学上测定低含量的汞。还可用作自来水杀菌剂等，也用于有机加成和取代反应。

5) 氯化碘

氯化碘，英文名称 iodine monochloride，化学式为 ICl，是一种红棕色油状液体[图 2-23(b)]。由于 I 和 Cl 的电负性差异，氯化碘的极性很大，并且性质类似 I^+。氯化碘可由碘单质和氯气按摩尔比 1∶1 直接化合而成：

$$I_2 + Cl_2 = 2ICl$$

当氯气过量时，则会生成三氯化碘。氯化碘具有两种晶型，α-ICl 显示为红色针状固体，β-ICl 为红色片状固体[141]。氯化碘在酸中，如氢氟酸、盐酸中可溶，但会与纯水发生反应：

$$4ICl + 2H_2O = 4HCl + 2I_2 + O_2$$

氯化碘在有机化学中是一种有用的试剂，可以形成芳香碘化物，也可以进行双键加成[141]：

$$RCH = CHR' + ICl = RCH(I) - CH(Cl)R'$$

(a)　　　　　　　　(b)

图 2-23　氯化溴(a)和氯化碘(b)

6) 溴化碘

溴化碘，英文名称 iodine monobromide，化学式为 IBr，与氯化碘相同，可以由碘单质和溴单质直接化合，同时化学反应中也作为碘化剂提供 I^+。

2. 四原子卤素互化物

四原子卤素互化物包含三氟化氯、三氟化溴、三氟化碘及三氯化碘，它们的结构及物理性质见表 2-24。除三氯化碘外，其他三个分子构型相似，都为 T 形。

表 2-24　四原子卤素互化物的结构及物理性质[2]

性质	三氟化氯	三氟化溴	三氟化碘	三氯化碘
英文名	chlorine trifluoride	bromine trifluoride	iodine trifluoride	iodine trichloride
化学式	ClF_3	BrF_3	IF_3	ICl_3
摩尔质量 /(g·mol^{-1})	92.448	136.899	183.899	233.263
分子构型	F—Cl—F 87.5° 159.8 pm 169.8 pm	F—Br—F 172 pm 181 pm 86.2°	F—I—F, F	Cl—I—Cl 桥联双核结构
分子模型				
外观	无色气体或黄绿色液体	无色易潮解液体	黄色固体	黄色晶体，吸潮
密度/(g·cm^{-3})	0.003779	2.803	—	3.2
熔点/℃	−76.34	8.77	−28	101(16 atm，三相点)
沸点/℃	11.75	125.8	—	97(分解)
$\Delta_f H_m^{\ominus}$ /(kJ·mol^{-1})	−163.2(g)	−300.8(l) −255.6(g)	—	—
$\Delta_f G_m^{\ominus}$ /(kJ·mol^{-1})	−123.0(g)	−240.5(l) −229.4(g)	—	—
$S_m^{\ominus}$ /(J·mol^{-1}·K^{-1})	281.6(g)	178.2(l) 292.5(g)	—	—
C_p/(J·mol^{-1}·K^{-1})	63.9(g)	124.6(l) 66.6(g)	—	—

1) 三氟化氯

三氟化氯，英文名称 chlorine trifluoride，化学式为 ClF_3。它的分子结构为 T 形，包含一个较短的 Cl—F 键(159.8 pm)和两个较长的 Cl—F 键(169.8 pm)[142]。这种结构与价层电子对互斥理论的预测一致，孤对电子占据两个赤道位置，与共价键一起形成一个三角双锥。三氟化氯是在 1930 年被拉夫和克鲁格(H. Krug)首次采用氟气和氯气合成，并采用蒸馏法分离得到的[143]：

$$3F_2 + Cl_2 = 2ClF_3$$

三氟化氯可以在 180℃的石英容器中稳定存在，当温度再高时将以自由基机理分解为相应的元素。

三氟化氯可以与很多金属反应生成相应的氯化物和氟化物；与磷反应生成三氯化磷和五氟化磷；与硫反应生成二氯化硫和四氟化硫；还可以与水发生强烈的反应得到氧气或二氟化氧：

$$ClF_3 + 2H_2O \Longrightarrow 3HF + HCl + O_2$$

$$ClF_3 + H_2O \Longrightarrow HF + HCl + OF_2$$

它也可以将金属氧化物转化为卤化物、氧气及二氟化氧。此外，三氟化氯的最重要用途之一是生产六氟化铀，后者是核燃料生产及回收过程中的重要原料，反应如下：

$$U + 3ClF_3 \Longrightarrow UF_6 + 3ClF$$

在半导体工业中，三氟化氯被用来清洁化学气相沉积设备的腔体。在航天工业中，三氟化氯可以与已知的任意一种燃料反应，是良好的火箭推进剂[144]。它因燃烧性能及毒性还曾被列为军事上的重要原料[145]。

2) 三氟化溴

三氟化溴，英文名 bromine trifluoride，化学式为 BrF_3，是一种无色易潮解液体，具有刺激气味[146]。它的结构为 T 形，较短 Br—F 键键长为 172 pm，较长的两个 Br—F 键键长为 181 pm，由于受 Br 上孤对电子的排斥，F—Br—F 键键角略小于 90°，为 86.2°[147]。三氟化溴在 1906 年被法国化学家勒博(P. Lebeau，1868—1959)首次合成，采用溴单质与氟单质在 20℃下反应[148]：

$$Br_2 + 3F_2 \Longrightarrow 2BrF_3$$

还可以通过氟化溴的歧化反应制得[146]：

$$3BrF \Longrightarrow BrF_3 + Br_2$$

三氟化溴可以与水发生放热反应：

$$BrF_3 + 2H_2O \Longrightarrow 3HF + HBr + O_2$$

它也是一种很好的氟化剂，但活性弱于三氟化氯，它的液体可导电，这归因于其自解离行为[1]：

$$2BrF_3 \rightleftharpoons BrF_2^+ + BrF_4^-$$

很多离子氟化物如 KF 可溶解在三氟化溴中发生如下反应：

$$KF + BrF_3 \Longrightarrow KBrF_4$$

而共价氟化物, 如 SbF$_5$ 也可以接受一个 F$^-$ 发生如下反应[149]:

$$BrF_3 + SbF_5 \Longrightarrow [BrF_2]^+[SbF_6]^-$$

3) 三氟化碘

三氟化碘, 英文名称 iodine trifluoride, 化学式为 IF$_3$, 是一种黄色固体, 在 $-28℃$ 以上时分解。它同样可以采用氟单质和碘单质在 $-45℃$ 的 CCl$_3$F 中反应生成, 但需要注意控制反应物的摩尔数以防止五氟化碘的生成。在低温下还可采用氟化反应制备, 如:

$$I_2 + 3XeF_2 \Longrightarrow 2IF_3 + 3Xe$$

由于它不稳定, 目前研究还较少。

4) 三氯化碘

三氯化碘, 英文名称 iodine trichloride, 化学式为 ICl$_3$ 或 (ICl$_3$)$_2$, 是一种黄色晶体, 由于见光分解产生 I$_2$, 颜色会逐渐变红。当为固态时, 该物质以二聚体形式存在, 即 I$_2$Cl$_6$, 其中含有两个 Cl 桥键[150]。它可采用碘单质与过量的液态氯单质在 $-70℃$ 反应得到; 或加热液态的碘单质和氯气在 $105℃$ 反应得到。熔融状态的 ICl$_3$ 可导电, 归因于其自解离行为[1]:

$$I_2Cl_6 \Longrightarrow ICl_2^+ + ICl_4^-$$

3. 六原子和八原子卤素互化物

六原子及八原子卤素互化物全部为氟化物, 包含五氟化氯、五氟化溴、五氟化碘及七氟化碘。它们的结构及物理性质见表 2-25。

表 2-25 六原子及八原子卤素互化物结构及物理性质[2]

性质	五氟化氯	五氟化溴	五氟化碘	七氟化碘
英文名	chlorine pentafluoride	bromine pentafluoride	iodine pentafluoride	iodine heptafluoride
化学式	ClF$_5$	BrF$_5$	IF$_5$	IF$_7$
摩尔质量 /(g·mol^{-1})	130.445	174.896	221.896	259.893
分子构型				

续表

性质	五氟化氯	五氟化溴	五氟化碘	七氟化碘
分子模型				
外观	无色气体	无色液体	黄色液体	无色气体
密度/(g·cm⁻³)	0.005332(g)	2.460	3.19	0.010620
熔点/℃	−103	−60.5	9.43	6.5(三相点)
沸点/℃	−13.1	41.3	100.5	4.8(升华)
$\Delta_f H_m^{\ominus}$/(kJ·mol⁻¹)	—	−458.6(l) −428.9(g)	−864.8(l) −822.5(g)	—
$\Delta_f G_m^{\ominus}$/(kJ·mol⁻¹)	—	−351.8(l) −350.6(g)	−751.7(g)	—
$S_m^{\ominus}$/(J·mol⁻¹·K⁻¹)	—	225.1(l) 320.2(g)	−327.7(g)	—
C_p/(J·mol⁻¹·K⁻¹)	—	99.6(g)	99.2(g)	—

1) 五氟化氯

五氟化氯, 英文名称 chlorine pentafluoride, 化学式为 ClF_5, 是一种氧化性很强的无色气体, 曾被选作驱动火箭的氧化剂之一。分子具有 C_{4v} 对称性的四方锥结构, 顶端 Cl—F 键键长为 162 pm, 底部 Cl—F 键键长为 172 pm, 四方锥底部与顶点 F 的 F—Cl—F 键键角为 90°[1,151]。它的首次合成是在高温高压下对三氟化氯进行氟化[144], 也可采用氟化氯或氯气与氟单质反应:

$$ClF_3 + F_2 = ClF_5$$

$$ClF + 2F_2 = ClF_5$$

$$Cl_2 + 5F_2 = 2ClF_5$$

某些金属氟化物如 $KClF_4$、$RbClF_4$、$CsClF_4$, 也可与氟单质反应生成五氟化氯[152]。

五氟化氯可以与水反应放出大量热:

$$ClF_5 + 2H_2O = ClO_2F + 4HF$$

五氟化氯是一种非常强的氟化剂, 除了惰性气体、氧气、氮气、氟气, 常温下几乎可以与所有元素反应, 甚至包括惰性金属铂和金[151]。

2) 五氟化溴

五氟化溴，英文名称 bromine pentafluoride，化学式为 BrF_5。其结构与五氟化氯类似，键长与键角略有差别。它在 1931 年被首次合成，采用溴单质和氟单质反应完成[153]，该方法反应温度在 150℃以上，可用于大量制备。少量样品可采用溴化钾与氟单质反应制备[153]：

$$KBr + 3F_2 == KF + BrF_5$$

该方法几乎不会产生三氟化溴或其他杂质。五氟化溴可以与水发生强烈的反应：

$$BrF_5 + 3H_2O == HBrO_3 + 5HF$$

五氟化溴同样是一种潜在的火箭推进剂的氧化剂，并且也是很好的氟化剂，可以在室温下把大部分铀的化合物转化为六氟化铀。

3) 五氟化碘

五氟化碘，英文名称 iodine pentafluoride，化学式为 IF_5。它与五氟化氯、五氟化溴结构类似，这三个化合物随着中心卤素原子 M 周期数的增加，F—M 键键长依次增长，F—M—F 键键角依次减小。五氟化碘是 1891 年由莫瓦桑首次合成的[154]，他采用将固体碘在氟气中燃烧的方法得到，该方法目前仍在使用。五氟化碘同样与水发生水解反应：

$$IF_5 + 3H_2O == HIO_3 + 5HF$$

五氟化碘与氟单质反应时，可以生成七氟化碘[155]：

$$IF_5 + F_2 == IF_7$$

五氟化碘可以用作金属氟化物的溶剂。例如，六氟化锇与碘的反应就发生在五氟化碘中：

$$10OsF_6 + I_2 == 10OsF_5 + 2IF_5$$

4) 七氟化碘

七氟化碘，英文名称 iodine heptafluoride，化学式为 IF_7。它是目前发现的唯一一个八原子卤素互化物。它具有特殊的五角双锥结构，该结构符合价层电子对互斥理论。其中双锥顶部 F 的 F—I 键键长为 179 pm，平面上 I—F 键键长为 186 pm，顶点与平面夹角为 90°，平面间 F—I—F 键键角为 72°。

该化合物由氟单质通过 90℃的液态五氟化碘反应生成，之后将蒸气温度提升至 270℃。此外，还可以通过氟单质与干燥的碘化钯或碘化钾反应得到[155-156]。

例题 2-10

根据杂化轨道理论等知识回答下列问题：

(1) 写出 ClF_3、BrF_5 和 IF_7 卤素互化物中心原子杂化轨道、分子电子构型和分子构型。

(2) 为什么卤素互化物常是反磁性共价型而且比卤素化学活性大？

解

(1) ClF_3、BrF_5 和 IF_7 卤素互化物中心原子杂化轨道、分子电子构型和分子构型见表 2-26。

表 2-26 **ClF_3、BrF_5 和 IF_7 卤素互化物中心原子杂化轨道、分子电子构型和分子构型**

分子	中心原子杂化轨道	分子电子对的空间排布	分子构型
ClF_3	sp^3d	三角双锥	T 形
BrF_5	sp^3d^2	八面体	四方锥
IF_7	sp^3d^3	五角双锥	五角双锥

(2) 卤素互化物的通式为 XX'_n，其中 $n = 1, 3, 5, 7$，X 的电负性小于 X′。很明显 XX'_n 中两种卤素的原子个数不是任意的。

卤素原子价电子结构为 ns^2np^5，在 XX'_n 中，若中心原子的电子不激发，则与一个配体原子以单键相连。若中心原子的一个 p 电子激发到 d 轨道并采取 sp^3d 杂化，有 3 个杂化轨道是单电子，从而与 3 个较轻的卤素原子相连。

类推可知在 XX'_n 中中心卤原子的价单电子全部与配体卤原子的价单电子配对成键，使 XX'_n 成为反磁性物质。另外，相对于卤素分子来说，XX'_n 结构的对称性差、键能小，所以比卤素化学活性大。

2.5 拟卤素和拟卤化物

某些多原子阴离子在形成离子化合物或共价化合物时，表现出与卤素离子相似的性质，并且它们对应的分子性质与卤素分子性质相似，这些物质称为拟卤素(pseudohalogen)。拟卤素可以以各种形式存在于物质中，可以是无机分子[如$(CN)_2$]、拟卤素阴离子(如 CN^-)、无机酸(如 HCN)、配合物中的配体(如$Fe[CN]_6^{3-}$)以及有机分子中的官能团(如—CN)等。目前可归为拟卤素的离子种类很多，包括 CN^-、CP^-、SH^-、OCN^-、SCN^-、$SeCN^-$、$C(NO_2)_3^-$ 等。

2.5.1　氰和氰化物

1. 氰

氰，英文名称 cyanogen，化学式为$(CN)_2$，是一种无色、有刺激性气味的有毒气体，熔点$-27.83℃$，沸点$-21.1℃$，密度 $0.9537\ \mathrm{g\cdot cm^{-3}}$，氰分子由两个氰基(—CN)组成，类似于二原子的卤素分子，但氧化性较弱。氰分子结构如图 2-24所示，—CN 内部为碳氮三键，两个—C≡N 以 C—C 单键键合，即 NCCN。它还存在一些稳定性较弱的异构体[157]，其原子连接顺序有所不同，如 NCNC、CNNC 或 CCNN。

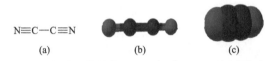

N≡C—C≡N
(a)　　　(b)　　　(c)

图 2-24　氰分子的结构(a)、球棍模型(b)及比例模型(c)

1815 年，盖·吕萨克首次合成了氰分子，并确定了它的分子式，命名为cyanogène(法语)，因为氰化物是瑞典科学家舍勒首次从一种蓝色颜料普鲁士蓝中分离出来的，因此氰的名称源于希腊语"蓝色"及"我创造"[158]。

氰一般是从氰化物中得到的，如可在实验室中加热氰化汞，使其分解得到氰：

$$2Hg(CN)_2 = (CN)_2 + Hg_2(CN)_2$$

此外，还可以将Cu^{2+}加入氰化物溶液中形成不稳定的氰化铜，后者快速分解为氰化亚铜和氰[159]：

$$2CuSO_4 + 4KCN = (CN)_2 + 2CuCN + 2K_2SO_4$$

在工业上，采用氧化 HCN 的方法制备，通常采用氯气通过二氧化硅的催化剂，或者二氧化氮通过铜盐。还可采用氮气和乙炔放电的方法制备[160]。

氰是乙二酰二胺的酸酐：

$$H_2NC(O)C(O)NH_2 = NCCN + 2H_2O$$

后者可以通过氰的水解得到[1]：

$$NCCN + 2H_2O = H_2NC(O)C(O)NH_2$$

2. 氰化物

1) 命名

氰化物是特指带有氰离子(CN^-)或氰基(—CN)的化合物，其中的碳原子和氮原子通过三键相连。三键使氰基具有相当高的稳定性，使之在通常的化学反应中都以一个整体存在。根据 IUPAC 命名规则,有机物中含有—CN 基团的化合物命名为 "nitriles"[161],即氰类。其中—CN 是以共价键形式与碳原子相连,如乙腈 (CH₃CN)中—CN 与—CH₃ 相连,也称甲基氰。因此,氰类均为有机物,通常并不能释放—CN。如果—OH 和—CN 与同一个碳原子相连,这类有机化合物称为氰醇。与氰类不同,氰醇可以释放 HCN。无机化合物中,—CN 是以阴离子 CN⁻ 形式存在,如 NaCN、KCN,这些盐称为氰化物。通常常见的氰化物都是无机氰化物。

2) 存在与应用

氰化物有令人生畏的毒性,它们广泛存在于自然界,尤其是生物界。氰化物可由某些细菌、真菌或藻类制造,并存在于相当多的水果与植物中。在植物中,氰化物通常与糖分子结合,并以生氰糖苷(cyanogentic glycoside)形式存在。例如,木薯中就含有生氰糖苷,在食用前通常以持续沸煮的形式将其除去。水果的核中通常含有氰化物或生氰糖苷,如杏仁中含有的苦杏仁苷就是一种生氰糖苷,故食用杏仁前通常用温水浸泡以去毒。人类的活动也导致氰化物的形成。汽车尾气和香烟的烟雾中都含有氰化氢,燃烧某些塑料和羊毛也会产生氰化氢。

在广义酸碱理论中,氰离子(CN⁻)被归类为软碱,故可与软酸类的低价重金属离子形成较强的结合。基于此,氰化物广泛应用于湿法冶炼金、银。

氰化物在有机合成中是非常有用的试剂。常用于在分子中引入一个氰基,生成有机氰化物,即腈。例如,纺织品中常见的腈纶的化学名称是聚丙烯腈。腈通过水解可以生成羧酸,通过还原可以生成胺等,可以衍生出许多其他的官能团。

3) 制备

工业上氢氰酸的制备采用安德卢梭法,即采用甲烷、氨气在铂催化剂存在的含氧条件下生成氢氰酸[162-163],该方法是俄国化学家安德卢梭(L. Andrussow,1896—1988)研发成功的:

$$2CH_4 + 2NH_3 + 3O_2 \Longrightarrow 2HCN + 6H_2O$$

图 2-25 为 1930 年在德国黑尔讷(Herne)采用安德卢梭法进行氢氰酸生产的试点车间,产量为每天 250 kg。氰化物的代表性物质 NaCN 采用氢氰酸与碱的反应得到:

$$HCN + NaOH \Longrightarrow NaCN + H_2O$$

安德卢梭

图 2-25　安德卢梭法制备氢氰酸测试生产装置

4) 毒性与解毒

氰化物进入有机体后分解出具有毒性的氰离子(CN⁻)，氰离子能抑制组织细胞内 42 种酶的活性，如细胞色素氧化酶、过氧化物酶、脱羧酶、琥珀酸脱氢酶及乳酸脱氢酶等。其中，细胞色素氧化酶对氰化物最为敏感。其致死机制主要与呼吸作用有密切关系，会引起细胞内窒息导致人体死亡。

氰化物中毒一般都很迅速。临床上常用的抢救方法是用硫代硫酸钠溶液进行静脉注射，同时使那些尚有意识的患者吸入亚硝酸异戊酯进行血管扩张以克服缺氧。常见的氰化物中毒原因是误食含氰果仁，如生桃仁等。中毒后会发出一种独特的苦杏仁味。

2.5.2　硫氰和硫氰化合物

1. 硫氰

硫氰，英文名称 thiocyanogen，化学式为(SCN)$_2$，是由两个硫氰根(—SCN)以 S—S 单键连接而成的，具有 C_2 对称点群，其结构见图 2-26[164]。它是一种黄色液体，常温下可以分解。

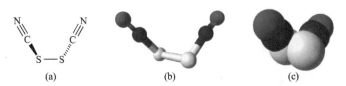

(a)　　　　　　　(b)　　　　　　　(c)

图 2-26　硫氰的分子结构(a)、球棍模型(b)及比例模型(c)

硫氰最早是由硫氰酸银与碘在乙醚中制得的，但由于碘的氧化力弱，此反应最后会达到平衡，产率不佳[165]。硫氰也可以由硫氰酸铅和溴单质反应生成，而硫氰酸铅可以由硝酸铅和硫氰酸钠混合而成。用无水的硫氰酸铅和溴在冰醋酸中反应，得到 0.1 mol·L^{-1} 硫氰溶液，可稳定存在数天[166]：

$$Pb(SCN)_2 + Br_2 \rightleftharpoons (SCN)_2 + PbBr_2$$

另一种方法是将溶于二氯甲烷中的溴滴入悬浮在 0℃ 二氯甲烷的硫氰酸铅中，之后再用氩气保护，会生成硫氰的溶液，但制备的硫氰需立刻使用[167]。

硫氰会与烯类发生加成反应，生成有 1,2-二(硫氰)结构的化合物。硫氰也会与二茂钛杂环戊二烯反应，最后生成 1,2-二噻烯。另外，硫氰能与硝酸反应，产生氢氰酸、一氧化氮、硫酸等；或被彻底氧化成二氧化碳、二氧化氮、三氧化硫等气体。硫氰的氧化能力比溴强，硫氰会与水反应：

$$(SCN)_2 + H_2O \rightleftharpoons HSCN + HOSCN$$

2. 硫氰化合物

硫氰化合物，英文名称 thiocyanate，包括无机化合物和有机化合物两类。硫氰酸根离子 SCN$^-$ 与金属离子(或铵根)形成的无机盐称为硫氰酸盐，常见的包括无色的硫氰酸钾、硫氰酸钠、硫氰酸铵和硫氰酸汞。而含有—SCN 官能团的有机化合物称为硫氰酸酯。英文中硫氰酸盐和硫氰酸酯均用 thiocyanate 表示。SCN$^-$ 与氰酸根离子 OCN$^-$同类，只是氧原子被硫原子替代。

SCN$^-$存在键合异构体，有机基团或金属离子与硫相连(R—S—C≡N)称为硫氰酸，与氮相连(R—N=C=S)称为异硫氰酸。例如，硫氰酸苯酯与异硫氰酸苯酯的异构就是硫氰酸根的异构造成的(图 2-27)。

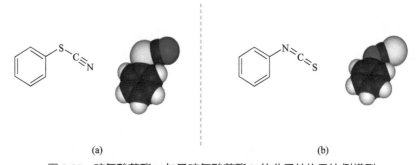

(a)   (b)

图 2-27 硫氰酸苯酯(a)与异硫氰酸苯酯(b)的分子结构及比例模型

硫氰酸盐可由硫或硫代硫酸盐与氰化物反应制备：

$$8CN^- + S_8 \rightleftharpoons 8SCN^-$$

$$CN^- + S_2O_3^{2-} \Longrightarrow SCN^- + SO_3^{2-}$$

硫氰酸盐最著名的应用之一是检验 Fe^{3+}，在溶液中 Fe^{3+} 会与 SCN^- 反应生成血红色的 $[Fe(SCN)(H_2O)_5]^{2+}$，其结构及反应现象如图 2-28 所示，从而可检验 Fe^{3+} 的存在，反应式如下：

$$Fe^{3+} + nSCN^- \Longrightarrow [Fe(SCN)_n]^{3-n}$$

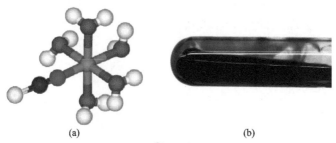

图 2-28　$[Fe(SCN)(H_2O)_5]^{2+}$ 分子结构(a)与血红色外观(b)

思考题

2-7　拟卤素离子是否也可以生成相关的酸？

历史事件回顾

3　新型超级卤化物的成功研发

一、高级卤化物的发现

电子亲和能是基态的气态原子得到电子变为气态阴离子所放出的能量，根据中性体系结构的不同，其可以分为两类：垂直拆分能(vertical detachment energy，VDE)和绝热拆分能(adiabatic detachment energy，ADE)。电子亲和能在化学反应中起着重要的作用，是衡量元素或分子氧化性强弱的标准。在周期表中，卤素原子的电子亲和能比其他元素的电子亲和能都要大。那么，是否存在比卤素的电子亲和能更大的物质？答案是肯定的。早在 20 世纪 60 年代，巴特利特 (N. Bartlett)和洛曼(D. H. Lohmann)就发现了六氟化铂这种物质具有强大的电子亲和能，甚至可以氧化氧气[168]和氙气[169]。1981 年，苏联化学家古特塞弗(G. L. Gutsev)和波狄瑞夫(A. I. Boldyrev)将这类分子命名为高级卤化物(superhalogen)[170]。这类分子的中心为金属原子，周围被卤素原子环绕，当卤素原子的数量超过该金属的最大价态时，该分子便拥有比卤素原子更大的电子亲和能。在后来的理论计算中表明，相当一部分高级卤化物的中心金属为 sp 区元素。由于高级卤化物具有较强的氧化性，合成过程危险、困难且样品难以长期保存，高级卤化物的实验研究方法主要以光电子能谱法为主，即研究游离的气态分子，测定其电子亲和能。第一个高级卤化物MX_2^-的光电子能谱在 1999 年被报道[171]。其后光电子能谱和理论研究更加证明了高级卤化物可以以气态的形式存在。后来的理论计算表明，H 原子也可以成为高级卤化物的中心原子，如形成$H_nF_{n+1}^-$，推测其电子亲和能可高达 14 eV[172]。

其后，高级卤化物的概念已演变为具有超强电子亲和能的一类物质，其外围原子可以为卤素原子及氧原子，如高锰酸盐(MnO_4^-)[173]、高氯酸盐(ClO_4^-)、六氟化物(AuF_6^-、PtF_6^-)[174-175]、BO_2^-[176]及$Mg_xCl_y^-$[177]等高级卤化物被相继报道。

二、超级卤化物的发现

2010 年 10 月 6 日，詹纳(P. Jena)等在国际化学专业权威杂志 *Angewandte Chemie* 上报道称[178]，他们使用氧化硼和金制造出了新的带负电化合物，在这种物质中金属外围的卤素/氧原子被高级卤化物取代，如形成 $Au(BO_2)_2$，其形成的新物质的电子亲和能比相应的高级卤化物还要高，因此命名其为超级卤化物(hyperhalogens)。由于其极强的氧化性，该物质可以作为超级氧化剂的合成材料。作者认为，这类物质中的金属中心和外围的高级卤化物都可以被替代。当中心金属被金属簇取代时，电子亲和能可以进一步提高，如表 2-27 所示，$Au(BO_2)$ 的 ADE 实验值为 2.8 eV，而 $Au_3(BO_2)$为 3.1 eV；如果中心金属被过渡金属取代时，超级卤化物甚至可以具有磁性。而中心金属外围的 O 被高级卤化物取代时，其电子亲和能将提高，如 AuO 中的 O 被 BO_2 取代时，ADE 实验值从 2.378 eV 升至 2.8 eV，进一步选用比 BO_2 电子亲和能更大的高级卤化物进行取代，其生成物也将具有更大的电子亲和能。因此，基于该策略可以设计出一系列具有超大电子亲和能的新型超级卤化物。

表 2-27 多种超级卤化物的绝热拆分能(ADE)和垂直拆分能(VDE)实验及理论计算对比[178]

团簇	ADE/eV		VDE/eV	
	实验	理论	实验	理论
AuO	2.378	—	2.378	2.31
AuO$_2$	3.40	—	3.40	3.47
Au(BO$_2$)	2.8	3.06	3.0	3.34
AuO(BO$_2$)	4.0	4.21	4.4	4.42
Au(BO$_2$)$_2$	5.7	5.54	5.9	5.66
Au$_3$(BO$_2$)	3.1	3.00	3.2	3.36
Au$_3$O(BO$_2$)	4.9	4.86	5.2	5.01

三、其他高级/超级卤化物

此后，2013 年詹纳等[179]继续采用理论计算的方法揭示出一种化学式为 $Mn_4Cl_9^-$ 的阴离子结构。他们指出该物质以 Mn 原子为中心，周围围绕着三个 $MnCl_3$ 单元。图 2-29 给出计算结果优化的 $Li(Mn_4Cl_9)_2^-$ 和 $Mn_4Cl_9^-$ 的结构。因 $MnCl_3$

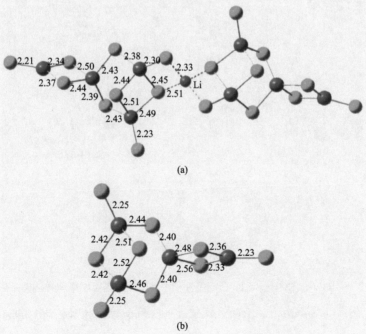

(a)

(b)

图 2-29 优化的 $Li(Mn_4Cl_9)_2^-$ (a)和 $Mn_4Cl_9^-$ (b)的结构(键长单位为 Å)

为已知的高级卤化物，其 VDE 值为 5.27 eV，因此 $Mn_4Cl_9^-$ 可归类为超级卤化物，其结构式可表示为 $Mn(MnCl_3)_3$。与预想的结果一样，$Mn_4Cl_9^-$ 的 VDE 值确实高于其外围的高级卤化物 $MnCl_3$，为 6.67 eV。

2014 年，詹纳等[180]又将其开创性工作 $Au_n(BO_2)_m^-$ 中的 Au 换为 Ag，并研究了中性和阴离子形式的 $Ag_n(BO_2)_m$ 系列团簇。图 2-30 给出了 $Ag_n(BO_2)_2(n=1、2)$ 团簇的结构及相应能量，图中 ΔE 为异构体与最稳态结构的相对能量，结构中键长单位为 Å。研究表明，中性团簇的基态结构与其阴离子有很大不同，中性团簇更倾向于形成封闭的环状结构，而相应的阴离子团簇则形成更为开放的链状结构。此外，计算结果与光电子能谱表明，团簇存在多种异构体，在这些异构体中，高能异构体的 VDE 值明显大于低能异构体，从而导致光电子能谱中的高能峰。在所有研究的团簇中，$Ag_2(BO_2)_2^-$ 的高能异构体、$Ag(BO_2)_2$ 及其对应的中性团簇属于超级卤化物。

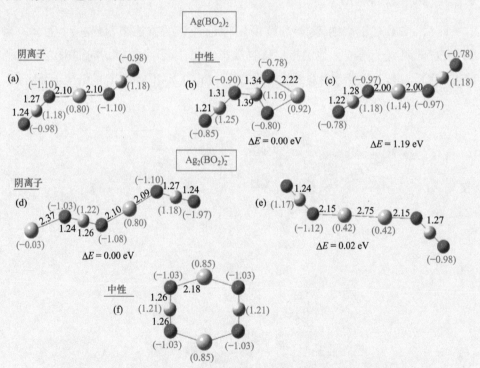

图 2-30　$Ag_n(BO_2)_2(n=1、2)$ 电负性和中性团簇的基态和高能异构体结构

2016 年，吴迪等[181]采用理论计算的方法预测了一系列以笼状结构的氟碳化合物 C_8F_7 为基本单元构建的超级卤化物，包括 $M(C_8F_7)_2^-$ (M = Li, Na, K) 和

$M(C_8F_7)_3^-$ (M = Be, Mg, Ca)。这些物质的 VDE 值为 5.11~6.45，均比 $C_8F_7^-$ 的大，是典型的超级卤化物。此外，当采用更大的笼状结构 $C_{10}F_9$ 为配体时，其 VDE 值将更大。

2017 年，赵纪军等[182]采用理论计算的方式预测出一类内嵌卤素原子的核壳结构高级卤化物 $X@B_{12}N_{12}(X = F, Cl, Br)$。其中 $F@B_{12}N_{12}$ 团簇拥有 5.36 eV 的电子亲和能，是一种新型高级卤化物。它可以成为合成锂盐及超级卤化物的原材料。基于笼状氮化硼团簇[183]及内嵌型富勒烯结构物种[184]的成功制备，作者认为他们模拟的具有 $X@Y_nZ_n$ 结构的高级卤化物完全有可能被合成。

综上所述，高级/超级卤化物已经脱离了卤素的界定，它泛指一类具有超大电子亲和能的团簇。其中，高级卤化物因其强大的氧化作用，成为制备有机超导体[185]、超级有机酸[186]、超级路易斯酸[187]、离子液体[188]等的潜在原材料，同时还在储氢[189]、锂离子电池[190]等能源领域展现出其独特的用途。而以高级卤化物为原料制备的超级卤化物具有更大的电子亲和能，将会开辟一片新的天地。截至目前，虽然很多关于高级/超级卤化物的研究还处于理论阶段，但相信随着实验技术的发展，这种具有超大电子亲和能的物种将会带来更多惊喜。

参 考 文 献

[1] Greenwood N N, Earnshaw A. Chemistry of the Elements. 2nd ed. Oxford: Butterworth-Heinemann, 1997.

[2] Haynes W M. Handbook of Chemistry and Physics. 97th ed. Boca Raton: CRC Press, 2017.

[3] Sándor E, Farrow R F C. Nature, 1967, 213: 171.

[4] Mulliken R S. Rcv Mod Phys, 1932, 4: 1.

[5] Mulliken R S. Phys Rev, 1936, 50: 1017.

[6] Bordwell F G. Acc Chem Res, 1988, 21: 456.

[7] Tipping E. Cation Binding by Humic Substances. Cambridge: Cambridge University Press, 2002.

[8] Trummal A, Lipping L, Kaljurand I, et al. J Phys Chem A, 2016, 120 (20): 3663.

[9] Perrin D D. Dissociation Constants of Inorganic Acids and Bases in Aqueous Solution. London: Butterworths, 1969.

[10] Bell R P. The Proton in Chemistry. 2nd ed. Ithaca: Cornell University Press, 1973.

[11] Raamat E, Kaupmees K, Ovsjannikov G, et al. J Phys Org Chem, 2013, 26 (2): 162.

[12] 北京师范大学, 华中师范大学, 南京师范大学无机化学教研室. 无机化学(下册). 4 版. 北京: 高等教育出版社, 2003.

[13] 吴国庆, 等. 无机化学(下册). 北京: 高等教育出版社, 2003.

[14] 邢其毅, 裴伟伟, 徐瑞秋, 等. 基础有机化学(上册). 3 版. 北京: 高等教育出版社, 2005.

[15] Dagani M J, Barda H J, Benya T J, et al. Ullmann's Encyclopedia of Industrial Chemistry: Bromine Compounds. Weinheim: Wiley-VCH, 2000.

[16] Breton G W, Kropp P J, Harvey R G. "Hydrogen Iodide" in Encyclopedia of Reagents for Organic Synthesis. New York: John Wiley & Sons, 2004.

[17] Aigueperse J, Mollard P, Devilliers D, et al. Ullmann's Encyclopedia of Industrial Chemistry: Fluorine Compounds, Inorganic. Weinheim: Wiley-VCH, 2000.

[18] Scheele C W. Haushaltungskunst und Mechanik, 1771, 33: 122.

[19] Leicester H M. The Historical Background of Chemistry. New York: Courier Dover Publications, 1971.

[20] Davy H. Philos Trans R Soc, 1808, 98: 333.

[21] Scott A. J Chem Soc Trans, 1900, 77: 648.

[22] 魏忠诚. 光纤材料制备技术. 北京: 北京邮电大学出版社, 2016.

[23] 周公度. 化学辞典. 北京: 化学工业出版社, 2011.

[24] Mendham J, Denney R C, Barnes J D, et al. Vogel's Text Book of Quantitative Pharmaceutical Analysis. 6th ed. New York: Prentice Hall, 2000.

[25] 冀延治, 王少波, 李本东, 等. 舰船防化, 2007, (1): 44.

[26] 尹强, 许俊斌, 周瑾艳, 等. 广东化工, 2019, 46 (394): 112.

[27] 宋在卿, 李绍波. 低温与特气, 2007, 25 (1): 22.

[28] 钟兴厚, 萧文锦, 袁启华, 等. 卤素、铜分族、锌分族. 北京: 科学出版社, 1995.

[29] Lide D R. Handbook of Chemistry and Physics. 87th ed. Boca Raton: CRC Press, 1998.

[30] Budavari S. The Merck Index: An Encyclopedia of Chemicals, Drugs, and Biologicals. 12th ed. London: Royal Society of Chemistry, 1996.

[31] Sykes A G. Advances in Inorganic Chemistry. Cambridge: Academic Press, 2014.

[32] Colburn C B, Kennedy A. J Am Chem Soc, 1958, 80 (18): 5004.

[33] Gipstein E, Haller J F. Appl Spectrosc, 1966, 20 (6): 417.

[34] Saxena P B. Chemistry of Interhalogen Compounds. New Delhi: Discovery Publishing House, 2007.

[35] Rademacher P, Bittner A J, Gabriele S, et al. Chemische Berichte, 1988, 121 (3): 555.

[36] Benard D J, Winker B K, Seder T A, et al. J Phys Chem, 1989, 93: 4790.

[37] Pankratov A V, Sokolov O M, Savenkova N I. Zh Neorg Khim, 1964, 9: 2030.

[38] Harbison G S. J Am Chem Soc, 2002, 124 (3): 366.

[39] Davis S J, Rawlins W T, Piper L G. J Phys Chem, 1989, 93 (3): 1079.

[40] Merlet P. F Fluorine: Compounds with Oxygen and Nitrogen. 8th ed. Berlin/Heidelberg: Springer Science & Business Media, 2013.

[41] Avizonis P V. Chemically Pumped Electronic Transition Lasers. New York: Plenum Press, 2012.

[42] Brown R D, Burden F R, Hart B T, et al. Theor Chim Acta, 1973, 28 (4): 339.

[43] Lewars E G. Modeling Marvels: Computational Anticipation of Novel Molecules. Berlin/Heidelberg: Springer Sicence & Business Media, 2008.

[44] Lawrence S A. Amines: Synthesis, Properties and Applications. Cambridge: Cambridge University Press, 2004.

[45] Fair G M, Morris J C, Chang S L, et al. J Am Water Works Assoc, 1948, 40: 1051.

[46] Holleman-Wiberg. Lehrbuch der Anorganischen Chemie. Berlin: Auflage, 2007.

[47] Hend G G, Morris J C. Inorg Chem, 1965, 4 (6): 899.

[48] Klapötke T M. Polyhedron, 1997, 16 (15): 2701.

[49] Schmeisser M. Zeitschrift fuer Anorganische und Allgemeine Chemie, 1941, 246: 284.

[50] Jander J, Knackmuss J, Thiedemann K U. Zeitschrift fuer Naturforschung, Teil B: Anorganische Chemie, Organische Chemie, 1975, 30B (5-6): 464.

[51] Tornieporth-Oetting I, Klapötke T. Angew Chem Int Ed, 1990, 29 (6): 677.

[52] Silberrad O. J Chem Soc, 1905, 87: 55.

[53] Wiberg E, Holleman A F, Wiberg N. Inorganic Chemistry. San Diego: Academic Press, 2001.

[54] Lebeau P, Damiens A. Comptes rendus hebdomadaires des séances de l'Académie des Sciences, 1929, 188: 1253.

[55] Ruff O, Mensel W. Zeitschrift für Anorganische und Allgemeine Chemie, 1933, 211 (1-2): 204.

[56] Streng A G. J Am Chem Soc, 1963, 85 (10): 1380.

[57] Malm J G, Eller P G, Asprey L B. J Am Chem Soc, 1984, 106 (9): 2726.

[58] Balard A J. Annales de Chimie et de Physique, 1834, 57: 225.

[59] Renard J J, Bolker H I. Chem Rev, 1976, 76 (4): 487.

[60] Basco N, Dogra S K. P Roy Soc A: Math Phy, 1971, 323 (1554): 401.

[61] Vogt H, Balej J, Bennett J E, et al. Chlorine Oxides and Chlorine Oxygen Acids. Weinheim: Wiley-VCH, 2016.

[62] White G W, White G C. The Handbook of Chlorination and Alternative Disinfectants. 4th ed. New York: John Wiley & Sons, 1999.

[63] Inglese S, Granucci G, Laino T, et al. J Phys Chem B, 2005, 109 (16): 7941.

[64] Pope F D, Hansen J C, Bayes K D, et al. J Phys Chem A, 2007, 111 (20): 4322.

[65] Schell-Sorokin A J, Bethune D S, Lankard J R, et al. J Phys Chem, 1982, 86 (24): 4653.

[66] Eagleson M. Concise Encyclopedia Chemistry. Berlin: De Gruyter, 1994.

[67] Gomberg M. J Am Chem Soc, 1923, 45 (2): 398.

[68] Alcock N W, Waddington T C. J Chem Soc, 1962, 84: 2510.

[69] Li W K, Lau K C, Ng C Y, et al. J Phys Chem A, 2000, 104 (14): 3197.

[70] Levason W, Ogden J S, Spicer M D, et al. J Am Chem Soc, 1990, 112 (3): 1019.

[71] Müller H S P, Miller C E, Cohen E A. J Chem Phys, 1997, 107 (20): 8292.

[72] Arora M G. P-Block Elements. New Delhi: Anmol Publications, 1997.

[73] Perry D L, Phillips S L. Handbook of Inorganic Compounds. Boca Raton: CRC Press, 1995.

[74] Hollerman A. Inorganic Chemistry. Berlin: Academic Press, 2001.

[75] Wice J H, Hannan H H. J Inorg Nucl Chem, 1961, 23: 31.

[76] Selte K, Kjekshus A. Acta Chem Scand, 1970, 24 (6): 1912.

[77] 王毅, 李师, 王璐. 三峡生态环境监测, 2020, 5 (2): 20.

[78] Swaddle T W. Inorganic Chemistry: An Industrial and Environmental Perspective. San Diego: Academic Press, 1997.

[79] US Environmental Protection Agency: Office of Water. Alternative Disinfectants and Oxidants

Manual, chapter 4: Chlorine Dioxid. (1999-04). [2020-08-03]. https://inspectapedia.com/water/ EPA_Alternative_Disinfectants_Manual_chapt_4.pdf

[80] Sjöström E. Wood Chemistry: Fundamentals and Applications. Cambridge: Academic Press, 1993.

[81] Harrel C G. Ind Eng Chem, 1952, 44 (1): 95.

[82] 刘增贵, 徐学明, 金征宇. 食品工业科技, 2008, (3): 96.

[83] 罗巨生. 纸和造纸, 2007, 26 (4): 48.

[84] 方贤达. 氯的含氧化合物生产与应用. 北京: 化学工业出版社, 2004.

[85] Smook G A. 制浆造纸工程大全. 曹邦威, 译. 北京: 中国轻工业出版社, 2001.

[86] 王庆梅. 造纸化学品, 2004, 13 (5): 7.

[87] Block S S. Disinfection, Sterilization, and Preservation. Hagerstwon: Lippincott Williams & Wilkins, 2001.

[88] Volk C J, Hofmann R, Chauret C, et al. J Environ Eng Sci, 2002, 1 (5): 323.

[89] Sorlini S, Collivignarelli C. Desalination, 2005, 176 (1-3): 103.

[90] Li J, Yu Z, Gao M. Chin J Prev Med, 1996, 30 (1): 10.

[91] Pereira M A, Lin L H, Lippitt J M, et al. Environ Health Persp, 1982, 46: 151.

[92] Andrews L, Key A, Martin R, et al. Food Microbiol, 2002, 19 (4): 261.

[93] Zhang Z, McCann C, Stout J E, et al. Infect Cont Hosp Ep, 2007, 28 (8): 1009.

[94] Ogata N, Shibata T. J Gen Virol, 2008, 89: 60.

[95] Zhang Y L, Zheng S Y, Zhi Q. J Environ Health, 2007, 24 (4): 245.

[96] Sy K V, McWatters K H, Beuchat L R. J Food Protect, 2005, 68 (6): 1165.

[97] O'Brian D. Agricultural Research, 2017, 65 (7): 1.

[98] 刘静, 徐飞, 张静菊, 等. 中国畜牧兽医, 2021, 48 (7): 2635.

[99] Coates D. J Hosp Infect, 2001, 48 (1): 55.

[100] Gibbs S G, Lowe J J, Smith P W, et al. Infect Cont Hosp Ep, 2012, 33 (5): 495.

[101] Agency for Toxic Substances and Disease Registry. ATSDR: ToxFAQs™ for Chlorine Dioxide and Chlorite. (2011-11-29). [2020-08-18]. https://wwwn.cdc.gov/TSP/ToxFAQs/ToxFAQsDetails. aspx?faqid=581&toxid=108

[102] Doyagüez E G. Synlett, 2005, 10: 1636.

[103] Komatsu Y, Mihailetchi V D, Geerligs L J, et al. Sol Energ Mat Sol C, 2009, 93 (6-7): 750.

[104] Thayer A M. Chem Eng News, 2006, 84: 15.

[105] Rossberg M, Lendle W, Pfleiderer G, et al. Ullmann's Encyclopedia of Industrial Chemistry: Chlorinated Hydrocarbons. Weinheim: Wiley-VCH, 2006.

[106] Tornieporth-Getting I, Klapötke T. J Chem Soc Chem Commun, 1990, (2): 132.

[107] Forbes M C, Roswell C A, Maxson R N. Inorg Synth, 1946, 2: 145.

[108] Kruck T. Angew Chem, 1967, 79 (1): 27.

[109] Harrison G C, Diehl H. Org Synth, 1955, 3: 370.

[110] Denis J N, Krief A. J Chem Soc Chem Commun, 1980, 12: 544.

[111] Lustig M, Ruff J K, Colburn C B. J Am Chem Soc 1966, 88 (16): 3875.

[112] Rudolph R W, Taylor R C, Parry R W. J Am Chem Soc, 1966, 88 (16): 3729.

[113] Driess M, Haiber G. Zeitschrift für Anorganische und Allgemeine Chemie, 1993, 619: 215.

[114] Suzuki H, Fuchita T, Iwasa A, et al. Synthesis, 1978, 12: 905.

[115] Elema R J, de Boer J L, Vos A. Acta Crys, 1963, 16: 243.

[116] Vook C G, Wiebenga E H. Acta Crys, 1963, 12: 859.

[117] Sille L G, Martell A E. Stability Consitants of Metal-Ion Complexes. London: Chemical Society, 1964.

[118] Sille L G, Martell A E. Stability Consitants of Metal-Ion Complexes. Supplement No. 1. London: Chemical Society, 1971.

[119] Johason D A. Some Thermodynamic Aspects of Inorganic Chemistry. Cambridge: Cambridge University Press, 1968.

[120] Bailar J C, Trotman-Dickenson A F. Pergamon Texts in Inorganic Chemistry: Comprehensive Inorganic Chemistry. Oxford: Pergamon Press, 1973.

[121] Garrett R A, Gillespie R J, Senior J B. Inorg Chem, 1965, 4: 563.

[122] Gillespic R J, Morton M J. Inorg Chem, 1970, 9: 811.

[123] Berliner E. J Chem Educ, 1966, 43: 124.

[124] Bruaset H, Kikindai T. Comps Rend, 1951, 232: 1840.

[125] Sneed M C, Maynard J L, Brasred R C. Comprehensive Inorganic Chemistry. New York: D. Van Nostrand Company, 1954.

[126] Arotsky J, Symons M C R. Quart Rev Chem Soc, 1962, 16: 282.

[127] Gillespie R J, Morton M J. Quart Rev Chem Soc, 1971, 25: 553.

[128] Gillespie R J, Milne J B. Inorg Chem, 1966, 5: 1577.

[129] Gillespie R J, Milne J B, Morton M J. Inorg Chem, 1968, 7: 2221.

[130] Otab G A, Comisarow M B. J Am Chem Soc, 1968, 90 (18): 5033.

[131] Otab G A, Comisarow M B. J Am Chem Soc, 1969, 91 (8): 2172.

[132] Cotton F A, Wilkinson G, Murillo C A, et al. Advanced Inorganic Chemistry. 6th ed. Hoboken: John Wiley & Sons, 1999.

[133] Housecroft C E, Sharpe A G. Inorganic Chemistry. 3rd ed. London: Pearson Education, 2008.

[134] King R B. Encyclopedia of Inorganic Chemistry. 2nd ed. Hoboken: John Wiley & Sons, 2005.

[135] Gutmann V. Halogen Chemistry. Cambridge: Academic Press, 1967.

[136] Gutmann V. Inorganic Chemistry. London: Butterworths, 1972.

[137] Meyers R A. Encyclopedia of Physical Science and Technology. 3rd ed. Cambridge: Academic Press, 2001.

[138] Ignatyev I S, Schaefer H F. J Am Chem Soc, 1999, 121 (29): 6904.

[139] Wells A F. Structure Inorganic Chemistry. 3rd ed. Oxford: Clarendon Press, 1962.

[140] Otto R, Ascher E. Zeitschrift für Anorganische und Allgemeine Chemie, 1928, 176 (1): 258.

[141] Brisbois R G, Wanke R A, Stubbs K A, et al. "Iodine Monochloride" Encyclopedia of Reagents for Organic Synthesis. Hoboken: John Wiley & Sons, 2004.

[142] Smith D F. J Chem Phys, 1953, 21(4): 609.

[143] Ruff O, Krug H. Zeitschrift für Anorganische und Allgemeine Chemie, 1930, 190 (1): 270.

[144] Clark J D. Ignition! An Informal History of Liquid Rocket Propellants. New Brunswick: Rutgers University Press, 1972.

[145] Müller B. Nature, 2005, 438 (7067): 427.

[146] Simons J H. Inorg Synth, 1950, 3: 184.

[147] Gutmann V. Angew Chem, 1950, 62 (13-14): 312.

[148] Lebeau P. Annales de Chimieet de Physique, 1906, 9: 241.

[149] Edwards A J, Jones G R. J Chem Soc (London) A, 1969: 1467.

[150] Boswijk K H, Wiebenga E H. Acta Crystallographica, 1954, 7 (5): 417.

[151] Pilipovich D, Maya W, Lawton E A, et al. Inorg Chem, 1967, 6 (10): 1918.

[152] Smith D F. Science, 1963, 141 (3585): 1939.

[153] Hyde G A, Boudakian M M. Inorg Chem, 1968, 7 (12): 2648.

[154] Moissan M H. Annales de Chimie et de Physique, 1891, 6 (24): 224.

[155] Ruff O, Keim R. Zeitschrift für Anorganische und Allgemeine Chemie, 1930, 19 (1): 176.

[156] Schumb W C, Lynch M A. Ind Eng Chem, 1950, 42 (7): 1383.

[157] Ringer A L, Sherrill C D, King R A, et al. Int J Quantum Chem, 2008, 108 (6): 1137.

[158] Gay-Lussac J L. Annales de Chimie et de Physique, 1815, 95: 136.

[159] Brotherton T K, Lynn J W. Chem Rev, 1959, 59 (5): 841.

[160] Breneman A A. J Am Chem Soc, 1889, 11 (1): 2.

[161] McNaught A D, Wilkinson A. Compendium of Chemical Terminology. 2nd ed. Oxford: Blackwell Scientific Publications, 1997.

[162] Andrussow L. Berichte der Deutschen Chemischen Gesellschaft, 1927, 60 (8): 2005.

[163] Andrussow L. Angew Chem, 1935, 48 (37): 593.

[164] Jensen J. J Mol Struc: THEOCHEM, 2005, 714 (2-3): 137.

[165] Söderbäck E. Justus Liebig's Annalen der Chemie, 1919, 419 (3): 217.

[166] Gardner W H, Weinberger H, Englis D T, et al. Inorganic Syntheses Hoboken: John Wiley & Sons, 1939.

[167] Block E, Birringer M, DeOrazio R, et al. J Am Chem Soc, 2000, 122 (21): 5052.

[168] Bartlett N, Lohmann D H. Proc Chem Soc, 1962, 115: 5253.

[169] Bartlett N. Proc Chem Soc, 1962, (6): 197.

[170] Gutsev G L, Boldyrev A I. Chem Phys, 1981, 56 (3): 277.

[171] Wang X B, Ding C F, Wang L S. J Chem Phys, 1999, 110: 4763.

[172] Freza S, Skurski P. Chem Phys Lett, 2010, 487 (1-3): 19.

[173] Gutsev G L, Rao B K, Jena P, et al. Chem Phys Lett, 1999, 312 (5-6): 598.

[174] Graudejus O, Elder S H, Lucier G M, et al. Inorg Chem, 1999, 38 (10): 2503.

[175] Scheller M K, Compton R N, Cederbaum L S. Science, 1995, 270 (5239): 1160.

[176] Zhai H J, Wang L M, Li S D, et al. J Phys Chem A, 2007, 111 (6): 1030.

[177] Anusiewicz I. Aust J Chem, 2008, 61 (9): 712.

[178] Willis M, Gotz M, Kandalam A K, et al. Angew Chem Int Ed, 2010, 49 (47): 8966.

[179] Li Y W, Zhang S H, Wang Q, et al. J Chem Phys, 2013, 138 (5): 054309.

[180] Kong X Y, Xu H G, Koirala P, et al. Phys Chem Chem Phys, 2014, 16 (47): 26067.

[181] Sun W M, Li X H, Li Y, et al. Chem Phys Chem, 2016, 17 (10): 1468.

[182] Liu Z F, Liu X J, Zhao J J. Nanoscale, 2017, 9 (47): 18781.

[183] Oku T, Narita I, Nishiwaki A. J Phys Chem Solids, 2004, 65 (2-3): 369.

[184] Popov A A, Yang S F, Dunsch L. Chem Rev, 2013, 113 (8): 5989.

[185] Srivastava A K, Kumar A, Tiwari S N, et al. New J Chem, 2017, 41 (24): 14847.

[186] Zhou F Q, Zhao R F, Li J F, et al. Phys Chem Chem Phys, 2019, 21 (5): 2804.

[187] Reddy G N, Parida R, Jena P, et al. Chem Phys Chem, 2019, 20 (12): 1607.

[188] Srivastava A K, Kumar A, Misra N. J Phys Chem A, 2021, 125(10): 2146.

[189] Srivastava A K, Misra N. Electrochem Commun, 2016, 68: 99.

[190] Reddy G N, Parida R, Giri S. Chem Commun, 2017, 53 (71): 9942.

第**3**章

卤素的含氧酸及其盐

3.1　卤素的含氧酸

卤素具有从-1 到+7 的丰富氧化态，每种氧化态均有相应的含氧酸。表 3-1 给出了目前出现的所有卤素含氧酸，从图中可知，-1 价只有次氟酸(HFO)，且它也是目前所知 F 唯一的含氧酸。Cl、Br 和 I 分别含有+1 价的次卤酸、+3 价的亚卤酸、+5 价的卤酸及+7 价的高卤酸。At 元素已发现+5 价的砹酸($HAtO_3$)及+7 价的高砹酸(H_5AtO_6)。本节将分别从其结构、制备、酸性、热稳定性及氧化还原性进行描述。

表 3-1　卤素含氧酸

名称	卤原子价态	F	Cl	Br	I	At
次卤酸	-1	HFO	—	—	—	—
	+1	—	HClO	HBrO	HIO	—
亚卤酸	+3	—	$HClO_2$	$HBrO_2$	HIO_2	—
卤酸	+5	—	$HClO_3$	$HBrO_3$	HIO_3	$HAtO_3$
高卤酸	+7	—	$HClO_4$	$HBrO_4$	HIO_4 H_5IO_6	H_5AtO_6

3.1.1　卤素含氧酸的结构

1. 次卤酸的结构

次卤酸，通式为 HXO，它包含次氟酸、次氯酸、次溴酸和次碘酸。除了次氟酸外，其他三种卤素原子的氧化态均为+1。在次氟酸中，F 为-1 价，而 O 为 0 价，H 为+1 价。次卤酸中羟基以单键形式与一个卤素原子相连。四种次卤酸的气态分子结构参数及比例模型见表 3-2。其中，次溴酸因其稳定性较弱只能存在于水溶液中，因此其结构尚无具体信息。但结合其他三种次卤酸的 H—O—X 弯曲形结构可推测出次溴酸应具有类似的结构。从键长、键角数据来看，X—O 键键长随着 X 原子序数的增加从 F 的 144.2 pm 增加到 I 的 199.41 pm，∠HOX 键角也同样从 97.2°增加到 103.9°，而 H—O 键键长变化不大。

表 3-2　气态次卤酸分子结构参数及比例模型[1-2]

参数	次氟酸	次氯酸	次溴酸	次碘酸
化学式	HFO	HClO	HBrO	HIO
X—O 键键长/pm	144.2	169	—	199.41
O—H 键键长/pm	96	97.5	—	96.7
∠HOX 键角/(°)	97.2	102.5	103.9	103.9
偶极矩 μ/deb	2.23	1.3	—	—

在次卤酸中，次氟酸是唯一可以得到的固态酸。Poll 等[3]在 1988 年采用 X 射线单晶衍射表征了固体次氟酸结构(图 3-1)，其键长、键角与气态分子结构略有差

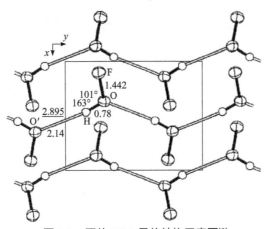

图 3-1　固体 HFO 晶体结构示意图[3]

别。其中 O—F 键键长为 144.2 pm，O—H 键键长为 78 pm，∠HOF 键角为 101°，同时他们确认了该分子之间存在 O—H···O 形式的氢键而非之前预测的 O—H···F，其键角为 163°。

2. 亚卤酸的结构

亚卤酸，通式为 HXO_2，包括亚氯酸、亚溴酸和亚碘酸。亚卤酸是由一个 +3 氧化态的卤素原子一侧以单键连接一个氢氧根，另一侧以双键连接一个氧原子而形成的含氧酸(图 3-2)。一些研究表明，亚溴酸还存在其他几种异构体，包括 HOOBr、HOBrO 和 HBr(O)O[4]。

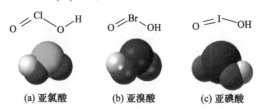

(a) 亚氯酸   (b) 亚溴酸   (c) 亚碘酸

图 3-2　亚卤酸的分子构型及比例模型

3. 卤酸的结构

卤酸，通式为 HXO_3，包括氯酸、溴酸和碘酸。卤酸是由一个+5 氧化态的卤素原子以单键连接一个氢氧根，两个双键连接两个氧形成的含氧酸(图 3-3)。在 α-HIO_3 和 HI_3O_8 中的 $HOIO_2$ 分子有两个 I—O 键的键长接近碘酸根离子(约 180 pm)，而 I—OH 键的键长较长(190 pm)，键角全都接近 100°。

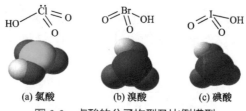

(a) 氯酸   (b) 溴酸   (c) 碘酸

图 3-3　卤酸的分子构型及比例模型

4. 高卤酸的结构

高卤酸是指氧化态为+7 卤素原子的含氧酸，通常情况下通式为 HXO_4(X = Cl, Br, I)。不同的高卤酸具有相似的结构。以高氯酸为例，氯原子以单键与羟基相连，以双键与另外三个氧相连(图 3-4)。氯与四个氧形成以氯为中心的四面体结构，Cl=O 双键键长为 140.8 pm，Cl—O 单键键长为 163.5 pm，Cl=O 双键之间的 ∠O—Cl—O 键角为 112.8°，与羟基相连的 ∠O—Cl—O 键角为 105.8°。高氯酸在溶液中经常以水合物的形式存在，目前至少有五种水合物，其中一些结构已经被确认，这些晶体中高氯酸根离子通过氢键与 H_2O 和 H_3O^+ 相连[5]。

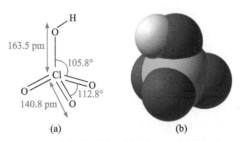

图 3-4 高氯酸的分子构型(a)及比例模型(b)

高卤酸的另一种形式为正高卤酸。例如，正高碘酸也是碘的+7 氧化态含氧酸，化学式为 H_5IO_6，X 射线和中子衍射研究得出其结构是以碘为中心的 IO_6 八面体，其中与羟基相连的五个 I—O 键键长为 189 pm，而另一个 I=O 键键长较短为 178 pm，因此表明晶体结构有较小变形，O—H 平均键长为 96 pm，所有 ∠O—I—O 键角均为 87°~95°[6][图 3-5(a)]。化学式为 HIO_4 的高碘酸也称为偏高碘酸，是正高碘酸脱去两个水形成的含氧酸，其结构与高氯酸类似[图 3-5(b)]。固态的高碘酸分子以氢键相连成链状结构(图 3-6)[7]。

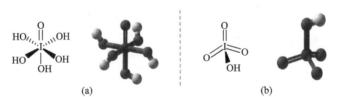

图 3-5 正高碘酸(a)与偏高碘酸(b)的分子构型及球棍模型

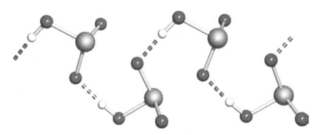

图 3-6 固态高碘酸的链状结构

3.1.2 卤素含氧酸的制备

1. 次卤酸的制备

1774 年，科学家发现了次卤酸并发现氯水能够漂白各种植物的颜色，1785

年有人提出氯气在碳酸钾碱性溶液中比在水溶液中具有更强的漂白能力，而且不因过量的氯对人体和设备产生有害的影响。其后，法国化学家巴拉尔首先鉴定出漂白液的化学组成并制得次氯酸溶液，同时分离出无水的氧化二氯[8]。

次卤酸最简单的制备方法是利用相应的卤素单质与水的歧化反应：

$$X_2 + H_2O \Longrightarrow H^+ + X^- + HXO$$

反应体系中加入 Ag_2O 或 HgO，利用其与 X^- 作用生成难溶物除去 X^-，使反应向右进行，便可得到次卤酸。次卤酸溶液的稳定性取决于溶液中其他离子的性质，次氯酸和次溴酸可采用减压蒸馏法进行纯化，次碘酸很不稳定，很快会发生歧化反应而分解为碘酸和碘单质[9]。

浓度大于 $5\ mol \cdot L^{-1}$ 的次氯酸溶液可在 0℃下用一氧化二氯与水作用制得，大批量制备可直接将一氧化二氯气体通入水中。

次氟酸的制备较为复杂，氟单质与水会发生一系列反应[10]：

$$F_2 + H_2O \Longrightarrow HFO + HF$$

$$HFO + H_2O \Longrightarrow H_2O_2 + HF$$

$$F_2 + H_2O_2 \Longrightarrow O_2 + 2HF$$

因此，次氟酸在反应中为中间产物，在常温下往往得不到。它是在-40℃时将氟气通过冰反应而收集得到。

2. 亚卤酸的制备

亚氯酸可以由相对更稳定的亚氯酸盐为原料，以强酸制弱酸的方式与硫酸反应制得。例如，采用钡盐和钯盐的反应式如下[9]：

$$Ba(ClO_2)_2 + H_2SO_4 \Longrightarrow BaSO_4 + 2HClO_2$$

$$Pb(ClO_2)_2 + H_2SO_4 \Longrightarrow PbSO_4 + 2HClO_2$$

亚溴酸有多种制备方法：

1) 次溴酸氧化法

可以采用次溴酸氧化法[11]，包括：

(1) 采用次氯酸将次溴酸氧化为亚溴酸，自身被还原为盐酸：

$$HBrO + HClO \Longrightarrow HBrO_2 + HCl$$

(2) 利用次溴酸自身的歧化反应：

$$2HBrO \Longrightarrow HBrO_2 + HBr$$

(3) 次溴酸从水中夺取 O 生成亚溴酸：

$$HBrO + H_2O \Longrightarrow HBrO_2 + 2H^+ + 2e^-$$

(4) 利用溴单质氧化次溴酸，并生成难溶物溴化银推动反应向右进行：

$$2AgNO_3 + HBrO + Br_2 + H_2O \Longrightarrow HBrO_2 + 2AgBr + 2HNO_3$$

2) 溴酸还原法

除了采用次溴酸氧化法，还可以采用溴酸还原法进行，如以下归中反应[11]：

$$2HBrO_3 + HBr \Longrightarrow 3HBrO_2$$

3. 卤酸的制备

与亚氯酸制备相同，氯酸和溴酸可采用硫酸处理氯酸钡和溴酸钡分别制得：

$$Ba(XO_3)_2 + H_2SO_4 \Longrightarrow BaSO_4 + 2HXO_3$$

碘酸可以采用氧化碘单质的方法进行，可用的氧化剂包括硝酸、氯气、氯酸或过氧化氢[12]，如：

$$I_2 + 6H_2O + 5Cl_2 \Longrightarrow 2HIO_3 + 10HCl$$

此外，还可以采用电解法制备碘酸。

4. 高卤酸的制备

工业上可采用两种方法制备高氯酸：①用浓盐酸处理水溶性很好的高氯酸钠[13]，

$$NaClO_4 + HCl \Longrightarrow NaCl + HClO_4$$

高浓度酸可采用蒸馏的方法进一步得到；②在 Pt 电极上采用阳极氧化氯水的方法进行，该方法可以避免氯化钠的产生[14]。实验室制备可采用硫酸处理高氯酸钡得到；还可以在煮沸硝酸和高氯酸铵的混合液时加入盐酸，该反应生成 NO_x 和高氯酸，简单加热煮沸即可除去剩余盐酸和硝酸进一步浓缩和纯化高氯酸。

高溴酸的制备可采用将氟气通入 $5\ mol \cdot L^{-1}$ 氢氧化钠和 $1\ mol \cdot L^{-1}$ 溴酸钠混合液的方法制得[15]，该方法可得到 $0.2\ mol \cdot L^{-1}$ 的高溴酸，可进一步浓缩后保存。

高碘酸水溶液可采用浓硝酸处理原高碘酸钡得到，其中析出的固体原高碘酸是比较稳定的。原高碘酸在 100℃ 负压下可脱水生成高碘酸。高碘酸还可以采用原高碘酸盐(如 Na_5IO_6)与稀硝酸反应得到[16]。

思考题

3-1　总结卤素含氧酸的典型制备方法，并举例说明。

3.1.3 卤素含氧酸的酸性

卤素含氧酸的通式为 $H_mXO_n(X = F，Cl，Br，I)$，结构中含有 O—H 键，而不是 X—H 键，在溶液中，羟基上的质子解离或部分解离使其具有酸性。表 3-3 中给出了卤素含氧酸的 pK_a 值。一元酸的 pK_a 值随卤素氧化态的升高而减小，如氯氧酸 pK_a 值：$HClO(7.40)>HClO_2(1.94)>HClO_3(约为-1)>HClO_4(-1.6)$，$pK_a$ 减小表明酸强度增加，因此相同卤素含氧酸的强度随着卤素原子氧化态的升高而增强。同类型酸中，pK_a 值按从 Cl 到 I 依次增大，如次卤酸中：$HClO(7.40)<HBrO(8.55)<HIO(10.5)$，即同类型酸的酸性 Cl>Br>I。

表 3-3 卤素含氧酸的解离常数[1]

次卤酸	pK_a	亚卤酸	pK_a	卤酸	pK_a	高卤酸	pK_a
HFO	—	—	—	—	—	—	—
HClO	7.40	$HClO_2$	1.94	$HClO_3$	约为-1	$HClO_4$	-1.6
HBrO	8.55	$HBrO_2$	—	$HBrO_3$	—	$HBrO_4$	—
HIO	10.5	HIO_2	—	HIO_3	0.78	HIO_4	1.64

所有的次卤酸都是弱酸。氯酸和溴酸都是强酸($pK_a \leqslant 0$)，而碘酸是中强酸($pK_a = 0.78$)，用光谱法可检测出在溶液中有未解离的分子。高氯酸和高溴酸都是非常强的一元酸，其中高氯酸是常见酸中酸性最强的含氧酸，而高碘酸是多元弱酸。高氯酸最新的 pK_a 估算值较之前的 -1.6 更低，为 -15.2 ± 2.0[17]。高氯酸能使许多在水溶液中本身就是酸的分子质子化，如亚硒酸与高氯酸作用生成 $[Se(OH)_3]^+[ClO_4]^-$，已证明无水硝酸与高氯酸混合物在 -40℃ 时存在如下平衡：

$$HNO_3 + 2HClO_4 \rightleftharpoons NO_2^+ \cdot ClO_4^- + H_3O^+ \cdot ClO_4^-$$

高氯酸在乙腈溶剂中是完全解离的。在有机酸中，它只是中强酸，如在甲酸中高氯酸的 pK_a 值约为 0.5，在乙酸中约为 2.7，在三氟乙酸中约为 1.3。

高溴酸在水溶液中完全解离为水合质子和具有四面体结构的 BrO_4^-，它与 $H_2^{18}O$ 不发生氧交换。

高碘酸是一种相当弱的酸，在酸性溶液中，以未解离形式 $(HO)_5IO$ 存在。H_5IO_6 的表观一级解离常数($pK_a = 1.6$)和真实一级解离常数($pK_a = 3.29$)之间的差别是由 CO_2 和未解离酸间的水合平衡所引起的。在强酸性介质中(如 $10\ mol \cdot L^{-1}$ $HClO_4$)证明有质子化阳离子 $[I(OH)_6]^+$ 存在。在较高的 pH 水溶液中主要阴离子是呈四面体的 IO_4^-，水合的物种有 $[(HO)_4IO_2]^-$、$[(HO)_3IO_3]^{2-}$ 和 $[(HO)_2IO_4]^{3-}$ 及二聚的$[(HO)_2I_2O_8]^{4-}$。

3.1.4　卤素含氧酸的热稳定性

绝大多数卤素含氧酸的热稳定性都较差，受热脱水生成对应的酸酐。大多数情况下，同一成酸元素高价含氧酸比低价含氧酸稳定，但也有例外，如亚氯酸稳定性要小于次氯酸。

1. 次卤酸的稳定性

次卤酸均不稳定，目前只有次氟酸可以分离得到纯的固态样品，即使这样，它在室温下也很容易爆炸生成氢氟酸和氧气：

$$2HFO = 2HF + O_2$$

目前尚未得到无水的次氯酸，其溶液在低共熔点($-39.6\,℃$)时含有 47% 的次氯酸，固相组成为 $HClO \cdot 2H_2O$。次溴酸只在稀溶液中(<7% HBrO)稳定，而次碘酸在任何浓度下都不稳定。它们均会发生歧化反应，生成相应的卤化氢和卤酸[9]：

$$3HXO = 2HX + HXO_3$$

次氯酸歧化反应速率与次氯酸的浓度平方成正比，因此其反应的机理是次氯酸作为中间体参与反应过程。

$$2HClO \xrightarrow{\text{慢}} 2H^+ + Cl^- + ClO_2^-$$

$$HClO + ClO_2^- \xrightarrow{\text{快}} H^+ + Cl^- + ClO_3^-$$

2. 亚卤酸的稳定性

亚氯酸是含氧氯酸中最不稳定的，但它也是亚卤酸中唯一可以独立分离出来的，亚溴酸和亚碘酸都未能独立分离出来[9]。在 2 mol·L^{-1} 高氯酸中，亚氯酸会发生歧化反应而分解[18]：

$$4HClO_2 = 2ClO_2 + ClO_3^- + Cl^- + 2H^+ + H_2O \tag{1}$$

溶液中存在的 Cl$^-$ 进而催化发生下列反应：

$$5HClO_2 = 4ClO_2 + Cl^- + H^+ + 2H_2O \tag{2}$$

因此，ClO_3^- 生成速率随着反应进行与二氧化氯量减少有关，若有适量的氯化物存在，则优先以反应(2)进行。

3. 卤酸的稳定性

氯酸和溴酸只能在水溶液中得到。在冷的水溶液中，30% 及以下浓度的氯酸可以稳定存在，在负压下缓慢蒸发可以使浓度上升至 40%，浓度再高时则发生分解：

$$8HClO_3 = 4HClO_4 + 2H_2O + 2Cl_2 + 3O_2$$

$$3HClO_3 = HClO_4 + H_2O + 2ClO_2$$

溴酸稳定的极限浓度约为 50%，碘酸溶液加热蒸发可析出结晶。

4. 高卤酸的稳定性

无水高氯酸在室温下是一种不稳定的油状液体，72.5%的高氯酸可以与水形成共沸物，该溶液十分稳定并已商品化，易吸潮，敞口放置时浓度会变小。

高溴酸是最不稳定的高卤酸，大于 6 mol·L^{-1} 的高溴酸溶液在空气中不稳定，并发生明显的自催化反应分解成溴酸和氧气，某些金属离子如 Ag$^+$和 Ce^{4+}可加速高溴酸的催化分解：

$$HBrO_4 = HBrO_3 + \frac{1}{2}O_2$$

3.1.5 卤素含氧酸的氧化还原性

卤素含氧酸标准电极电势见表 3-4，从表中可以看出，反应生成 X$^-$及 X$_2$ 的电极电势几乎全部在 1.0 以上，说明氧化性均较强。

表 3-4 卤素含氧酸标准电极电势[1]

电极反应式	电极电势 $\varphi^\ominus$ / V		
	Cl	Br	I
次卤酸 $HXO + H^+ + 2e^- = X^- + H_2O$	1.482	1.331	0.987
$HXO + H^+ + e^- = 1/2X_2 + H_2O$	1.611	1.574[Br$_2$(aq)] 1.596[Br$_2$(l)]	1.439
亚卤酸 $HXO_2 + 3H^+ + 4e^- = X^- + 2H_2O$	1.570	—	—
$HXO_2 + 3H^+ + 3e^- = 1/2X_2 + 2H_2O$	1.628	—	—
卤酸 $XO_3^- + 6H^+ + 6e^- = X^- + 3H_2O$	1.451	1.423	1.085
$XO_3^- + 6H^+ + 5e^- = 1/2X_2 + 3H_2O$	1.47	1.482	1.195
高卤酸 $XO_4^- + 8H^+ + 8e^- = X^- + 4H_2O$	1.389	1.53	1.214(H$_5$IO$_6$)
$XO_4^- + 8H^+ + 7e^- = 1/2X_2 + 4H_2O$	1.39	1.55	1.311(H$_5$IO$_6$)

1. 介质环境与氧化性关系

从电极反应式可以看出，卤素含氧酸的电极反应中 H$^+$ 均作为反应物参与电极反应，从化学平衡角度看，酸性增加有利于反应正向进行；从能斯特方程可知，酸性越大(即氢离子浓度越大)，φ 越大，表明含氧酸的氧化性越强。例如，高碘酸作为一种氧化剂，其活性一般是随 pH 而改变，在酸性溶液中，它是一种强氧化剂，可定量地使 Mn^{2+} 迅速转变为高锰酸盐，但在碱性溶液中，其氧化能力比次氯酸盐小。此外，在某些反应中，反应速率与氢离子浓度有关，如 BrO$_3^-$ 氧化 I$^-$ 的反应，其速率方程为

$$v = k[\text{BrO}_3^-][\text{I}^-][\text{H}^+]$$

其中，v 为反应速率；k 为速率常数；[ ]分别表示[ ]内相应离子的浓度，氢离子浓度直接与反应速率成正比。从化学键角度来看，氢离子的极化能力使酸根离子中的中心原子与氧原子之间电子云密度下降，因此 X—O 键更容易断裂从而使 OH$^-$ 更易离去，最终形成 H$_2$O。氢离子浓度的增加从热力学和动力学角度均有利于氧化反应的发生，因此可使含氧酸的氧化反应迅速发生。

除了氢离子浓度可影响卤素含氧酸的氧化性外，温度和酸本身的浓度也可以影响其氧化性。例如，冷的高氯酸溶液的氧化能力非常小，可被二氯化锡、三氧化二钒和 V(Ⅱ)、V(Ⅲ)及 Ti(Ⅲ)离子缓慢地还原。热浓的高氯酸溶液是一种强氧化剂，与金属作用放出氯化氢，而且还可使有机物分解。无水高氯酸则是非常强的氧化剂，与多数有机物作用发生爆炸，使碘化氢和亚硫酰氯燃烧，并能迅速地氧化金和银。某些金属盐在无水高氯酸中溶解生成无水金属高氯酸盐。

$$\text{Al}_2\text{Cl}_6 + 6\text{HClO}_4 \Longrightarrow 2\text{Al}(\text{ClO}_4)_3 + 6\text{HCl}$$

$$\text{Mn}(\text{NO}_3)_2 + 6\text{HClO}_4 \longrightarrow \text{Mn}(\text{ClO}_4)_2 + 2\text{NO}_2^+\text{ClO}_4^- + 2\text{H}_3\text{O}\cdot\text{ClO}_4^-$$

2. 分子稳定性与氧化性关系

通常来讲，含氧酸中心原子 X 价态丰富且分子稳定性差，则该含氧酸氧化性强。并且含氧酸分子的稳定性与分子中 X—O 键的强度和数目有关，X—O 键数目越多，X—O 键强度越大，断键需要的能量就越多，则该氧化态物种被还原成低价态的物种就越困难，也就是其氧化性越弱。因此，稳定性好的含氧酸氧化性很弱甚至没有。该规则可以解释氯氧酸中亚氯酸的特殊性。例如，氯的含氧酸中如果按 X—O 键的数目判断，其氧化性应为 HClO>HClO$_2$>HClO$_3$>HClO$_4$。然而，由于 HClO$_2$ 在氯氧酸中稳定性最差，导致其氧化性增强，实际顺序变为 HClO$_2$>HClO>HClO$_3$>HClO$_4$。

3. 卤素含氧酸的氧化性规律

从表 3-4 中的数据可以看出，对同种元素的不同氧化态含氧酸，氯氧酸的氧化性顺序为次卤酸＞卤酸＞高卤酸；溴氧酸和碘氧酸为次卤酸＜卤酸＜高卤酸。亚卤酸结构的不稳定性使其不符合递变规律，具体表现为亚氯酸在氯氧酸中氧化性最强，而亚溴酸和亚碘酸至今未测得数据。氯氧酸的不规律性还可以解释为次氯酸为弱酸而亚氯酸为中强酸，当电对中的氧化态为弱酸时，电极电势 φ 会更负，而当还原态为更弱的酸时，电极电势 φ 会更正[19]。例如，$\varphi(HClO/Cl^-)$ 实际电极反应为以下组合：

$$HClO + H^+ + 2e^- \rightleftharpoons Cl^- + H_2O \qquad (1)$$

$$HClO \rightleftharpoons H^+ + ClO^- \qquad (2)$$

反应(1)为非自发反应，即 $\Delta_r G_m^\ominus > 0$，因此 $\varphi(HClO/Cl^-)$ 比反应(2)能斯特方程计算得到的值要小。因此，在碱性溶液中讨论卤素含氧酸根的氧化性更具递变规律。

对同一类型不同元素的含氧酸，次卤酸氧化性顺序为 Cl＞Br＞I，卤酸为 Cl≈Br＞I，高卤酸为 Br＞Cl＞I。说明随着中心卤素氧化态的升高，Br 氧化性显著增大，显示出第四周期元素的次周期性效应。

例题 3-1

氯的含氧酸的氧化性为什么是 $ClO^- > ClO_3^- > ClO_4^-$？

解 物质氧化态高低与氧化性强弱之间并无必然联系，其取决于获得电子后所发生的化学变化的能量效应。化学变化中放出能量越多，氧化性越强。对氯的含氧酸来说，其能量效应主要来源于键的改组，即拆开旧键和形成新键过程中键能的变化。由于氯的含氧酸的还原产物是相同的(即 Cl^- 和 H_2O)，因此它们的氧化性强弱主要取决于拆开旧键的难易。表 3-5 列出氯的含氧酸离子的 Cl—O 键键长和键能。由表可见：从 ClO^- 到 ClO_4^-，Cl—O 键键长缩短，键能增加。因此，破坏 ClO_4^- 结构耗能最多，破坏 ClO^- 结构耗能最少，这就是氧化性 $ClO^- > ClO_3^- > ClO_4^-$ 的主要原因。

表 3-5　氯的含氧酸 Cl—O 键键长及键能

含氧酸种类	Cl—O 键键长/pm	Cl—O 键键能/(kJ·mol⁻¹)
ClO^-	170	209
ClO_3^-	157	244
ClO_4^-	145	264

例题 3-2

为什么浓 $HClO_4$ 能够氧化 I_2，而稀 $HClO_4$ 水溶液却不能?

解　在浓溶液中，$HClO_4$ 以分子形式存在，只有一个氧原子与质子结合，形成对称性较低的分子，同时 H^+ 的反极化作用使高氯酸分子不稳定。所以浓 $HClO_4$ 具有较强的氧化性，能够氧化 I_2：

$$2HClO_4(浓) + I_2 + 4H_2O == 2H_5IO_6 + Cl_2$$

稀溶液中，$HClO_4$ 完全解离，ClO_4^- 为正四面体结构，对称性高，且不受 H^+ 的反极化作用影响，比较稳定，所以氧化能力低。稀 $HClO_4$ 中的 $Cl(\text{Ⅶ})$ 甚至不能被活泼金属 Zn 还原，只能置换出 H_2：

$$Zn + 2HClO_4(稀) == Zn(ClO_4)_2 + H_2 \uparrow$$

思考题

3-2　写出高溴酸和高碘酸的化学式并给出可能的相对酸性。判断哪个更稳定。

3.2　卤素的含氧酸盐

卤素含氧酸盐是卤素含氧酸与碱反应后的加合物，其中碘酸和正高碘酸可以形成酸式盐。卤素的含氧酸根离子都是无色的。其中氯酸盐和高氯酸盐在水中都有很好的溶解性，过渡金属盐类通常易潮解，而碘酸盐的溶解度较差。卤素的含氧酸盐都具有强氧化性，它们比所对应的酸在热力学上更稳定。含氧酸盐在溶液中的性质一般指其相应的酸根离子的性质。

3.2.1　卤素含氧酸盐的结构

本小节讨论的卤素含氧酸盐的结构主要指其阴离子结构。

1. 次卤酸盐的结构

次卤酸盐为离子化合物，其中金属离子带正电，次卤酸根带负电。在次卤酸根 XO^- 中，卤素原子中一个电子参与形成 $X—O$ 键，另外剩下三对孤对电子。图 3-7 给出了次氯酸根 ClO^- 的分子构型及比例模型，可以看出 $Cl—O$ 键与这三对孤对电子形成以 Cl 原子为中心的四面体结构，而 ClO^- 本身为直线形。

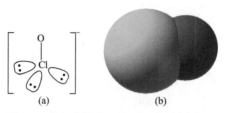

图 3-7　次氯酸根分子构型(a)及比例模型(b)

2. 亚卤酸盐的结构

亚卤酸中，卤素原子以单键与一个 OH 键合，以双键与另一个氧键合。成为酸根离子后，单双键之间的差别因电子的快速转移而消除。例如，亚氯酸根结构如图 3-8 所示，∠O—Cl—O 呈弯曲状，键角为 111°，Cl—O 键键长为 157 pm[20]。

图 3-8　亚氯酸根两种构型之间的快速转换

3. 卤酸盐的结构

在 XO_3^- 中卤原子上有一个非键电子对，与亚卤酸根类似，其余三个 X—O 键没有单双键明显差别，三种结构之间快速转换(图 3-9)，因此 XO_3^- 形成以 X 为顶点的三角锥形结构，具有 C_{3v} 对称性。三种卤酸根的比例模型见图 3-10，ClO_3^- 和 BrO_3^- 是有点扁平的四面体结构，∠O—X—O 键角约 106°，而 IO_3^- 的∠O—I—O 键角较小，约 97°，表明 I—O 键有较少的 s 轨道特征。可以预料 X—O 键键长是按如下顺序增大的：氯酸盐＜溴酸盐＜碘酸盐。

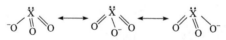

图 3-9　卤酸根三种构型之间的快速转换

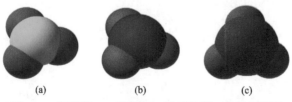

图 3-10　氯酸根(a)、溴酸根(b)及碘酸根(c)的比例模型

4. 高卤酸盐的结构

XO_4^- 结构是以 X 原子为中心的正四面体，四个 X—O 键键长相等。图 3-11

给出了高氯酸与高氯酸根结构对比图，可以看出高氯酸根中 Cl—O 键键长为 144 pm，长短位于高氯酸结构两种 Cl—O 键键长(141 pm 和 164 pm)之间[20]。

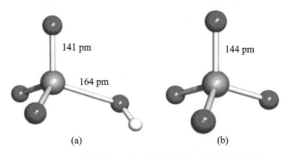

图 3-11　高氯酸(a)与高氯酸根(b)结构对比图

高碘酸盐的结构更加丰富，目前已知含有如下多种阴离子：

偏高碘酸阴离子，IO_4^-；

中高碘酸阴离子，$I_2O_9^{4-}$，$I_2O_{10}^{6-}$，$HI_2O_{10}^{5-}$，$H_2I_2O_{10}^{4-}$，$H_3I_2O_{10}^{3-}$；

正高碘酸阴离子，IO_6^{5-}，$H_2IO_6^{3-}$，$H_3IO_6^{2-}$，$H_4IO_6^-$，$I_2O_{12}^{8-}$；

三高碘酸阴离子，$H_2I_3O_{14}^{5-}$，$H_4I_3O_{14}^{3-}$。

偏高碘酸根具有以 I 为中心的正四面体结构，I—O 键键长为 178 pm [图 3-12(a)]。除它以外，其他的高碘酸根都包含八面体配位的碘，而中高碘酸的衍生物总是具有二聚的阴离子结构。例如，$I_2O_9^{4-}$ [图 3-12(b)]和 $H_2I_2O_{10}^{4-}$ [图 3-12(c)]是由两个 IO_6 的八面体分别共享一个公共的面和一条公共的棱边连接而成。$I_2O_9^{4-}$ 终端 I—O 键键长为 181 pm，桥键 I—O 键键长为 200 pm，羟基中 I—O 键键长为 198 pm。$H_2I_2O_{10}^{4-}$ 终端 I—O 键键长为 177 pm，桥键 I—O 键键长为 201 pm[20]。

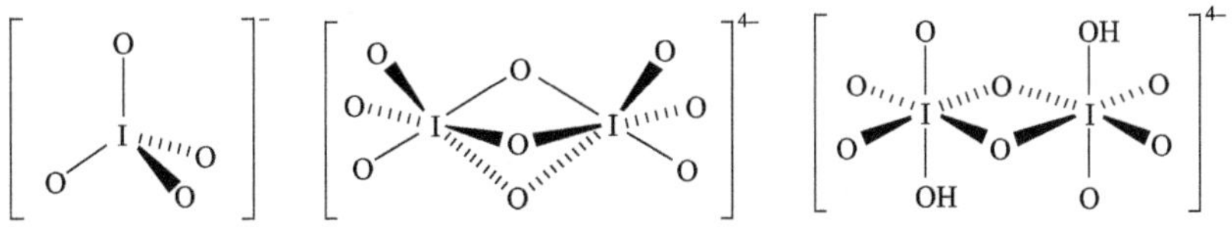

图 3-12　IO_4^- (a)、$I_2O_9^{4-}$ (b)与 $H_2I_2O_{10}^{4-}$ (c)的结构

3.2.2　卤素含氧酸盐的制备

1. 次卤酸盐的制备

1785 年，有人提出氯气在碳酸钾碱性溶液中比在水溶液中具有更强的漂白能

台耐特

力，而且不因过量的氯对人体和设备发生有害影响。1789年，英国化学家台耐特(S. Tennant，1761—1815)把氯气溶解在石灰乳中制得漂白溶液，并用干燥的氢氧化钙吸收氯气制成漂白粉。次氯酸盐可以采用氯气与碱发生歧化反应制得，如：

$$Cl_2 + 2NaOH \Longrightarrow NaCl + NaClO + H_2O$$

$$2Cl_2 + 2Ca(OH)_2 \Longrightarrow CaCl_2 + Ca(ClO)_2 + 2H_2O$$

该反应在接近室温下进行，如果温度过高，如 70℃以上，将会进一步氧化生成氯酸盐。工业上采用此类反应进行次氯酸钠及次氯酸钙的大量制备。次氯酸钠还可以采用电解法制备，具体为将电解盐水产生的氯气通入水中直接生成次氯酸[反应(1)、反应(2)]并在碱性条件下转化为次氯酸钠。该过程避免了碱金属氯化物如氯化钠和氯化钙的分离。

$$2Cl^- \Longrightarrow Cl_2 + 2e^- \tag{1}$$

$$Cl_2 + H_2O \Longrightarrow HClO + Cl^- + H^+ \tag{2}$$

少量不常见的金属次氯酸盐还可采用相应的金属硫酸盐与次氯酸钙反应：

$$Ca(ClO)_2 + MSO_4 \Longrightarrow M(ClO)_2 + CaSO_4$$

该反应生成的硫酸钙沉淀可以推动反应向右进行而得到相应的金属次氯酸盐。次氯酸盐溶液在避光情况下是相当稳定的，在室温下将其蒸发结晶可得到固体次氯酸盐。

次溴酸盐同样可采用溴单质与相应的金属氢氧化物反应：

$$Br_2 + 2OH^-(aq) \Longrightarrow Br^- + BrO^- + H_2O$$

该反应在 20℃下反应很快，但是 BrO⁻可以发生进一步的歧化反应：

$$3BrO^- \Longrightarrow 2Br^- + BrO_3^-$$

虽然该反应在 20℃下反应很快，但在 0℃时反应很慢，因此可以通过温度控制反应进度。虽然次溴酸盐在任何 pH 下都不稳定，但在动力学上当 pH 高于次溴酸的 pK_a时，反应可被抑制。

关于固体金属次碘酸盐尚未见详细报道。

2. 亚卤酸盐的制备

碱金属或碱土金属亚氯酸盐可以从溶液中结晶析出，在工业上和实验室中的制备方法均采用还原二氧化氯制取亚氯酸盐，通常使用的还原剂是过氧化物，如过氧化氢：

$$2ClO_2 + O_2^{2-} \longrightarrow 2ClO_2^- + O_2$$

除过氧化物外，其他还原剂包括有机物、亚硝酸盐、硫化物、碘化物及钠汞齐等。

含有亚溴酸盐的水溶液可通过控制冷浓的碱金属次溴酸盐溶液的歧化作用而得到，再将此溶液浓缩得到固体盐。无水亚溴酸锂和亚溴酸钡还可采用以下反应制得：

$$2LiBrO_3 + LiBr \xrightarrow{190℃} 3LiBrO_2$$

$$Ba(BrO_3)_2 \xrightarrow{250℃} Ba(BrO_2)_2 + O_2$$

3. 卤酸盐的制备

氯酸盐和溴酸盐的制备均可采用以下两种方法：

(1) 卤素在碱性溶液中歧化：

$$3X_2 + 6OH^- \Longrightarrow XO_3^- + 5X^- + 3H_2O$$

例如，将氯气通入热的氢氧化钾溶液即可得到氯酸钾，但需注意，该反应在较低温度下将得到次氯酸盐。

(2) 电解氧化法[21]。例如，氯酸盐的制备是以氯化物为电解质，通常采用钢作阴极，石墨作阳极，电流效率可达 80%～90%。

总的反应如下：

$$Cl^- + 3H_2O \Longrightarrow ClO_3^- + 3H_2$$

在阴极上有 OH^- 生成：

$$H_2O + e^- \Longrightarrow 1/2H_2 + OH^-$$

在阳极上的主要反应是 Cl^- 被氧化为 Cl_2：

$$2Cl^- \Longrightarrow Cl_2 + 2e^-$$

在电池中由于溶液的扩散作用，Cl_2 歧化生成 Cl^- 和 ClO^-，即

$$Cl_2 + 2OH^- \Longrightarrow Cl^- + ClO^- + H_2O$$

由次氯酸盐歧化反应或由次氯酸根在阳极上直接氧化生成氯酸盐均为在电极上发生的氧化还原过程，次氯酸盐歧化生成氯化物和氧气以及在阳极上的损耗均会使生成的氯酸盐量减少。

此外，用氧化剂氧化溴或溴化物也能制得溴酸盐，如臭氧氧化溴化物的方法：

$$Br^- + O_3 = BrO_3^-$$

或采用次氯酸盐溶液(氯气通入碱性溴化物溶液中)或熔融的氯酸盐使溴化物转变为溴酸盐。

碘酸盐可通过直接将金属碘化物在高压氧气下加热至约 600℃制得，还可以采用氯酸盐或溴酸盐使碘氧化变为相应碘酸盐的方法，即

$$I_2 + 2NaClO_3 = 2NaIO_3 + Cl_2$$

但不能用次氯酸盐，因为它使 I(V)进一步氧化为 I(Ⅶ)。高碘酸热分解也可制得碘酸盐。

4. 高卤酸盐的制备

高氯酸盐可采用多种方法制备：

(1) 电解法氧化氯化物或氯酸盐的水溶液制备高氯酸盐。例如，工业上采用电解氯酸钠水溶液制备高氯酸钠，后者主要用于火箭燃料的制备[13]。

(2) 氯酸盐与强无机酸如硫酸作用得到高氯酸盐、氯化物和二氧化氯。

(3) 碱金属氯酸盐热歧化反应制得高氯酸盐。

(4) 用臭氧、过氧二硫酸盐或二氧化铅作氧化剂使氯酸盐氧化为高氯酸盐。

其中，在实验室中制备高氯酸盐多采用化学方法，电解氧化法是工业制备的主要方法。金属盐在无水高氯酸中的溶解度小，致使许多无水高氯酸盐的制备方法受到了限制，但由 $NO^+ClO_4^-$ 与金属盐作用制备无水高氯酸盐已获得成功：

$$MX_n + nNO^+ClO_4^- = M(ClO_4)_n + nNOX(X = F, Cl, Br, NO_3)$$

$AgClO_4$ 在有机溶剂中溶解度比较大，被用来制备非金属阳离子高氯酸盐，也用于制备高氯酸酯。高氯酸盐可以在雷雨天气中被合成，在美国佛罗里达州和得克萨斯州的一些雨水和雪水中检测到了高氯酸盐[22]。

长期以来，人们试图用溴酸盐的氧化来制备高溴酸盐，但一直未获得成功，直到 1968 年衰朴曼(E. H. Appelman)采用含有 ^{83}Se 的硒酸盐的 β 衰变得到高溴酸盐[23-24]：

$$^{83}SeO_4^{2-} = {}^{83}BrO_4^- + \beta^-$$

后来出现了电解溴酸锂的方法[25]，但是产量很低。其后采用二氟化氙作为氧化剂氧化溴酸盐制备高溴酸盐终于成功[9,26]。目前，高溴酸盐较有效的制备方法为采用氟气在碱性条件下氧化溴酸盐：

$$BrO_3^- + F_2 + 2OH^- \Longrightarrow BrO_4^- + 2F^- + H_2O$$

该方法较电解法及二氟化氙氧化法更简单且适用于大规模合成[15]。

　　高碘酸盐的合成途径主要是将碘化物、碘或碘酸盐的水溶液进行氧化。它常以高碘酸钠($Na_3H_2IO_6$)的形式合成，该产品已经商业化。例如，其可采用氯气在碱性条件下氧化碘酸盐或者采用溴单质氧化碘化钠得到：

$$NaIO_3 + Cl_2 + 4NaOH \Longrightarrow Na_3H_2IO_6 + 2NaCl + H_2O$$

$$NaI + 4Br_2 + 10NaOH \Longrightarrow Na_3H_2IO_6 + 8NaBr + 4H_2O$$

在工业上是采用以氧化铅作阳极的电化学氧化法。在实验室许多其他形式的高碘酸盐制备都是以 $Na_3H_2IO_6$ 作原料得到的(图 3-13)。由于正高碘酸盐的热稳定性，也可考虑由碘化物与氧化物的固体混合物用氧气氧化而制得。

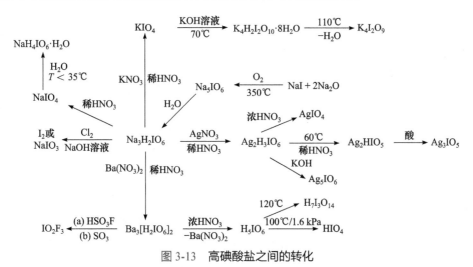

图 3-13　高碘酸盐之间的转化

3.2.3　卤素含氧酸盐的热稳定性

　　大多数卤素含氧酸盐的热稳定性都较差，加热时易脱水生成对应的酸酐。含氧酸不稳定，其对应的盐也不稳定，反之则较稳定。含氧酸盐的热稳定性与酸根离子的变形性有关，阳离子的极化作用可导致酸根离子发生不同程度的变形，变形性越大越易分解；此外，含氧酸盐分解反应的焓变也可影响其热稳定性，分解焓变越大，稳定性越高。同一酸的不同盐稳定性顺序为正盐>酸式盐>酸；同一酸根的盐热稳定性顺序为碱金属盐>过渡金属盐>铵盐；同一成酸元素，其高价含氧酸比低价含氧酸稳定，其相应含氧酸盐的稳定性顺序也是如此。下面分别对各类含氧酸盐类的稳定性进行论述。

1. 次卤酸盐的稳定性

次卤酸是一种弱酸，极不稳定。很多次卤酸盐只存在于溶液中，并且溶液越稀越稳定。下面以次氯酸盐为例说明其稳定性及规律。

次氯酸的碱土金属盐有很多未能制得，因此并不能很好地研究它们的规律性。铍的次氯酸盐未见报道，纯的次氯酸镁尚未制得，但有 Mg(OH)OCl 的报道出现[9]，次氯酸钙的稳定性很好，且可以工业化制备，而次氯酸锶也未被充分表征并且其稳定性未知[27]。碱金属的次氯酸盐随着周期数增加，稳定性下降。无水次氯酸锂在室温下稳定；但次氯酸钠仅存在其五水化合物(NaClO·5H$_2$O)，且其在 0℃以上时不稳定[16]，但稀释的溶液稳定性增强，更少结晶水的化合物还未制备出来；KClO 则仅出现在溶液中[9]。次氯酸盐的不稳定性主要为易发生歧化反应：

$$2ClO^- \rightleftharpoons 2Cl^- + O_2$$

$$3ClO^- \rightleftharpoons 2Cl^- + ClO_3^-$$

上述反应为放热反应，在固态次氯酸盐如次氯酸锂或次氯酸钙发生反应时可导致严重的热溢流及潜在爆炸危险[11,28]。

2. 亚卤酸盐的稳定性

在无其他杂质存在下，亚氯酸根和亚溴酸根可在中性或碱性溶液中存在，而亚碘酸根在任何情况下都迅速分解。

在避光情况下，亚氯酸钠碱性溶液至少可保持一年不变，即使加热至沸也不发生分解。亚氯酸钠溶液的稳定性随 pH 下降而降低，冷的中性溶液在暗处稳定，但加热时缓慢地分解；在酸性溶液中，尤其是在 pH<4 时，其以一定的速率分解。

亚氯酸钠进行热分解，歧化为氯酸盐和氯化物：

$$3NaClO_2 \xrightarrow{260℃} 2NaClO_3 + NaCl$$

重金属亚氯酸盐加热也发生歧化反应。许多这种盐在高温或快速加热时发生爆炸分解，很可能是释放出二氧化氯的缘故。

固体亚溴酸盐加热引起歧化反应尚未见详细报道，亚溴酸锂和亚溴酸钡分别在 225℃和 220℃失氧生成金属溴化物，而六水合亚溴酸镁脱水后分解为镁的氧化物。晶体亚溴酸盐在室温下，即使光照下也不分解。

对亚溴酸根和亚碘酸根的水溶液分解机理的研究尚不完善，但其主要分解过程可根据歧化反应做类似的推测，并证明在碱性介质中发生如下简单反应：

$$XO_2^- + XO_2^- = XO_3^- + XO^- (X = Br, I)$$

3. 卤酸盐的稳定性

卤酸根的分解有三种可能的途径：

$$4XO_3^- = X^- + 3XO_4^- \tag{1}$$

$$2XO_3^- = 2X^- + 3O_2 \tag{2}$$

$$4XO_3^- = 2X_2 + 5O_2 + 2O^{2-} \tag{3}$$

反应(1)是歧化反应，从热力学考虑，此反应只对碱金属酸盐是可行的。已由氯酸钾热力学数据和在水溶液中的平衡常数(ClO_3^- ， 10^{22} ； BrO_3^- ， 10^{-30} ； IO_3^- ， 10^{-53})所证实。氯酸盐溶液即使加热至沸，其歧化反应也非常慢，这是因为金属氯酸盐热分解是放热过程。溴酸盐和碘酸盐的热分解不生成 BrO_4^- 和 IO_4^- 。无水碱土金属碘酸盐在高温下按如下反应分解：

$$5M(IO_3)_2 = M_5(IO_6)_2 + 4I_2 + 9O_2$$

除歧化反应[反应(1)]外，金属卤酸盐的分解是否按反应(2)(生成金属卤化物)或反应(3)(生成氧化物)方式进行，主要取决于卤化物和氧化物的相对稳定性，若从动力学考虑，则取决于两个过程相对活化能的大小。当有强极性阳离子存在时，卤酸根按反应(3)分解生成氧化物；当然，动力学因素如颗粒的大小和加热的速度对分解反应的影响也很重要。一般碱金属、碱土金属和银的卤酸盐按反应(2)方式分解生成卤化物；而镁、过渡金属和稀土卤酸盐则按反应(3)分解生成氧化物。

卤酸盐的热稳定性按如下顺序减小：碘酸盐＞氯酸盐＞溴酸盐。随着卤酸盐的阳离子极化能力增强而热稳定性减弱。碱金属卤酸盐热分解的第一步是 X—O 键的断裂，需在高温下进行(＞300℃)，而卤酸铵的热分解温度比较低(氯酸铵，50℃；溴酸铵，–5℃；碘酸铵，约 100℃)，进一步加热会引起爆炸，如氯酸铵加热时，首先是质子的转移：

$$NH_4ClO_3(s) = NH_3(s) + HClO_3(s)$$

$$\big\Updownarrow \qquad \big\Updownarrow$$

$$NH_3(g) + HClO_3(g)$$

接着 $HClO_3$ 迅速分解， NH_3 氧化，得到的产物包括 NH_4NO_3 。

XO_3^- 阴离子的水溶液经闪光光解产生 $\cdot XO_2$。

$$XO_3^- \cdot H_2O \longrightarrow (XO_3^- \cdot H_2O)^* \longrightarrow \cdot XO_2 + \cdot OH + OH^-$$

此反应依赖于辐射温度和热处理过程。X 射线或 γ 射线照射能使晶体氯酸盐和溴酸盐分解产生许多物种，其中包括高卤酸根、卤氧基等：

$$XO_3^- \xrightarrow[\text{或}\gamma\text{射线}]{X\text{射线}} XO_4^-、XO_2^-、XO^-、XO_3、XO_2、X—XO_3^-、XO_3^{2-}、$$

$$O_2 \text{和} O_3 (X = Cl \text{或} Br)$$

氯酸盐分解常采用各种不同的氧化物作催化剂，其活性强度顺序为 $Cr_2O_3 >$ $MnO_2 > Fe_2O_3 > Ni_2O_3 > CuO > TiO_2$；若用金属硫酸盐作催化剂时，则其强度顺序为 $Cr > Co > Mn > Ti > Fe > Ni > Cu > V$。

4. 高卤酸盐的稳定性

金属高氯酸盐分解为相应的氧化物或氯化物取决于阳离子的特性，在多数情况下，在低于 600℃时，反应以可测量的速率完成：

$$M(ClO_4)_n \Longequal MCl_n + 2nO_2$$

$$M(ClO_4)_n \Longequal MO_{n/2} + n/2\,Cl_2 + 7n/4\,O_2$$

究竟按何种方式分解，可根据所生成的产物相关的自由能说明。碱金属、银、钙、钡、镉和铅的高氯酸盐分解得到相应的氯化物，因为这些元素 $\Delta_f G_m^{\ominus}$(氯化物) $- 1/2\Delta_f G_m^{\ominus}$(氧化物) < -84 kJ·mol^{-1}；铝和铁的高氯酸盐分解产生相应的氧化物，其 $\Delta_f G_m^{\ominus}$(氯化物) $- 1/2\Delta_f G_m^{\ominus}$(氧化物) > 0 kJ·mol^{-1}；而镁和锌的高氯酸盐则两种分解反应都存在。高氯酸盐水合物脱水一般比较困难，通常伴随着分解，甚至水解反应也有可能发生。研究人员对高氯酸铵的热分解进行过广泛的研究[29-30]，这不仅是因为它化学性质的重要性，更因为它在火箭燃料方面有着重要应用，其分解过程共包括以下三个完全不相同的阶段。

(1) "低温"分解：温度为 200～300℃，分解分为几个区间，其中包括诱导区、加速区、速率最大区和减速区，分解反应为

$$4NH_4ClO_4 \Longequal 2Cl_2 + 8H_2O + 2N_2O + 3O_2$$

(2) "高温"分解：温度为 350～400℃，高氯酸铵迅速分解：

$$2NH_4ClO_4 \Longequal Cl_2 + 4H_2O + 2NO + O_2$$

(3) 在温度为 450℃时，高氯酸铵迅速燃烧，并产生两个特征反应：

低压下 $\qquad 2NH_4ClO_4 \Longequal Cl_2 + 4H_2O + 2NO + O_2$

高压下　　　　　　　$4NH_4ClO_4 == 4HCl + 6H_2O + 2N_2 + 5O_2$

高溴酸钾晶体具有正交重晶石结构，在室温下与碱金属高氯酸盐是同晶型的，高溴酸根中 Br—O 键键长为 161 pm。五氟化锑可使高溴酸钾转变为 BrO_3F。

高溴酸钾的分解为放热反应，按下式进行：

$$KBrO_4 == KBr + 2O_2(g)；\quad \Delta_r H_{m,298K}^{\ominus} = (-106.19 \pm 0.4)kJ \cdot mol^{-1}$$

此反应分两个阶段进行：①在约 275℃产生溴酸钾；②在约 390℃接着分解。用量热法研究上述反应以及高溴酸钾在水中的解离，可推出其相关热力学性质。例如，热稳定性顺序为 $KBrO_3 > KBrO_4$，相似于碘的相应化合物，而不同于氯的化合物($KClO_4 > KClO_3$)。高溴酸铵对撞击和摩擦都不敏感，热分解产生氮气、溴单质、氧气和水，这一点与溴酸铵相似，而与高氯酸铵不同。

思考题

3-3　查阅最新文献，是否有碱土金属次卤酸盐的合成报道？比较下列次卤酸盐的稳定性，并分析其递变规律。

$$Ca(ClO)_2、Sr(ClO)_2、LiClO、NaClO \cdot 5H_2O、KClO$$

3-4　下列化合物中哪个(哪些)存在爆炸危险？

(a) NH_4ClO_4　　　(b) $Mg(ClO_4)_2$　　　(c) $NaClO_4$　　　(d) $[Fe(OH)_6][ClO_4]_2$

3.2.4　卤素含氧酸盐的氧化还原性

1. 介质环境与氧化性关系

卤素含氧酸盐的氧化还原性一般指其含氧酸根的氧化还原性。表 3-6 列出了卤素含氧酸根的标准电极电势，对比卤素含氧酸的标准电极电势(表 3-4)可以看出，后者电极电势整体低于前者，因此含氧酸盐的氧化性均低于相应含氧酸。

表 3-6　卤素含氧酸盐的标准电极电势

	电极反应式	电极电势 $\varphi^{\ominus}$ / V		
		Cl	Br	I
次卤酸盐	$XO^- + H_2O + 2e^- == X^- + 2OH^-$	0.81	0.761	0.485
亚卤酸盐	$XO_2^- + 2H_2O + 4e^- == X^- + 4OH^-$	0.76	—	—
卤酸盐	$XO_3^- + 3H_2O + 6e^- == X^- + 6OH^-$	0.62	0.61	0.26
高卤酸盐	$XO_4^- + 4H_2O + 8e^- == X^- + 8OH^-$	0.555	0.714	—
	$H_3XO_6^{2-} + 3H_2O + 8e^- == X^- + 9OH^-$	—	—	0.37

　　与含氧酸相同,卤素含氧酸盐的氧化性同样受介质酸碱度影响,酸性越大,氧化性越强。例如,卤酸盐在水溶液中的氧化能力显然与氢离子浓度有关,在酸性溶液中,卤酸盐易转变为卤化物,通常是还原过程(电极电势为 1.1~1.5 V),反应速率比较快;在碱性溶液中,氯酸盐不具有氧化能力,即使在弱酸性溶液中,它的还原作用也非常慢,需用过渡金属,如 Os(Ⅷ)、V(Ⅴ)或 Mn(Ⅶ)的衍生物作催化剂加快反应速率,浓氯酸盐溶液通常被还原为二氧化氯而不是氯化物。若不考虑动力学差别的情况下,这三种卤酸盐的氧化性质都十分相似。溴酸盐和碘酸盐在碱性溶液中均发生氧化还原反应,与氢氧化铵或硫酸肼作用产生氮,而碱性氯酸盐不反应。碘酸盐还可以将钒氧基盐氧化为五价钒酸盐。

$$6VO^{2+} + IO_3^- + 18OH^- == 6VO_3^- + I^- + 9H_2O$$

在酸性溶液中,卤酸盐和卤化物的反应有多种可能的化合方式:碘化物被定量地氧化为碘;溴化物被氧化为溴;而氯化物被氯酸盐氧化为氯和二氧化氯,被溴酸盐氧化为溴和氯,被碘酸盐氧化为氯和氧化碘。

　　高碘酸盐作为一种氧化剂,其活性同样随 pH 而改变,在酸性溶液中,它是一种强氧化剂,可定量地使 Mn^{2+} 迅速转变为高锰酸盐,但在碱性溶液中,其氧化能力比次氯酸盐小。高碘酸盐很少用于无机物制备和分析操作,但偏高碘酸钠($NaIO_4$)滴定可作为一种分析 S^{2-}、SO_3^{2-}、HSO_3^-、$S_2O_4^{2-}$ 和 $S_2O_3^{2-}$ 混合物的方法。

2. 卤素含氧酸盐的氧化性规律

　　对于氯的不同含氧酸根,由于没有酸性条件下弱酸带来的干扰(见3.1.5节),其递变规律明显,氧化性表现为次卤酸根>亚卤酸根>卤酸根>高卤酸根。而对于第四(五)周期元素 Br(I),由于高氧化态 Br(I)的 φ^*(有效离子势)显著增大,中心原子 Br(I)回收电子的能力显著增大,表现为第四(五)周期元素的次周期性,相应的含氧酸盐氧化性呈现以下规律:次卤酸盐>高卤酸盐>卤酸盐。对同一类型不同元素的含氧酸根,次卤酸根氧化性顺序为 Cl>Br>I,卤酸根为 Cl≈Br>I,高卤酸根为 Br>Cl>I,该规律与卤酸含氧酸完全一致,说明不管在酸性还是碱性条件下,随着中心卤素氧化态的升高,Br 氧化性都显著增大,显示出第四周期元素的次周期性效应。

例题 3-3

　　4 个试剂瓶中分别装有 KCl、KClO、$KClO_3$ 和 $KClO_4$,设计方案加以鉴别。

　　解　分别取少量固体加水溶解,其中不溶解的是 $KClO_4$,因其溶解度最小;用 pH 试纸检测其他几种溶液的 pH,呈碱性的是 KClO,因为次氯酸为弱酸，所以 KClO 溶液水解显碱性：

$$ClO^- + H_2O \Longrightarrow HClO + OH^-$$

而其他几种盐均是强酸盐，水溶液无明显的碱性。

　　进一步确认，向显碱性的溶液中滴加 $MnSO_4$ 溶液，能产生棕色沉淀的肯定为 KClO：

$$Mn^{2+} + ClO^- + 2OH^- \Longrightarrow MnO_2 \downarrow + Cl^- + H_2O$$

余下的两个样品分别加入浓盐酸，溶液为黄色的是 $KClO_3$：

$$8KClO_3 + 24HCl \Longrightarrow 9Cl_2 \uparrow + 8KCl + 6ClO_2(黄色) + 12H_2O$$

溶液不变黄色的是 KCl。

例题 3-4

　　为什么 NaClO 水溶液能够氧化 I^-，而 $NaClO_3$ 水溶液却不能？

　　解　NaClO 和 $NaClO_3$ 都具有氧化性，NaClO 的氧化性强于 $NaClO_3$。$NaClO_3$ 的氧化性依赖于介质，有酸存在时，$NaClO_3$ 才具有氧化性，没有 H^+，ClO_3^- 不能氧化 I^-。ClO^- 氧化 I^- 的反应为

$$ClO^- + 2I^- + H_2O \Longrightarrow Cl^- + I_2 + 2OH^-$$

思考题

　　3-5 市售的 84 消毒液的主要成分是什么？其消毒机理是什么？

参 考 文 献

[1] Haynes W M. Handbook of Chemistry and Physics. 97th ed. Boca Raton: CRC Press, 2017.

[2] Glaser R, Jost M. J Phys Chem A, 2012, 116 (32): 8352.

[3] Poll W, Pawelke G, Mootz D, et al. Angew Chem Int Ed, 1988, 27 (3): 392.

[4] Gabriel L C d S, Brown A. Theor Chem Acc, 2016, 135 (7): 178.

[5] Almlöf J, Lundgren J O, Olovsson I. Acta Crystallogr B, 1971, 27: 898.

[6] Feikema Y D. Acta Crystallogr, 1966, 20 (6): 765.

[7] Ståhl K, Szafranski M. Acta Chem Scand, 1992, 46: 1146.

[8] 钟兴厚, 萧文锦, 袁启华, 等. 卤素、铜分族、锌分族. 北京: 科学出版社, 1995.

[9] Wiberg E, Holleman A F, Wiberg N. Inorganic Chemistry. San Diego: Academic Press, 2001.

[10] Appelman E H, Thompson R C. J Am Chem Soc, 1984, 106 (15): 4167.

[11] Ropp R. Encyclopedia of the Alkaline Earth Compounds. Amsterdam: Elsevier, 2012.

[12] Holleman-Wiberg. Lehrbuch der Anorganischen Chemie. Berlin: Auflage, 2007.

[13] Vogt H, Balej J, Bennett J E, et al. Ullmann's Encyclopedia of Industrial Chemistry: Chlorine Oxides and Chlorine Oxygen Acids. Weinheim: Wiley-VCH, 2002.

[14] Müler W, Jönck P. Chem Ing Tech, 1963, 35 (2): 78.

[15] Appelman E H. Inorg Chem, 1969, 8 (2): 223.

[16] Brauer G. Handbook of Preparative Inorganic Chemistry. Volume 1. 2nd ed. New York: Academic Press, 1963.

[17] Trummal A, Lipping L, Kaljurand I, et al. J Phys Chem A, 2016, 120 (20): 3663.

[18] Kietfer R G, Gorden G. Inorg Chem, 1968, 7 (2): 235.

[19] 蔡少华, 罗国斌. 大学化学, 1998, 13 (1): 54.

[20] Housecroft C E, Sharpe A G. Inorganic Chemistry. London: Pearson Education, 2012.

[21] Schumacher J C. J Electrochem Soc, 1969, 116 (2): 68c.

[22] Sellers K, Weeks K, Alsop W R, et al. Perchlorate: Environmental Problems and Solutions. Milton Park: Taylor & Francis Group, 2007.

[23] Appelman E H. J Am Chem Soc, 1968, 90 (7): 1900.

[24] Appelman E H. Acc Chem Res, 1973, 6 (4): 113.

[25] Mackay K M, Henderson W, Rosemary A. Introduction to Modern Inorganic Chemistry. 6th ed. Boca Raton: CRC Press, 2002.

[26] Stern K H. High Temperature Properties and Thermal Decomposition of Inorganic Salts with Oxyanions. Boca Raton: CRC Press, 2001.

[27] Breton G W, Kropp P J, Harvey R G. Hydrogen Iodide//Encyclopedia of Reagents for Organic Synthesis. New York: John Wiley & Sons, 2004.

[28] Clancey V J. J Hazard Mater, 1975, 1 (1): 83.

[29] Keenan A G, Siegmund R F. Quart Rev Chem Soc, 1969, 23: 430.

[30] Jacobe P W M, Whitebead H M. Chem Rev, 1969, 69: 551.

第 4 章

卤素的生理性质及应用

4.1 卤素的生理性质

4.1.1 氟的生理性质

1. 含氟化合物在生命体系中的分布

氟并非人或其他哺乳动物必需的元素，但少量的氟对增强牙釉质有益，形成的氟磷灰石可以使牙釉质更好地抵御口腔中糖类发酵产生的酸侵蚀。少量的氟还可能对增加骨强度有益，但是该理论尚未确立[1]。世界卫生组织[2]和美国医学研究所(Institute of Medicine of the US National Academies)发表了建议的每日允许摄入量(recommended daily allowance，RDA)和高耐受氟摄入量，该值与年龄和性别有关。

在微生物和植物体内曾经发现过有机氟[3]，如名为"毒鼠子"的植物(图 4-1)，其体内可合成有机氟，但是在动物体内这类物质尚未被发现[4]。最常见的天然有机氟产物是氟乙酸，可以帮助植物抵御食草动物，至少有 40 种植物含有该物质，这些植物分布在非洲、澳大利亚及巴西[5]。其他的天然有机氟产物包括末端氟化脂肪酸、氟丙酮及 2-氟代柠檬酸[4]。

图 4-1 能合成有机氟的植物——毒鼠子

2002 年首次在细菌中发现了可催化生成氟碳键的酶，即腺苷甲硫氨酸氟化物合酶[6]。

2. 毒性

氟元素对生物活体有剧毒。任何接触氟化物的工作人员必须遵守操作规程并采取相应的安全措施，包括操作用具、橡胶手套、有遮盖的防护面罩和防酸性气体的防毒面具等。工作场所应有良好的通风设施，对反应活性大的物品还应有防爆装置。氰化氢在浓度为 50 ppm 时会对人体产生影响，而氟所需要的浓度更低[7]，其作用和氯相似[8]：在浓度超过 25 ppm 时对眼睛与呼吸系统有强烈刺激，对肝脏与肾脏会造成损伤，这一浓度也是氟的即刻性损伤或致死浓度[9]。氟的浓度达到 100 ppm 时，眼睛与鼻子将会受到严重损伤[9]，吸入浓度达到 1000 ppm 时，数分钟即可致命[10]。相比之下，氰化氢的致死浓度更低，达到 270 ppm 即可使人在数分钟内死亡[11]。

含氟化合物可分为不溶性、可溶性、酸性、气体和有机氟化物几种毒性类型。不溶性氟化物毒性低，对皮肤无刺激性，但当吸入相当量的粉尘后，由于机体的吸收也会导致慢性中毒。可溶性氟化物易被机体吸收，但可迅速被排出。若一次吞服 5～10 g 时会引起胃肠出血以致死亡。酸性氟化物如氢氟酸、氟硼酸、氟硅酸及通常水解时形成酸的氟化物盐类，这些化合物都剧烈地腐蚀皮肤，使接触处发生红肿并蔓延而酿成难愈的溃疡。氟单质、氟化氢等气体对人的眼、鼻有刺激，吸入多量会引起严重的气管炎和肺水肿以致死亡。

1) 氢氟酸

氢氟酸是氢卤酸中最弱的酸，25℃时 pK_a 为 3.2[12]，是一种挥发性液体，可以侵蚀玻璃、混凝土、金属及有机质。它通过接触产生的伤害比硫酸等强酸更严重。部分原因是因为它的水溶液是电中性的，故无论是通过呼吸道、消化道还是皮肤吸收的氟化氢都能迅速穿透组织。1984～1994 年，至少有 9 名美国工人因接触氢氟酸而死亡。氢氟酸可以与血液中的钙和镁发生反应，导致低钙血症，并且可能因心律失常导致死亡[13]。与氢氟酸接触生成的不易溶解的氟化钙可以触发强烈的疼痛[14]，若灼伤面积超过 160 cm² 将导致严重的全身中毒。氢氟酸灼伤的症状起初并不明显，对于 50%的溶液，8 h 后才会有明显症状，若溶液浓度更低则需要长至 24 h。这是由于氢氟酸灼烧皮肤的同时会损坏神经功能，导致病患在初期无痛感或痛感很小。

处理氢氟酸灼伤应在接触初期立即用流水冲洗 10～15 min 并移除被污染的衣物[15]。进一步可使用 2.5%葡萄糖酸钙凝胶或者特制清洗溶液，前者提供的钙离子可以与氟离子形成不可溶的氟化钙[16-18]。若吸入氢氟酸则需采用静脉注射葡萄糖酸钙的方法治疗。但不可使用氯化钙，否则将存在切除或截除受侵染部位的风险[19]。

2) 氟离子

可溶氟化物具有中等毒性，氟化钠的成人致死剂量为 5～10 g，即氟离子的致死剂量为 32～64 mg·kg^{-1} 体重。1/5 的致死剂量会对健康产生不利影响，而慢性的过量食用会导致氟骨症，亚洲和非洲数百万人受该疾病困扰[20]。通过消化系统摄入氟化物会在胃内形成氢氟酸，极易被小肠吸收。虽然它可通过尿液部分排出体外，但在排出之前，它将穿过细胞膜，与钙结合而影响体内多种酶的作用。表 4-1 给出了氟化物在空气、饮用水和食品中的存在量及其对生物体组织的危害情况[21]。

表 4-1　氟化物对生物体组织的危害情况

含氟量	含氟载体	危害作用
1 ppm	水	预防龋齿
2 ppm	空气	对植物有危害
2 ppm	水	出现斑状齿
5 ppm	尿	未看到骨硬化症状
8 ppm	水	出现 10%骨硬化症状
50 ppm	食物或水	甲状腺异常病变
100 ppm	食物或水	生长迟缓
>125 ppm	食物或水	肾异常病变
20～80 mg	水或空气	伴随出现明显的氟中毒症
2.5～5 g	生物体内	死亡

目前可通过尿检确定氟离子的接触限值[22]。历史上大多数氟中毒事件都是偶然摄入了含有无机氟化物的杀虫剂造成的[23]。而目前与氟中毒有关的事件多是摄入了含氟牙膏，另一个氟中毒的原因是饮用水加氟设备发生故障，发生于阿拉斯加的事故导致近 300 人中毒，1 人死亡[24]。由于牙膏带来的风险对幼儿尤其严重，因此美国疾病预防控制中心(Centers for Disease Control and Prevention，CDC)建议六岁以下儿童应在监督下刷牙以防止吞咽牙膏。一项区域调查显示了 87 起低于十岁儿童发生的氟中毒事件，除了 30%胃痛外，大多数儿童无明显症状[23]。一项覆盖全美国的调查结论类似，其中低于 6 岁的儿童氟中毒案例近 80%，所幸的是几乎没有严重的案例[25]。

3) 有机氟化物

有一些有机氟化物毒性很大，其中有些已用于军事中。含氟羧基的代谢作用曾被深入研究过。对于 F(CH$_2$)$_n$COOH 系列化合物中，当 n 为奇数时是极毒的，而 n 为偶数时毒性却很小甚至无毒性，如 n 为 1 时的一氟乙酸，其钠盐有毒，被用作药杀啮齿动物和其他害虫的杀虫剂。有机氟化物中另一类毒性很小的氟碳化合物已被制成有重要用途的氟塑料、食品冷藏用的制冷剂和一些医药产品。有机氟化物的毒性作用还不十分清楚，可能与不稳定的氟离子被溶出并随之发生水解产生氟化氢有关，因此稳定的氟化物其毒性很小。

3. 生物持久性

有机氟化物也称碳氟化合物，是指烷基中的氢被氟部分或全部取代得到的一种化合物。分子中全部碳氢键都转化为碳氟键的化合物称全氟有机化合物，部分取代的称单氟或多氟有机化合物。由于碳氟键很强，有机氟化物在自然界很难被降解，具有较长的生物持久性。例如，全氟烷磺酸(PFAA)就是持久性有机污染物[26]。全氟辛烷磺酸(PFOS)与全氟辛酸(PFOA)是最常研究的碳氟化合物[26-27]，其结构见图 4-2。在全世界的生物体内，从北极熊到人类，几乎都能发现痕量的 PFAA，而 PFOS 与 PFOA 甚至存在于母乳和新生儿的血液中。一项 2013 年的调查表明，地下水与土壤中的 PFAA 与人类活动有一定相关性，但是并没有明确的结果表明哪一种化学物质会占主导地位，仅表明较高的 PFOS 和较高的 PFOA 呈现相关性[26-28]。在人体内，PFAA 会与如血清蛋白等蛋白质相结合，并且有在肝脏和血液中聚集的趋势[26-27,29]。大剂量的 PFOS 和 PFOA 可以导致癌症，并且导致新生幼鼠死亡，但是还没关于其暴露水平对人体影响的研究。尽管如此，在特氟龙合成过程中 PFOA 的大量使用所造成的环境污染仍引发了较大争议。

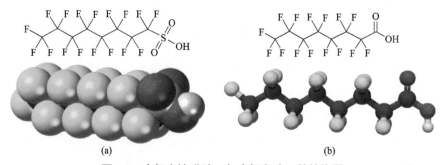

图 4-2　全氟辛烷磺酸(a)与全氟辛酸(b)的结构图

思考题

4-1 根据 HF 的物理化学性质及对人体的危害性，总结使用 HF 时的注意事项。

4.1.2　氯的生理性质

1. 氯在生命体中的分布

从生物地球化学的范畴来看，氯广泛存在于生命体中，并与生命活动有着重要关系。例如，在植物体内，氯是 8 种必需微量元素中含量最高的，以离子状态存在，且流动性强，在茎叶中居多，籽粒中少，可参与光合作用等生命过程。就人体的元素组成来看，氯属于常量元素，占 0.15%，参与人体的各项生理活动。

2. 氯气的毒性

氯气是一种有毒气体，具有强烈的刺激性、窒息气味，会刺激人体呼吸道黏膜，轻则引起胸部灼热、疼痛和咳嗽，严重者可导致死亡。因为它比空气密度大，所以容易积聚在通风不良的空间底部。氯气是一种很强的氧化剂，可能与易燃材料发生氧化反应。用浓度测量装置可以检测到氯的浓度为 0.2 ppm，嗅觉可以感知的浓度为 3 ppm。浓度达到 30 ppm 时可能出现咳嗽和呕吐，达到 60 ppm 会造成肺部损伤。浓度约 1000 ppm 时，深呼吸几口便会造成致命损伤[30]。氯气的立即威胁生命或健康的浓度(immediately dangerous to life or health concentration, IDLH)值为 10 ppm[31]。吸入较低浓度的氯气可损伤呼吸系统，而暴露在其中可刺激眼睛[32]。氯的毒性来自氧化能力。当吸入浓度大于 30 ppm 时，它与水和细胞液中的水反应，产生盐酸和次氯酸。

使用氯气作为消毒剂净化水，当在规定的消毒水平下使用时，氯气与水的反应不会影响人类健康。而其他消毒产品在水中消毒时产生的副产物则可能对人的健康产生负面影响[33]。在美国，OSHA 规定了氯的允许暴露限值为 1 ppm 或 3 mg·m^{-3}。美国国家职业安全卫生研究所(National Institute for Occupational Safety & Health，NIOSH)指定了氯气在 15 min 内暴露限值为 0.5 ppm[31]。在家里，当次氯酸盐漂白液接触某些酸性排水清洁剂时会产生氯气而引发事故。次氯酸盐漂白剂(一种流行的洗衣添加剂)与氨(另一种流行的洗衣添加剂)结合会产生氯胺，也是一种有毒的化学物质。

3. 氯离子在生命体中的作用

氯离子是生物体内含量最丰富的阴离子，胃中盐酸的生成和细胞泵的功能皆需要氯，饮食中氯离子主要的来源是餐桌上的盐，即氯化钠。氯离子通过跨膜转运和离子通道参与机体多种生物功能。氯离子通道(chloride ionchannel)是指分布于细胞膜或细胞器质膜上的一些对氯离子及其他阴离子有通透性的通道蛋白，氯离子浓度远大于其他阴离子，因此以氯离子命名[34]。氯离子是通过氯离子通道传输到体内各个器官与组织发挥重要作用的。图 4-3 为大肠杆菌电压门控氯离子通道[35]。近年来，研究者对人体内各种氯离子通道展开了广泛的研究。例如，在心脏起搏活动中，由氯离子通道携带的内向整流氯离子电流、容积感受性外向整流氯离子电流及细胞内钙激活氯离子电流在心脏起搏活动的生成和调节过程中发挥着重要作用，同时参与起搏活动异常等多种类型心律失常的形成[36]。另一项胃癌相关的研究表明，氯离子通道蛋白的异常表达与肿瘤的发生发展密切相关，氯离子通道异常与胃癌的增殖、凋亡、迁移、侵袭密切相关[37]。此外，氯离子也是牙釉质和牙本质中含量丰富的成分之一，氯在牙釉质和牙本质形成中所起的作用还不知晓，但目前发现氯离子通道相关遗传病存在一定的口腔表型特征，其可能通过甲状旁腺激素途径调控牙齿的钙磷代谢和生长发育[38]。目前人们对氯离子通道的研究还较初步，随着研究的不断深入，氯离子在生命体的生长、发育、繁殖、致病等过程中的作用机制将不断完善，这些研究将对药物靶向通道治疗发挥重要作用。

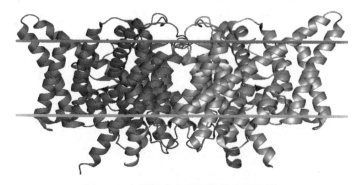

图 4-3　大肠杆菌电压门控氯离子通道

4.1.3　溴的生理性质

1. 溴在生命体中的分布

2014 年的一项研究表明[39]，溴离子是Ⅳ型胶原生物合成过程中一个必要的辅助因子，使其成为动物基底膜结构和组织发育所必需的元素。图 4-4 给出了Ⅳ型胶原亚砜胺形成与组织表型的关系，以及溴在亚砜胺交联氧化形成中的作用及 HBrO 法生成亚硫酸铵可能的化学机理。尽管如此，目前还没有与溴离子相关的缺乏症或综合征的相关记录[40]。在其他生物功能方面，溴可能不是必要的，但当它代替氯时仍然是有益的。例如，过氧化氢可由嗜曙红细胞和氯离子或溴离子形成，在其存在的情况下嗜曙红细胞过氧化物酶提供了一种强有力的机制可杀死多细胞寄生虫，如丝虫病等。嗜曙红细胞过氧化物酶是一种卤素过氧化物酶，它优先使用溴化物而不是氯化物生成次溴酸盐或次溴酸[41]。

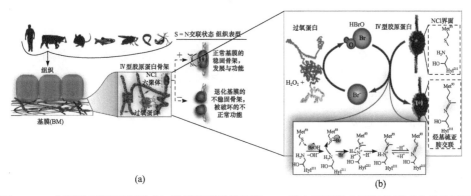

图 4-4　(a)Ⅳ型胶原亚砜胺形成与组织表型的关系图；(b)溴在亚砜胺交联氧化形成中的作用示意图及 HBrO 法生成亚硫酸铵可能的化学机理

α-卤代酯通常被认为有很高的活性，是一种有毒的有机合成中间体。然而，哺乳动物，包括人类、猫和老鼠，似乎合成了一种微量的α-溴代酯，即 2-辛基-4-溴代-3-氧代丁酸酯，这种物质被发现存在于脑脊液中[42]。中性粒细胞髓过氧化物酶可以利用过氧化氢和溴离子溴化脱氧胞苷，这可以使脱氧核糖核酸(DNA)突变[43]。海洋生物是有机溴化合物的主要来源，在这些生物中，溴起到重要作用。到 1999 年，共鉴定出 1600 多种此类有机溴化合物。最丰富的是甲基溴(CH_3Br)，据估计，每年有 56000 t 该物质由海洋藻类产生[42]。此外，一种夏威夷海藻的精油就含有 80%的三溴甲烷[44]。海洋中的大多数此类有机溴化合物是通过一种独特的藻类酶——溴代过氧化钒酶制造出来的[45]。

2. 溴的毒性

溴化物阴离子毒性不大，正常的每日摄入量为 2～8 mg[40]，但是摄入过量溴化物会慢性损害神经元膜，将逐渐损害神经元传播，导致溴中毒。溴化物的半衰期为 9～12 d，因此可能会导致过度积累，每天摄入 0.5～1 g 的溴化物会导致溴中毒。历史上，溴化物的治疗剂量为每天 3～5 g，这也解释了为什么慢性溴中毒曾经如此普遍。虽然溴中毒有时引起严重的神经、精神、皮肤和胃肠功能紊乱，但导致死亡的事件很少见[46]。溴中毒是对大脑产生神经毒性作用，引起嗜睡、精神病、癫痫和谵妄[47]。

溴单质是有毒的，会对人体造成化学灼伤。吸入溴气对呼吸道有类似的刺激，会引起咳嗽、窒息和呼吸急促，大量吸入会导致死亡。长期接触可能导致频繁的支气管感染，使健康状况恶化。溴作为一种强氧化剂，与大多数有机和无机化合物不相容。运输溴时需要小心，它通常装在铅内衬的钢罐中，由坚固的金属框架支撑[30]。OSHA 规定了溴的接触限值的时间加权平均值(time-weighted awerage，TWA)为 0.1 ppm。NIOSH 已经设定了一个建议的接触限值，即 TWA 为 0.1 ppm，短期限值为 0.3 ppm。接触溴的即刻损伤浓度是 3 ppm[31]。在《美国应急计划和社区知情权法案》(42 U.S.C.11002)第 302 节中，溴被归类为极其危险的物质，生产、储存或大量使用溴的设施必须遵守严格的报告要求[48]。

4.1.4　碘的生理性质

1. 碘在人体中的分布

碘是生命所必需的元素，是生物体普遍需要的最重元素(少量微生物需要相对原子质量更大的镧系元素，以及 $Z = 74$ 的钨)[49-50]。碘是合成调节生长的甲状腺素(T_4)和三碘甲状腺素(T_3)的必需元素。碘缺乏会导致 T_3 和 T_4 的分泌减少，致使甲状腺组织为了获得更多的碘而增大，从而导致一种称为单纯性甲状腺肿的疾病。人体的甲状腺系统如图 4-5 所示。血液中甲状腺激素的主要形式是 T_4，它的半衰期比 T_3 长。人类释放到血液中的 T_4 和 T_3 的比例为 $14:1\sim20:1$。T_4 在细胞内通过脱碘酶(5′-碘酶)转化为活性 T_3，其活性比 T_4 强 $3\sim4$ 倍。T_3 通过脱羧和脱碘进一步加工，生成碘甲状腺素(T_1a)和类甲腺质(T_0a′)。脱碘酶的三种亚型都是含硒酶，因此饮食中的硒对 T_3 的产生至关重要[51]。

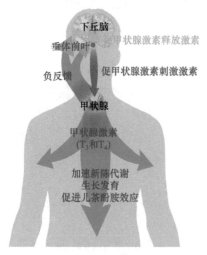

图 4-5　人体的甲状腺系统示意图

碘占 T_4 相对分子质量的 65%，占 T_3 相对分子质量的 59%。15~20 mg 的碘集中在甲状腺组织和激素中，但人体内 70%的碘存在于其他组织中，包括乳腺、眼睛、胃黏膜、胎儿胸腺、脑脊液和脉络丛、动脉壁、宫颈和唾液腺。在这些组织的细胞中，碘直接通过钠碘转运体进入。碘在乳腺组织中的作用与胎儿和新生儿的发育有关，但在其他组织中的作用还有部分未知[52]。

2. 碘的摄入量

美国医学研究所建议每日摄入的碘含量，12 个月以下的婴儿为 110～130 μg，8 岁以下的儿童为 90 μg，13 岁以下的儿童为 130 μg，成人为 150 μg，孕妇为 220 μg，哺乳期妇女为 290 μg[53]。成人可耐受的上限摄入量为 1100 μg·d^{-1}[54]，该上限值是通过分析补充剂对促甲状腺素的影响评估的[52]。甲状腺需要不超过 70 μg·d^{-1} 的碘来合成所需的每日必需量的 T_4 和 T_3[53]。但必需的每日碘摄入量应高于此，因为碘不仅用来合成 T_4 和 T_3，也是身体其他部位包括泌乳、胃黏膜、唾液腺、脑细胞、脉络丛、胸腺和动脉壁表达最佳功能的必要元素[31,55-57]。

食用碘的天然来源包括海鲜，如鱼类、海藻、海带、贝类、乳制品、鸡蛋，以及生长在含碘土壤上的植物[58-59]。碘盐中的碘是人为以碘化钠的形式添加的。

截至 2000 年，美国从食物中摄取碘的中位数为男性 240～300 μg·d^{-1}，女性 190～210 μg·d^{-1}[54]。一般美国人有充足的碘营养[60-61]，育龄妇女和孕妇可能有轻微的缺碘风险[61]。在日本，食用海藻或红豆海带的消耗量要高得多，因此其摄取碘为 5280～13800 μg·d^{-1}[52]。然而，新的研究表明，日本的碘消耗量接近 1000～3000 μg·d^{-1}[62]。

在实施食盐加碘等碘强化计划后，会出现碘引起的甲亢，即乔-巴氏(Jod-Basedow)现象。这种情况主要发生在 40 岁以上的人身上，当缺碘严重、碘摄入量最初上升很高时，这种风险就显得更高[63]。

3. 碘缺乏

在饮食中几乎没有碘的地区[64]，包括典型的偏远内陆地区和半干旱的赤道气候地区，这些地方不吃海洋食物，缺碘会导致甲状腺功能减退，症状包括极度疲劳、甲状腺肿、智力减退、抑郁、体重增加及基础体温偏低[65]。碘缺乏是智力残疾的主要原因之一，这一结果主要发生在婴儿或幼儿由于缺乏碘元素而导致甲状腺功能减退时。在较富裕国家，在食盐中添加碘在很大程度上消除了这一问题，但碘缺乏仍然是当今发展中国家一个严重的公共卫生问题[66]。欧洲某些地区也存在缺碘的问题。在中度缺碘儿童中，通过补碘可以改善其信息处理能力、精细运动技能和视觉问题[67]。

4. 毒性

未经稀释的碘单质口服是有毒的。成年人的致死剂量为 30 mg·kg^{-1}，而体重为 70～80 kg 的人的致死剂量为 2.1～2.4 g。在硒缺乏的情况下，过量的碘可能具有更大的细胞毒性[68]。理论上，在缺乏硒的人群中补充碘是有问题的，部分原因是碘的毒性来自它的氧化特性，通过它使蛋白质包括酶变性。

碘单质也是一种皮肤刺激物，直接接触皮肤会造成损害，固体碘晶体应小心处理。碘单质浓度高的溶液如碘酊和鲁氏碘液，如果用于长时间的清洁或消毒，可能会造成组织损伤；同样，在一些报告案例中，液体聚维酮碘附着在皮肤上会导致化学灼伤[69]。

> **思考题**
>
> 4-2 众所周知，碘缺乏会产生严重的疾病，那么摄入碘的量是否越多越好？

4.2 卤素的应用

4.2.1 氟的应用

1. 工业应用

萤石矿是全球氟的最大来源，1989 年达到了矿石开采量顶点。之后随着氯氟烃的限制使用，萤石产量开始下降，1994 年达到低谷，随后产量逐步开始上升[70]。泡沫浮选将开采出的萤石以相同比例分为两个主要的冶金等级：纯度为 60%～85% 的冶金级萤石和纯度超过 97% 的酸级萤石。冶金萤石几乎全部用于钢铁冶炼，而酸级萤石主要被转化为关键的工业中间体氟化氢[70-71]。每年全世界至少生产 17000 t 氟。氟的成本与六氟化铀或六氟化硫类似，每千克 5～8 美元，但是处理它的难度使其价格翻倍，大多数使用六氟化铀或者六氟化硫的工艺在垂直整合下都采用原地生产的方式[72]。

氟气的最大应用是用于核燃料循环制备六氟化铀，每年消耗高达 7000 t。首先，二氧化铀与氢氟酸反应生成四氟化铀，然后四氟化铀被氟气氟化生成六氟化铀[72]。氟是单同位素，六氟化铀分子之间的任何质量差异都是由 ^{235}U 和 ^{238}U 的差异导致的，因此可通过气体扩散或气体离心机使铀浓缩[71-72]。此外，每年约 6000 t 用于生产高压变压器和断路器的惰性介质六氟化硫代替了危险化学品多氯联苯[73]。几种氟化合物还用于电子产品，如化学气相沉积中的六氟化钨和六氟化铼，等离子体刻蚀中的四氟甲烷[72,74-75] 和清洗设备中的三氟化氮[71]。氟也用于有机氟化物的合成，但通常需要首先转化为温和的三氟化氯、三氟化溴或三氟化碘，以便进行更精确的氟化。氟化药物通常使用四氟化硫代替氟[71]。氟化学工业的质量流程图见图 4-6，该图简要概括了氟化学产品的使用去向及比例，根据产品属性分为无机氟化物的应用、碳氟化物的应用及氟气的应用三大类。

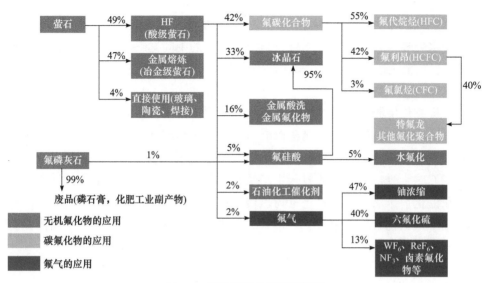

图 4-6 氟化学工业质量流程图

1) 无机氟化物

与其他铁合金一样，每吨钢中加入约 3 kg 的冶金级萤石，氟离子可降低其熔点和黏度[71,76]。除了在搪瓷和焊条涂层等材料中作为添加剂外，大多数酸级萤石与硫酸反应生成氢氟酸，用于钢的酸洗、玻璃蚀刻和烷烃裂解[71]。1/3 的氢氟酸用于合成冰晶石和三氟化铝，这两种助焊剂都是在霍尔-埃鲁法(图 4-7)中用于铝提取的熔剂；它们在使用中需要补充以弥补其与熔炼设备的少量反应。每吨铝需

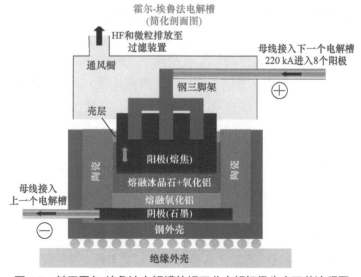

图 4-7 基于霍尔-埃鲁法电解槽的铝工业电解初级生产工艺流程图

要 23 kg 助焊剂[71]。氟硅酸盐消耗第二大部分的氟，氟硅酸钠用于饮用水氟化和洗衣废水处理，并且是合成冰晶石和四氟化硅的中间体[73]。其他重要的无机氟化物还包括氟化钴、氟化镍和氟化铵[71,73,77]。

2) 有机氟化物

有机氟化物消耗氢氟酸产量的 40%以上，即开采萤石的 20%以上，其中制冷剂气体占主导地位，而氟聚合物市场份额也在不断增加[71]。表面活性剂虽然应用较少，但年收入超过 10 亿美元[78]。由于碳氢化合物与氟的直接反应在高于–150℃时十分危险，工业氟碳生产是间接的，主要是通过卤素交换反应。例如，在催化剂作用下，用氟化氢与氯代烃反应，使氯原子被氟原子取代。电化学氟化使碳氢化合物在氟化氢中电解，福勒过程(Fowler process)采用固体氟载体如三氟化钴处理烃类[79-80]。

2. 医药应用

1) 牙科护理

从 20 世纪中期开始的人口研究表明局部氟可以减少龋齿。这首先归因于牙釉质羟基磷灰石转化为更耐用的氟磷灰石，但对氟化前牙齿的研究驳斥了这一假设，目前的理论认为氟化物有助于小龋齿的牙釉质生长[81]。在对饮用水中天然含氟地区的儿童进行研究后，20 世纪 40 年代人们开始在公共供水系统中添加氟以防止蛀牙[82]。目前水氟化应用于全球 6%的人口供水[83-84]。2000 年和 2007 年的学术文献说明，水氟化可以显著减少儿童的蛀牙[85]。尽管水氟化得到学术调查研究的认可，并且除了大部分良性氟牙症以外没有证据表明水氟化会引起其他不良影响[86]，但该计划在伦理和安全方面仍然存在反对意见[84,87]。目前，可能由于其他氟化物来源增多，氟化的好处已经减少，但在低收入群体中仍可观测到水氟化的效果[88]。1955 年，美国首先引用了含氟牙膏，其中包含单氟磷酸钠、氟化钠及氟化锡(Ⅱ)。在发达国家，含氟漱口水、凝胶、泡沫和清漆等也随处可见[88]。

2) 药物

日常生活中常见的含氟类药物包括氧氟沙星滴眼液、盐酸环丙沙星滴眼液及治疗抑郁症的马来酸氟伏沙明片和盐酸帕罗西汀片等。调查表明，20%的现代药物都含有氟[10]。其中一种降胆固醇剂阿托伐他汀在 2011 年成为非专利药之前，它的收入超过了其他任何药物。哮喘处方药舒利迭是 2005 年前后收入非常高的十大药物之一，含有两种活性成分，其中的一种氟替卡松也是一种氟化物[89]。因为碳氟键非常稳定，许多药物被氟化以延缓失活及延长给药时间[90]。氟化也增加了亲脂性，因为这种键比碳氢键更疏水，通常有助于细胞膜的渗透，能提高生物利用度[89]。

三环类药物和其他20世纪80年代以前的抗抑郁药对5-羟色胺靶点以外的神经递质的非选择性干扰而产生了一些副作用，而氟化药物——氟西汀是首批避免这个问题的药物之一。目前许多抗抑郁药都采用同样的氟化处理，包括选择性血清素再摄取抑制剂：西酞普兰、其同分异构体艾司西酞普兰、氟伏沙明和帕罗西汀[91-92]。喹诺酮类是人工广谱抗生素，通常加氟以增强疗效，这些药物包括环丙沙星和左氧氟沙星[93-95]。氟也用于类固醇药物[96]，如氟氢可的松是一种能使血压升高的盐皮质激素，而曲安奈德和地塞米松是强的糖皮质激素[97]。大多数吸入型麻醉药都是重度氟化的，原型氟烷比同时代的氟烷更稳定和有效。后来如七氟醚和地氟醚等氟化醚类化合物比氟烷好，它们几乎不溶于血液，可以加快清醒时间[98-99]。

3) 正电子发射断层成像

正电子发射断层成像(positron emission tomography，PET)是20世纪末重要的医疗诊断仪器。氟-18通常作为PET中的放射性示踪剂，其约2 h的半衰期足以让它从生产设施运送到成像中心[100]。最常见的示踪剂是氟脱氧葡萄糖[100]，静脉注射后，它会被最需要葡萄糖的组织如大脑和大多数恶性肿瘤吸收[101]。随后计算机辅助断层扫描可用于详细成像[102]。因此，该过程可以帮助医生精确地掌握患者的肿瘤位置以实施精确诊疗。图4-8显示了某患者的全身 ^{18}F PET 扫描，可以看出，其脑部及

图 4-8　全身 ^{18}F 的 PET 扫描

身体某些部位有较强的成像信号，反映出其对氟脱氧葡萄糖的吸收程度。

4) 输送氧气

液态氟碳化合物比血液能容纳更多的氧气或二氧化碳，并因其在人工血液和液体呼吸中的可能用途而受到关注[103]。因为氟碳化合物通常不溶于水，因此必须将其混合成乳液，即悬浮在水中的小滴全氟碳化合物，才能作为血液代替品而使用[104]。这些物质可以提高运动员的耐力，因此在体育运动中被禁止使用。1998年，一名濒临死亡的自行车运动员引发了对滥用人工血液的调查。纯全氟化碳液体可用于烧伤患者和肺功能不全的早产儿的辅助呼吸作用，方案包括部分和完全的肺填充，但仅前者在人类身上进行过测试[105]。美国联盟制药公司的努力已经使该方案达到临床试验阶段，但由于结果并不比常规疗法好而最终被放弃[106]。

4-3 用沉淀溶解平衡和沉淀转移等原理解释龋齿的发生，以及氟元素预防龋齿发生的原理。

4.2.2 氯的应用

氯化钠是最常见的含氯化合物，是当今化学工业大量需求氯的主要来源。大约有 15000 种含氯化合物已经商业化出售，包括氯化甲烷、氯乙烷、氯乙烯、聚氯乙烯、催化用三氯化铝，还有镁、钛、锆和铪的氯化物，它们通常是生产相应元素单质的前驱体[30]。

从数量上讲，在所生产的所有元素氯中，约 63%用于制造有机化合物，18%用于制造无机化合物，大约 15000 种氯化合物具有商业用途，剩余 19%的氯用于漂白剂和消毒产品[30]。在产量方面最重要的有机化合物有 1,2-二氯乙烷和氯乙烯，是生产聚氯乙烯的中间体。其他重要的有机含氯化合物有一氯甲烷、二氯甲烷、氯仿、偏氯乙烯、三氯乙烯、四氯乙烯、烯丙基氯、环氧氯丙烷、氯苯、二氯苯和三氯苯。主要无机含氯化合物包括氯化氢、氧化二氯、次氯酸、氯化异氰尿酸盐、三氯化铝、四氯化硅、四氯化锡、三氯化磷、五氯化磷、三氯化氧磷、三氯化砷、三氯化锑、五氯化锑、三氯化铋、二氯化二硫、二氯化硫、二氯氧硫、三氟化氯、氯化碘、三氯化碘、三氯化钛、四氯化钛、五氯化钼、三氯化铁、氯化锌等[30]。

1. 防腐和消毒

1) 防腐

19 世纪左右，法国等地动物的肠子在被称为"肠道工厂"(gut factory)的地方被加工成乐器弦等产品，其加工过程很不卫生。在 1820 年左右，位于巴黎的

国家工业鼓励协会(Société d'encouragement pour l'industrie nationale)设立了一项奖项，用以表彰发现采用化学或机械分离动物肠道腹膜而不腐败的方法[107-108]。该奖项由一位 44 岁的法国化学家和药剂师拉巴拉克(A. G. Labarraque，1777—1850)获得。他发明的药水称为贝托利特氯化漂白溶液(Berthollet's chlorinated bleaching solution)，不仅能消除动物组织分解腐烂的气味，也延缓了分解过程[108-109]。

拉巴拉克

贝托利特氯化漂白溶液中使用了氯化物、次氯酸钙和

次氯酸钠。这些物质在厕所、下水道、集市、屠宰场、解剖室和太平间的常规消毒和除臭方面同样适用[110]。此外，它们还在医院、监狱、庄园、马厩、牛棚等处的消毒和除臭都很成功；在挖掘[111]、防腐处理、流行病暴发等中也广泛应用[107]。

2) 消毒

1828 年，感染带来的疾病蔓延是众所周知的，尽管这种微生物的作用直到半个多世纪后才被发现。自 1828 年以来，拉巴拉克一直提倡使用氯化的石灰和苏打溶液(拉巴拉克溶液)来预防感染，并治疗伤口的腐败，包括化脓性伤口[111]。他建议医生用氯化的石灰洗手，甚至在患者的床上撒上氯化的石灰，以预防感染。

在 1832 年巴黎霍乱暴发期间，大量称为"漂白粉"的东西被用于消毒。它主要是指氯气溶解在石灰水(即稀氢氧化钙溶液)中形成的次氯酸钙。拉巴拉克的发现有助于消除医院和解剖室的腐烂恶臭，并有效地消除了巴黎拉丁区的臭味[112]。许多人认为这些"腐臭的烟雾"会导致"传染病"和"感染"的传播，这两个词都是在细菌感染理论之前使用的。曾有消息称，在 1854 年，伦敦布罗德街水泵厂使用漂白粉消毒被霍乱污染的水井中的水[113]，但该事件并未被其他消息所证实[114-116]。19 世纪中叶，英国使用漂白粉进行水泵周围街道上内脏和污物的消毒[114]。

拉巴拉克溶液最著名的消毒应用应该是在 1847 年，当时塞梅尔魏斯(I. P. Semmelweis，1818—1865)因氯水廉价而采用氯水对医生的手进行消毒。但他注意到，医生仍会将解剖室的恶臭带到患者检查室。后来他使用众所周知的拉巴拉克溶液作为唯一已知的去除腐烂和组织分解气味的方法。这项措施使塞梅

塞梅尔魏斯　　　　达金

尔魏斯在 1847 年奥地利维也纳总医院产科病房成功地阻止了儿童"产褥热"的传播[117]。之后，在 1916 年第一次世界大战期间，达金(H. D. Dakin，1880—1952)对含有次氯酸盐(0.5%)和硼酸作为酸性稳定剂的溶液进行了稀释改性。目前这种溶液的改良版继续用于伤口冲洗，它仍然能有效地对抗对多种抗生素耐药的细菌[118]。

1908 年，美国新泽西州泽西市(Jersey City)首次对饮用水进行氯化消毒[118]。到 1918 年，美国财政部要求所有饮用水都用氯消毒。氯目前是水净化、消毒剂和漂白剂中的一种重要化学物质，即使是供应量很小的水也会被氯化[119]。

氯通常以次氯酸的形式用于杀死饮用水和公共游泳池中的细菌和其他微生

物。在大多数私人游泳池里，不使用氯本身，而是使用由氯和氢氧化钠形成的次氯酸钠或氯化异氰尿酸盐的固体药片。在游泳池使用氯的缺点是氯会与人体头发和皮肤中的蛋白质发生反应。与游泳池有关的独特的"氯香味"不是氯本身导致的结果，而是氯胺导致的结果。氯胺是一种由游离溶解氯与有机物中的胺反应生成的化合物。作为水中的消毒剂，氯对大肠杆菌的杀灭效果是溴的 3 倍多，碘的 6 倍多[120]。越来越多的人将一氯胺本身直接加入饮用水中进行消毒，这一过程称为氯胺化[121]。

储存和使用有毒的氯气进行水处理通常是不切实际的，因此需要使用替代方法，包括逐渐将氯释放到水中的次氯酸盐溶液，以及二氯-s-三嗪三酮和三氯-s-三嗪三酮的化合物。这些化合物在固态时稳定，可用于制作粉剂、颗粒剂或片剂。当少量添加到池水或工业用水系统中时，氯原子会从分子中水解出来，形成次氯酸，次氯酸可作为一种通用的抗微生物剂，可以杀死细菌、微生物等[30,122]。

2. 用作武器

氯气在 1915 年 4 月 22 日第一次世界大战的第二次伊普尔战役(Second Battle of Ypres)中首次被德国使用。正如士兵们所描述的，它有胡椒和菠萝混合的独特气味；它也有金属味，刺痛喉咙后部和胸部。氯气与肺黏膜中的水发生反应，形

成盐酸，对活组织有破坏性，可能致命。使用活性炭或其他过滤器的防毒面具可以保护人体呼吸系统免受氯气的侵害，这使氯气的杀伤力大大低于其他化学武器。该方法是诺贝尔奖得主德国科学家哈伯(F. Haber，1868—1934)与德国化工集团法本公司(IG Farben)合作倡导的，后者开发了氯气排放方法以应对敌军的化学武器[123]。首次使用氯气后，冲突双方都使用氯气作为化学武器，但很快就被更致命的光气和芥子气所取代。

哈伯

2007 年，伊拉克战争(Iraq War)期间，安巴尔省(Anbar)也使用氯气，叛乱分子用迫击炮弹和氯气罐包装卡车炸弹。大多数伤亡是由爆炸力造成的，而不是氯气的影响，因为有毒气体很容易被爆炸在大气中分散和稀释。在一些爆炸事件中，很多平民因呼吸困难而住院。伊拉克当局加强了对元素氯的安全保护，这对向民众提供安全饮用水至关重要。

4.2.3 溴的应用

工业中使用的有机溴化合物种类繁多，一些由溴制备，另一些由溴化氢制

备，溴化氢是通过溴与氢反应制得的[124]。

1. 阻燃剂

溴的最大商业用途是溴化阻燃剂，其性能日益重要。溴化物燃烧时，阻燃剂产生氢溴酸，干扰火焰中的自由基链式氧化反应。其机理是高活性的氢自由基、氧自由基和羟基自由基与氢溴酸反应生成活性较小的溴自由基，即自由溴原子。溴原子也可以直接与其他自由基反应，帮助终止具有燃烧特征的自由基连锁反应[125-126]。

为了制造溴化聚合物和塑料，含溴化合物可以在聚合过程中并入聚合物中。一种方法是在聚合过程中加入相对少量的溴化单体。例如，溴化乙烯可以添加于生产聚乙烯、聚氯乙烯或聚丙烯的过程中，使最终聚合物含有一定量的溴。还可以添加特定高溴化分子参与聚合过程。例如，可以将四溴双酚A(图 4-9)添加到聚酯或环氧树脂中，使其成为聚合物的一部分。印刷电路板中使用的环氧树脂通

图 4-9　四溴双酚 A 分子结构

常是由这种阻燃树脂制成的，在产品的缩写中用 FR 表示(如 FR-4 和 FR-2)。在某些情况下，可在聚合后添加含溴化合物。例如，十溴二苯醚可以添加到最终聚合物中[127]。

许多气态或高挥发性溴化卤代烃化合物是无毒的，通过同样的机制可以成为优良的灭火剂，在封闭空间如潜艇、飞机和航天器中尤其有效。然而，由于其可以与臭氧反应造成臭氧空洞，其生产和使用已大大减少。它们不再用于常规灭火器，但仍保留在航空航天和军事自动灭火等应用中。这些物质包括溴氯甲烷(哈龙 1011，CH_2BrCl)、溴氯二氟甲烷(哈龙 1211，$CBrClF_2$)和溴三氟甲烷(哈龙 1301，$CBrF_3$)[128]。

2. 其他用途

溴化银可作为感光乳剂的感光成分，可单独使用，也可与氯化银和碘化银结合使用[30]。溴化银是含有铅抗发动机爆震剂的汽油中的添加剂。它通过形成挥发性溴化铅使铅从发动机中排出。这一应用占 1966 年美国溴使用量的 77%。自20 世纪 70 年代以来，由于环境法规(见下文)的原因，该申请已被拒绝[129]。

有毒溴甲烷作为农药广泛应用于土壤熏蒸和房屋熏蒸，溴化乙烯也同样被使用[130]。这些挥发性有机溴化合物现在都作为臭氧消耗剂受到管制。《关于消耗臭氧层物质的蒙特利尔议定书》规定在 2005 年之前逐步淘汰消耗臭氧层的化学品，并且不再使用有机溴杀虫剂。例如，在房屋熏蒸中，它们已被硫酰氟等化合

物所取代，这些化合物不含危害臭氧层的氯或溴有机物。而在 1991 年《关于消耗臭氧层物质的蒙特利尔议定书》之前，估计有 35000 t 这种化学品被用于控制线虫、真菌、杂草和其他土传疾病[131]。

在药理学中，无机溴化物尤其是溴化钾，在 19 世纪和 20 世纪初被广泛用作镇静剂。溴化物以简单的盐的形式被用作抗惊厥药，在兽医和人类医学中均被使用，尽管后者的用法因国家而异。镇静剂溴塞耳泽(Bromo-Seltzer)是一种含有溴化钠的药物，由发明家艾默生(I. E. Emerson，1859—1931)的药品公司于 1888 年首次生产。然而，美国食品药品监督管理局已经不批准溴化物用于任何疾病的治疗，并且在 1975 年从非处方的镇静剂产品中删除了溴化物，如溴塞耳泽[132]。目前商业上可买到的有机溴药物包括血管扩张剂尼麦角林(nicergocent)、镇静剂溴替唑仑(brotizolam)、抗癌药哌泊溴烷(pipobroman)和防腐剂汞溴红

艾默生

(merbromin)。除此之外，有机溴化合物很少在医药上使用，这与有机氟化合物的情况恰好相反。有几种药物是以溴盐或等效物氢溴酸盐的形式生产的，但在这种情况下，溴化物是一种无害的、没有生物意义的反离子[133]。

有机溴化合物的其他用途包括高密度钻井液、染料和医药。溴及其一些化合物用于水处理，并且是各种无机化合物的前驱体，这些物质可能具有大量的应用，如用于摄影的溴化银[30]。锌-溴混合流电池用于家庭及工业上的固定电源的备用和存储。

4.2.4 碘的应用

目前生产的碘元素约有一半用于各种有机碘化合物，此外 15%作为单质，15%形成碘化钾，15%用于其他无机碘化合物，另外 5%用作其他用途[30]。碘化合物的主要用途包括催化剂、动物饲料补充剂、稳定剂、染料、颜料、医药、卫生(由碘酊制成)和摄影等，少部分用于烟雾抑制、云层播撒和分析化学中[30]。

1. 化学分析

碘和碘酸盐阴离子通常用于碘量法中的定量分析。碘和淀粉形成蓝色配合物，这一反应通常在碘量法中作为检测淀粉或碘的标志。目前，碘量法仍然用于鉴别在含淀粉纸上印制的假钞[10]。

碘值是 100 g 化学物质通常是脂肪或油消耗碘的质量(单位：g)。碘值通常用于确定脂肪酸中的不饱和度。这种不饱和度以双键的形式存在，它与碘化合物发

生反应，从而确定其不饱和度。

四碘合汞(Ⅱ)酸钾，化学式 K_2HgI_4，它与氢氧化钠的混合液称为奈斯勒 (Nessler)试剂。与氨作用生成黄色或棕色(高浓度时)沉淀，是鉴定试样中氨的常用试剂。灵敏度大约为 0.3 μg $NH_3 \cdot 2$ μL^{-1}。同样地，Cu_2HgI_4 也可作为沉淀剂检测生物碱。甲基酮的碘仿实验使用碱性碘水溶液[134]。

2. 光谱

碘单质的光谱由数万条 500～700 nm 波长的清晰谱线组成(图 4-10)，因此它是一种常用的波长基准(二级标准)。用无多普勒展宽光谱技术测量碘分子的谱线时，可以得到其超精细结构。一条线被分解成 15 个分量(来自偶数转动量子数，J_{even})或 21 个分量(来自奇数转动量子数，J_{odd})均可测量[135]。碘化铯和铊掺杂的碘化钠可以用作检测 γ 射线的闪烁晶体。该方法效率高，可进行能谱分析，但分辨率较差。

图 4-10　碘单质的光谱图

3. 药品

碘单质和水溶性的碘三负离子(I_3^-)都可用作消毒剂。其中 I_3^- 由 I_2 和 I^- 在水溶液中原位形成，该反应的逆反应使一些碘单质游离出来可用于防腐。碘单质也可以用来治疗缺碘症[136]。

在另一种可替代品中，碘可以从含有碘的载体溶液中产生，此类药品包括碘酊、鲁氏碘液、碘伏[137]。

(1) 碘酊：碘酊是一种红棕色溶液[图 4-11(a)]，是碘和碘化钠溶于乙醇和水的混合物，也就是常说的碘酒。

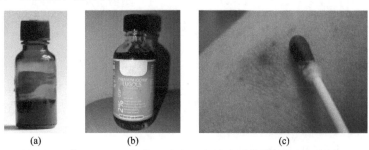

(a)　　　　　　(b)　　　　　　(c)

图 4-11　碘酊(a)、2%的鲁氏碘液(b)和沾有碘伏的棉签处理擦伤(c)

(2) 鲁氏碘液(Lugol's iodine)：鲁氏碘液是 1835 年法国医生鲁哥(J. G. A. Lugol，1786—1851)发明的。它由碘化钾和纯碘配成，成分为碘、碘化钾和水。碘和碘负离子单独存在于水中，主要形成三碘化物。与碘酊不同的是，鲁氏碘液中游离碘即碘分子的含量最低。

鲁哥

(3) 碘伏：碘伏是碘单质与聚乙烯吡咯烷酮的无定形结合物，后者起载体和助溶作用。与碘酊相比，碘伏着色浅，易洗脱，对黏膜刺激小，不需乙醇脱碘，无腐蚀作用，且毒性低。

碘的抗菌作用迅速，在低浓度下起作用，因此用于手术[138]。它渗透到微生物中，攻击特定的氨基酸如半胱氨酸和蛋氨酸、核苷酸和脂肪酸，最终导致细胞死亡，但其具体作用方式尚不清楚。它也有抗病毒作用，但非脂病毒和细小病毒比脂质包膜病毒敏感性差。碘可能攻击被包裹病毒的表面蛋白质，也可能通过与不饱和碳键反应而破坏膜脂肪酸的稳定性来达到抗病毒作用[139]。

在医学上，饱和碘化钾溶液用于治疗急性甲状腺炎。当碘-131 被用作不针对甲状腺或甲状腺型组织的放射性药物如碘本胍的一部分时，饱和碘化钾溶液也被用来阻止碘-131 在甲状腺中的吸收。

含有碘-131 的碘化物是核沉降物的一种成分，由于甲状腺倾向于浓缩摄入的碘，并且保留碘的时间比这种同位素的放射性半衰期长 8 天，因此对人体危害性极大。如果有可能接触到放射性尘埃中的碘-131，建议服用非放射性碘化钾片。成人的典型剂量是每 24 h 一片 130 mg 的片剂，提供 100 mg 的离子碘，而正常人每天摄入的碘量约为 100 μg。摄入这种大剂量的非放射性碘可使甲状腺对放射性碘的吸收降至最低。作为一种具有高电子云密度和原子序数的元素，由于最内层电子的光电效应，碘吸收的 X 射线强度小于 33.3 keV[140]。因此，有机碘化合物可通过静脉注射作为 X 射线放射造影剂。这种应用通常与先进的 X 射线技术如血管造影和电子计算机断层扫描结合使用。目前，所有水溶性造影剂都依赖于碘。

4. 其他应用

乙二胺碘化物作为家畜营养补充剂，其生产消耗了大量的有效碘。孟山都(Monsanto)公司和 Cativa 催化法生产乙酸的催化剂也是碘的一个重要用途。在这项技术中，氢碘酸将甲醇原料转化为碘甲烷，随后羰基化。所得的乙酰碘化物将水解再生得到氢碘酸和乙酸[141]。

无机碘化物有很多特殊用途。例如，钛、锆、铪和钍通过碘化法提纯，涉这些元素的四碘化物的可逆形成；照相底片的主要成分是碘化银；每年都会使用数千千克碘化银来降雨[141]。

有机碘化合物红氨酸是一种重要的食品着色剂。全氟烷基碘化物是重要表面活性剂的前驱体，如全氟辛烷磺酸[141]。

碘钟反应(iodine clock reaction)[30]是一个深受欢迎的教育演示实验。它于 1886 年被瑞士化学家兰多尔特(H. H. Landolt，1831—1910)发现。该实验包括过氧化氢型、碘酸盐型、过硫酸盐型、氯酸盐型等几种。其中过氧化氢型的实验过程为：将 A 溶液(含有过氧化氢 1.2 $mol \cdot L^{-1}$)、B 溶液(含 0.15 $mol \cdot L^{-1}$ 丙二酸、0.02 $mol \cdot L^{-1}$ 硫酸锰和 0.03%淀粉的混合溶液)和 C 溶液(0.2 $mol \cdot L^{-1}$ 碘酸钾和 0.08 $mol \cdot L^{-1}$ 硫酸的混合溶液)混合，反应液由无色变为蓝紫色，几秒后褪为无色，接着又从琥珀色逐渐加深，蓝紫色又反复出现，几秒后又消失，这样

兰多尔特

周而复始地呈周期性变化。这种振荡反应称为碘钟反应。这种化学振荡反应体现了化学动力学的原理。

思考题

4-4 思考怎样实现碘酸盐型碘钟反应，其包含哪些化学反应过程？

参 考 文 献

[1] Nielsen F H. Gastroenterology, 2009, 137 (5): 555.

[2] Olivares M, Uauy R. Essential Nutrients in Drinking Water. Geneva: World Health Organization, 2004.

[3] Gribble G W. The Handbook of Environmental Chemistry. Berlin: Springer, 2002.

[4] Murphy C D, Schaffrath C, O'Hagan D. Chemosphere, 2003, 52 (2): 455.

[5] Proudfoot A T, Bradberry S M, Vale J A. Toxicol Rev, 2006, 25 (4): 213.

[6] O'Hagan D, Schaffrath C, Cobb S L, et al. Nature, 2002, 416 (6878): 279.

[7] The National Institute for Occupational Safety and Health. Fluorine. Documentation for Immediately Dangerous To Life or Health Concentrations(IDLHs). (2014-12-04). [2020-09-03]. https://www.cdc.gov/niosh/idlh/7782414.html

[8] The National Institute for Occupational Safety and Health. Chlorine. Documentation for Immediately Dangerous To Life or Health Concentrations(IDLHs). (2014-12-04). [2020-09-03]. https://www.cdc.gov/niosh/idlh/7782505.html

[9] Keplinger M L, Suissa L W. Am Ind Hyg Assoc J, 1968, 29 (1): 10.

[10] Emsley J. Nature's Building Blocks: An A-Z Guide to the Elements. 2nd ed. Oxford: Oxford University Press, 2011.

[11] Biller J. Interface of Neurology and Internal Medicine. Philadelphia: Lippincott Williams & Wilkins, 2007.

[12] Haynes W M. Handbook of Chemistry and Physics. 97th ed. Boca Raton: CRC Press, 2017.

[13] Blodgett D W, Suruda A J, Crouch B I. Am J Ind Med, 2001, 40 (2): 215.

[14] Hoffman R, Nelson L, Howland M, et al. Goldfrank's Manual of Toxicologic Emergencies. New York: McGraw-Hill Professional, 2007.

[15] Sullivan J B, Krieger G R. Clinical Environmental Health and Toxic Exposures. 2nd ed. Philadelphia: Lippincott Williams & Wilkins, 2001.

[16] El Saadi M S, Hall A H, Hall P K, et al. Vet Hum Toxicol, 1989, 31 (3): 243.

[17] Roblin I, Urban M, Flicoteau D, et al. J Burn Care Res, 2006, 27 (6): 889.

[18] Hultén P, Höjer J, Ludwigs U, et al. Clin Toxicol, 2004, 42 (4): 355.

[19] Zorich R. Handbook of Quality Integrated Circuit Manufacturing. San Diego: Academic Press, 1991.

[20] Reddy D. Neurol India, 2009, 57 (1): 7.

[21] 钟兴厚, 萧文锦, 袁启华, 等. 卤素、铜分族、锌分族. 北京: 科学出版社, 1995.

[22] Baez R J, Baez M X, Marthaler T M. Revista Panamericana de Salud Pública, 2000, 7 (4): 242.

[23] Augenstein W L, Spoerke D G, Kulig K W, et al. Pediatrics, 1991, 88 (5): 907.

[24] Gessner B D, Beller M, Middaugh J P, et al. New Engl J Med, 1994, 330 (2): 95.

[25] Shulman J D, Wells L M. J Public Health Dent, 1997, 57 (3): 150.

[26] Giesy J P, Kannan K. Environ Sci Technol, 2002, 36 (7): 146A.

[27] Betts K S. Environ Health Persp, 2007, 115 (5): A250.

[28] Zareitalabad P, Siemens J, Hamer M, et al. Chemosphere, 2013, 91 (6): 725.

[29] Lau C, Anitole K, Hodes C, et al. Toxicol Sci, 2007, 99 (2): 366.

[30] Greenwood N N, Earnshaw A. Chemistry of the Elements. 2nd ed. Oxford: Butterworth-Heinemann, 1997.

[31] National Institute for Occupational Safety and Health. NIOSH Pocket Guide to Chemical Hazards. (2019-10-30). [2020-9-30]. https://www.cdc.gov/niosh/npg/npgd0064.html

[32] Winder C. Environ Res, 2001, 85 (2): 105.

[33] Richardson S D, Plewa M J, Wagner E D, et al. Mutat Res-Rev Mutat, 2007, 636 (1-3): 178.

[34] Jentsch T J, Stein V, Weinreich F, et al. Physiol Rev, 2002, 82 (2): 503.

[35] Dutzler R, Campbell E B, MacKinnon R. Science, 2003, 300 (5616): 108.

[36] 薄冰. 科技资讯, 2014, 14: 210.

[37] 李云花, 刘雪梅, 庹必光. 现代肿瘤医学, 2018, (6): 941.

[38] 段小红, 侯晋, 毛勇, 等. 氯离子通道-5 在牙齿生长发育中的作用. 乌鲁木齐: 中国遗传学会 "发育、遗传和疾病" 研讨会, 2007.

[39] McCall A S, Cummings C F, Bhave G, et al. Cell, 2014, 157 (6): 1380.

[40] Nielsen F H. Possibly Essential Trace Elements. Totowa: Humana Press, 2000.

[41] Mayeno A N, Curran A J, Roberts R L, et al. J Biol Chem, 1989, 264 (10): 5660.

[42] Gribble G W. Chem Soc Rev, 1999, 28 (5): 335.

[43] Henderson J P, Byun J, Williams M V, et al. J Biol Chem, 2001, 276 (11): 7867.

[44] Burreson B J, Moore R E, Roller P P. J Agr Food Chem, 1976, 24 (4): 856.

[45] Butler A, Carter-Franklin J N. Nat Prod Rep, 2004, 21 (1): 180.

[46] Olson K R. Poisoning & Drug Overdose. 4th ed. New York: McGraw-Hill, 2004.

[47] Galanter M, Kleber H D. The American Psychiatric Publishing Textbook of Substance Abuse Treatment. 4th ed. Washington, D.C.: American Psychiatric Publishing, 2008.

[48] Cheremisinoff N P. Handbook of Emergency Response to Toxic Chemical Releases. Norwich: William Andrew, 1995.

[49] Pol A, Barends T R M, Dietl A, et al. Environ Microbiol, 2013, 16 (1): 255.

[50] Koribanics N M, Tuorto S J, Lopez-Chiaffarelli N, et al. PLoS ONE, 2015, 10 (4): No. e0123378.

[51] 张在香. 卫生研究, 1998, (5): 4.

[52] Patrick L. Altern Med Rev, 2008, 13 (2): 116.

[53] Oregon State University. Iodine. (2015-08). [2020-09-30]. https://lpi.oregonstate.edu/mic/minerals/iodine

[54] United States National Research Council. Dietary Reference Intakes for Vitamin A, Vitamin K, Arsenic, Boron, Chromium, Copper, Iodine, Iron, Manganese, Molybdenum, Nickel, Silicon, Vanadium, and Zinc. Washington, D.C.: National Academies Press, 2001.

[55] Venturi S, Venturi M. Nutrition, 2009, 25 (9): 977.

[56] Ullberg S, Ewaldsson B. Acta Radiol Ther Phys Biol, 1964, 41: 24.

[57] Venturi S. Hum Evol, 2014, 29 (1-3): 185.

[58] 赵玉功, 陈志辉. 国外医学(医学地理分册), 2011, 32 (4): 284.

[59] 王竹, 徐菁, 杨晶明, 等. 营养学报, 2020, 42 (5): 442.

[60] Caldwell K L, Makhmudov A, Ely E, et al. Thyroid, 2011, 21 (4): 419.

[61] Leung A M, Braverman L E, Pearce E N. Nutrients, 2012, 4 (11): 1740.

[62] Zava T T, Zava D T. Thyroid Res, 2011, 4: 14.

[63] Wu T, Liu G J, Li P, et al. Cochrane DB Syst Rev, 2002, 3: CD003204.

[64] Dissanayake C B, Chandrajith R, Tobschall H J. Int J Envir Stud, 1999, 56 (3): 357.

[65] Felig P, Frohman L A. Endocrinology & Metabolism. New York: McGraw-Hill Professional, 2001.

[66] 刘鹏. 中华地方病学杂志, 2019, 38 (3): 175.

[67] Zimmermann M B, Connolly K, Bozo M, et al. Am J Clin Nutr, 2006, 83 (1): 108.

[68] Smyth P P. BioFactors, 2003, 19 (3-4): 121.

[69] Lowe D O, Knowles S R, Weber E A, et al. Pharmacotherapy, 2006, 26 (11): 1641.

[70] Kirsch P. Modern Fluoroorganic Chemistry: Synthesis, Reactivity, Applications. Weinheim: Wiley-VCH, 2004.

[71] Villalba G, Ayres R U, Schroder H. J Ind Ecol, 2008, 11: 85.

[72] Jaccaud M, Faron R, Devilliers D, et al. Ullmann's Encyclopedia of Industrial Chemistry: Fluorine. Weinheim: Wiley-VCH, 2000.

[73] Aigueperse J, Mollard P, Devilliers D, et al. Ullmann's Encyclopedia of Industrial Chemistry: Fluorine Compounds, Inorganic. Weinheim: Wiley-VCH, 2000.

[74] El-Kareh B. Fundamentals of Semiconductor Processing Technology. Norwell and Dordrecht: Kluwer Academic Publishers, 1994.

[75] Arana L R, Mas N, Schmidt R, et al. J Micromech Microeng, 2007, 17 (2): 384.

[76] Miller M M. "Fluorspar" in Geological Survey Minerals Yearbook. Reston: U.S. Geological Survey, 2003.

[77] Willey R R. Practical Equipment, Materials, and Processes for Optical Thin Films. Charlevoix: Willey Optical, 2007.

[78] Renner R. Environ Sci Technol, 2006, 40 (1): 12.

[79] Green S W, Slinn D S L, Simpson R N F, et al. Perfluorocarbon Fluids//Organofluorine Chemistry: Principles and Applications. New York: Plenum Press, 1994.

[80] Okazoe T. P Jpn Acad B-Phys, 2009, 85 (8): 276.

[81] Pizzo G, Piscopo M R, Pizzo I, et al. Clin Oral Invest, 2007, 11 (3): 189.

[82] Centers for Disease Control and Prevention. Recommendations for Using Fluoride to Prevent and Control Dental Caries in the United States. (2001-08-22). [2020-10-08]. http://cdc.gov/mmwr/ preview/mmwrhtml/rr5014a1.htm

[83] Ripa L W. J Public Health Dent, 2008, 53 (1): 17.

[84] Cheng K K, Chalmers I, Sheldon T A. BMJ, 2007, 335 (7622): 699.

[85] Yeung C A. Evid Based Dent, 2008, 9 (2): 39.

[86] Marya C M. A Textbook of Public Health Dentistry. New Delhi: Jaypee Brothers Medical Publishers, 2011.

[87] Armfield J M. Australia and New Zealand Health Policy, 2007, 4: 25.

[88] Fejerskov O, Edwina K. Dental Caries: The Disease and Its Clinical Management. 2nd ed. Oxford: Blackwell Munksgaard, 2008.

[89] Swinson J. Pharma Chem, 2005, 4: 26.

[90] Hagmann W K. J Med Chem, 2008, 51 (15): 4359.

[91] Mitchell E S. Antidepressants. New York: Chelsea House Publishers, 2004.

[92] Preskorn S H. Clinical Pharmacology of Selective Serotonin Reuptake Inhibitors. Caddo: Professional Communications, 1996.

[93] Werner N L, Hecker M T, Sethi A K, et al. BMC Infect Dis, 2011, 11: 187.

[94] Nelson J M, Chiller T M, Powers J H, et al. Clin Infect Dis, 2007, 44 (7): 977.

[95] King D E, Malone R, Lilley S H. Am Fam Physician, 2000, 61 (9): 2741.

[96] Goulding N J, Flower R J. Glucocorticoids. Basel: Birkhäuser, 2001.

[97] Raj P P, Erdine S. Pain-Relieving Procedures: The Illustrated Guide. Chichester: John Wiley & Sons, 2012.

[98] Filler R, Saha R. Future Med Chem, 2009, 1 (5): 777.

[99] Bégué J P, Bonnet-Delpon D. Bioorganic and Medicinal Chemistry of Fluorine. Hoboken: John Wiley & Sons, 2008.

[100] Schmitz A, Kälicke T, Willkomm P, et al. J Spinal Disord Tech, 2000, 13 (6): 541.

[101] Bustamante E, Pedersen P L. P Nat A Sci, 1977, 74 (9): 3735.

[102] Alavi A, Huang S S. Cancer Imaging, Volume 1: Lung and Breast Carcinomas. Burlington: Academic Press, 2007.

[103] Gabriel J L, Miller Jr T F, Wolfson M R, et al. ASAIO J, 1996, 42 (6): 968.

[104] Sarkar S. Indian J Crit Care, 2008, 12 (3): 140.

[105] Shaffer T H, Wolfson M R, Clark Jr L C. Pediatr Pulm, 1992, 14 (2): 102.

[106] Kacmarek R M, Wiedemann H P, Lavin P T, et al. Am J Resp Crit Care, 2006, 173 (8): 882.

[107] Hoefer J C F. Labarraque, Antoine-Germain. Nouvelle Biographie Universelle. Paris: Firmin Didot fréres, 1852.

[108] Knight C. Arts and Sciences 1. London: Bradbury & Evans, 1867.

[109] Bouvet M. Revue d'Histoire de la Pharmacie, 1950, 38 (128): 97.

[110] Gédéon A. Science and Technology in Medicine: An Illustrated Account Based on Ninety-Nine Landmark Publications from Five Centuries. Berlin/Heidelberg: Springer Science & Business Media, 2006.

[111] Labarraque A G. On the Disinfecting Properties of Labarraque's Preparations of Chlorine. Chicago: S Highley, 1828.

[112] Corbin A. The Foul and the Fragrant: Odor and the French Social Imagination. Cambridge: Harvard University Press, 1988.

[113] Lewis K A. Chapter 9: Hypochlorination-Sodium Hypochlorite//White's Handbook of Chlorination and Alternative Disinfectants. Hoboken: Wiley, 2010.

[114] Vinten-Johansen P, Brody H, Paneth N, et al. Cholera, Chloroform, and the Science of Medicine. New York: Oxford University, 2003.

[115] Hemphill S. The Strange Case of the Broad Street Pump: John Snow and the Mystery of Cholera. Los Angeles: University of California, 2007.

[116] Johnson S. The Ghost Map: The Story of London's Most Terrifying Epidemic and How It Changed Science. New York: Riverhead Books, 2006.

[117] 胡紫霞. 阅读, 2021, (22): 36.

[118] Rezayat C, Widmann W D, Hardy M A. Curr Surg, 2006, 63 (3): 194.

[119] Hammond C R. The Elements in Handbook of Chemistry and Physics. 81st ed. Boca Raton: CRC Press, 2000.

[120] Koski T A, Stuart L S, Ortenzio L F. Appl Microbiol, 1966, 14 (2): 276.

[121] 刘绍刚, 朱志良, 韩畅, 等. 环境科学, 2009, 30(9): 2543.

[122] Wiberg E, Holleman A F, Wiberg N. Inorganic Chemistry. San Diego: Academic Press, 2001.

[123] Smil V. Enriching the Earth: Fritz Haber, Carl Bosch, and the Transformation of World Food Production. Cambridge(MA): The MIT Press, 2004.

[124] Mills J F. Ullmann's Encyclopedia of Chemical Technology: Bromine. Weinheim: Wiley-VCH, 2002.

[125] Green J. J Fire Sci, 1996, 14 (6): 426.

[126] Kaspersma J, Doumena C, Sheilaand M, et al. Polym Degrad Stab, 2002, 77 (2): 325.

[127] Weil E D, Levchik S. J Fire Sci, 2004, 22: 25.

[128] Siegemund G, Schwertfeger W, Feiring A, et al. Ullmann's Encyclopedia of Industrial Chemistry: Fluorine Compounds, Organic. Weinheim: Wiley-VCH, 2002.

[129] Alaeea M, Ariasb P, Sjödinc A, et al. Environ Int, 2003, 29 (6): 683.

[130] Lyday P A. Mineral Yearbook 2007: Bromine. Reston: United States Geological Survey, 2007.

[131] Decanio S J, Norman C S. Contemp Econ Policy, 2008, 23 (3): 376.

[132] Adams S H. The Great American Fraud. Chicago: Press of the American Medical Association, 1905.

[133] Ioffe D, Kampf A. Bromine, Organic Compounds//in Kirk-Othmer Encyclopedia of Chemical Technology. Hoboken: John Wiley & Sons, 2002.

[134] Smith M B, March J. Advanced Organic Chemistry: Reactions, Mechanisms, and Structure. 6th ed. New York: Wiley-Interscience, 2007.

[135] Sansonetti C J. J Opt Soc Am B, 1997, 14 (8): 1913.

[136] Stuart M C, Kouimtzi M, Hill S R. WHO Model Formulary 2008. Geneva: World Health Organization, 2009.

[137] Block S S. Disinfection, Sterilization, and Preservation. Hagerstwon: Lippincott Williams & Wilkins, 2001.

[138] Patwardhan N, Kelkar U. Indian J Dermatol Ve, 2011, 77 (1): 83.

[139] McDonnell G, Russell A D. Clin Microbiol Rev, 1999, 12 (1): 147.

[140] Lancaster J L. Chapter 4: Physical Determinants of Contrast//Physics of Medical X-Ray Imaging. Houston: The University of Texas Health Science Center, 2015.

[141] Lyday P A, Kaiho T. Ullmann's Encyclopedia of Industrial Chemistry: Iodine and Iodine Compounds. Weinheim: Wiley-VCH, 2015.

第 5 章

卤素的分析测定

5.1 卤素单质的分析测定

5.1.1 氟的分析测定

测定气态样品中的氟常用其他卤素化合物包括氯化物、溴化物、碘化物的取代法。此法是将含氟气体通过一种含卤化物的溶液，使 X_2 游离出来并吸收在氢氧化钠溶液中，最后转变成次卤酸盐。以溴化物为例，反应方程式为

$$2Br^- + F_2 \Longrightarrow Br_2 + 2F^-$$

$$Br_2 + 2NaOH \Longrightarrow NaBrO + NaBr + H_2O$$

生成的次溴酸钠用乙酸-碘化钾处理，生成碘单质，最后以硫代硫酸钠溶液滴定从而最终确定氟的含量。

应当注意，含氟的气体样品常因来源不同而含有不同的杂质，如由电解法产生的气体样品中除氟单质外，还含有氟化氢、氧气、一氧化碳、二氧化碳、氮气和氩气等。通常的处理步骤为：①首先将气体混合物通过氟化钠固体，吸收氟化氢生成氟化氢钠，再通过无水氯化钠，氟能使氯游离出来；②将含有氯、氧及一些非活性气体如氮、氩、二氧化碳等通过取样器，取样器中以 $2\ mol \cdot L^{-1}$ 的氢氧化钠溶液吸收氯生成次氯酸盐；③进一步用乙酸-碘化钾溶液处理使碘析出，最后用硫代硫酸钠滴定析出的碘，算出氟的含量。混合气体中氧通过焦性没食子酸的碱性溶液吸收而测定，剩余的为非活性气体。利用此法测定气体氟的总误差约为 0.4%。此法也适用于测定有机化合物电解氟化时所发生的副反应中的氟。

5.1.2 氯的分析测定

氯气的检测首先依赖其自身的氧化作用，如它可以将碘化物氧化为碘单质从而进行分析测定。常用的淀粉-碘试剂可用于检出水溶液中 0.1 ppm 的氯。大气中的氯是借助其与碘化钾作用沉积在银箔上而被检测；常用的测定方法是在水介质中，释放出的碘可用硫代硫酸钠或砷酸盐滴定。另一种常用来检测氯气的有效试剂是 3,3′-二甲基联苯胺，其在盐酸稀溶液中显黄色。以上两种方法测定氯都很灵敏，且后者更好，因它较少受其他物质的干扰，不过 3,3′-二甲基联苯胺实验也有不足之处，因为其不仅对其他卤素有作用，对 Mn^{3+}、NO_2^- 及 Fe^{3+} 也有作用。为改进上述方法而采用比色分析，如 3,3′-二甲基联萘胺与氯作用得到一紫红色半醌型产物，其分析效果比联甲苯胺好；还有用对氨基二甲苯胺与氯作用显红色，但甲基橙与氯作用，则显无色。一种对氯或溴很有效的特效实验是康尼(König)反应：借氯或溴与水溶液中的 CN^- 形成 ClCN 或 BrCN，它与吡啶和芳胺如联苯胺作用可灵敏地得到有色的二缩苯胺衍生物，该方法对氯的检测可低至 2 ppm。

其他测定氯气的方法是将氯吸收在含有还原剂的碱性溶液中转化为氯离子，然后借硝酸银或硝酸汞的滴定法(volumetry method，也称容量法)或硝酸银的重量法(gravimetric method)测定生成的离子量，其他氯离子的检测方法同样适用。现在普遍采用气相色谱法测定气体氯及其他杂质。

5.1.3 溴的分析测定

通过间接测定碘单质的含量来测定氯的方法对于溴也是适用的。例如，溴蒸气可以定量地被碘化钾溶液吸收生成碘单质，然后用硫代硫酸盐溶液滴定碘单质，从而计算得到溴的含量。气态的溴也能用碱液吸收，或用过氧化氢还原为 Br^-，以溴化银形式用重量法、容量法测定；或用次氯酸氧化为溴酸离子，再利用碘量法滴定。然而溴的测定最常用和最方便的是显色实验，因为溴单质是有色的，特别是在四氯化碳或二硫化碳溶液中其本身的颜色可作为鉴定和测定溴的方法。有些有机试剂与溴单质还能生成有色的化合物，但需注意其中只有少数是特征的，多数的试剂对溴、氯有相似的颜色。能用来鉴定和测定溴单质的试剂有荧光素、二硫腙、品红和酚红等。除了考虑其他氧化剂的影响外，这几种显色实验都可以测定痕量的溴。至于测定溴最灵敏的方法之一是用高锰酸钾酸性溶液借溴自身的催化作用将碘氧化为碘酸盐；然后用四氯化碳萃取水溶液，以分光光度法分析测定变化了的碘的数量以确定溴的含量。

此外，还有许多方法可以用来测定液溴中的杂质。例如，用测量液体的密度或凝固点下降的方法可以测出杂质氯的含量，当卤素的含量为 5%～10%，可用二氧化硫将它们还原成相应的卤化物，然后用硝酸银滴定法测定。

5.1.4　碘的分析测定

在稀溶液中，碘单质可以很容易地用硫代硫酸钠或砷酸钠直接滴定，通常用淀粉作指示剂，滴定终点也可以借电位计测得。其他容量分析的方法包括碘酸钾的氧化作用，它无论是在浓盐酸还是 CN^- 存在的条件下，均使碘转变为 ICl_2^- 或 ICN；碘也可以用溴或高锰酸钾氧化为碘酸盐，然后用碘量法测定。

碘单质可利用其本身蒸气和在四氯化碳、三氯甲烷或二硫化碳溶液中的紫色加以测定，研究的较早和使用极广泛的实验还是淀粉-碘反应。目前，α-萘黄酮测定碘单质被认为是比淀粉还要灵敏的实验，已用于检出 0.1 ppm 的碘，孔雀绿也被认为是比淀粉更优的试剂，其适用于很稀的溶液或有大量电解质或乙醇存在的条件下。比色法适用于测定少量的碘单质，包括淀粉-碘配合物、与 α-萘黄酮的颜色反应以及在水溶液中形成的 I_3^- 或含碘的有机溶液。

5.2　卤化氢和卤离子的鉴别和测定

5.2.1　卤化氢的鉴别和测定

氢氟酸对二氧化硅和硅酸盐有特殊的腐蚀作用，在脱水性酸的存在下能生成具有挥发性的四氟化硅和氟硅酸，这是鉴定和分离氢氟酸的重要反应。

在工业上盐酸的浓度是用测比重来确定的，其他卤化氢的测定，在实验室一般采用滴定法，即用标准碱溶液滴定；或采用重量法，即将它转变成卤化银沉淀然后称量。气体卤化氢则多将它吸收在合适的介质中，如水、标准氢氧化钠或碳酸钠溶液中，然后采用酸碱法或硝酸银溶液予以测定。

5.2.2　卤离子的鉴别、分离和测定

1. 卤离子的鉴别

1) 沉淀法

在水溶液中鉴定卤离子，通常采用沉淀法，利用卤化银在酸性溶液中的难溶性质，以及生成沉淀的颜色加以区别。例如，氯化银为白色沉淀，溴化银为淡黄

图 5-1　从左到右依次为氯化银、溴化银
及碘化银沉淀

色沉淀，碘化银为黄色沉淀(图 5-1)。

2) 溶解度法

首先将卤离子生成相应的卤化银，其次根据它们在氨溶液中的溶解度不同加以鉴定。卤化银在氨溶液中溶解度减小的顺序为氯化银＞溴化银＞碘化银，在卤化银中，氯化银可溶解于亚砷酸钠溶液，借此性质可使其溶解，酸化后加硝酸银可重新得到氯化银沉淀。

3) 氧化还原法

区别多种卤离子最好的方法是利用它们氧化还原性质上的差异，在稀的水溶液中氯离子只在特别强的氧化剂存在下，才能被氧化成氯气。即使用重铬酸盐和浓硫酸与氯离子作用也得不到氯气，而溴离子和碘离子可以氧化成溴和碘，故可用以鉴别氯离子。在含有大量氯离子的溴离子溶液中，加入次氯酸或高锰酸钾酸性溶液或经酸化的双氧水都能将溴离子氧化成溴。溴能溶解在四氯化碳中呈棕黄/红色，或用荧光素、品红等使之显色。此外，还可在热碱溶液中用次氯酸盐将溴离子转换成溴酸盐加以鉴定。碘化物可用铁(Ⅲ)或亚硝酸盐氧化成碘，碘可用淀粉或借在有机溶剂中的颜色加以检验。值得注意的是，检验溴时必须先除去碘以免产生干扰。还可采用选择氧化法对三种卤离子混合物进行鉴定。例如，在乙酸溶液中加过硫酸盐，只有碘离子能氧化成碘，随后用硫酸酸化再加过硫酸盐，则溴离子可以被氧化而氯离子不变。

思考题

5-1　卤素离子的三种鉴别方法各有什么优缺点？

2. 卤离子的分离

利用强碱型阴离子交换树脂对溶液中的混合卤离子可进行有效的分离，用硝酸钠作淋洗剂，分离后淋洗液中卤离子按常规方法测定。同样，阴离子也可用纸层析和薄层层析的方法分离。挥发性卤化物的混合物通常采用精馏、气-液及气-固色谱的方法分离。还可以利用选择氧化原理和蒸馏技术将它们分离。例如，先用过氧化氢将碘离子氧化成碘，经过蒸馏将其分出，然后再加入50%硝酸将溴离子氧化，剩下的就是氯化物。

3. 卤离子的测定

随着卤素化学的进步发展以及饮水卫生、环境保护、食品安全等的需要，卤素离子的分析化学获得迅速发展。卤素离子的传统分析方法主要包含重量法、滴定法、比色/比浊法(colorimetry/turbidimetric method)，此外还有一些需要依靠一定分析测试仪器完成的方法，包括分光光度法(spectrophotometry)、电化学法(electrochemical method)及离子色谱法(ion chromatography)等。

1) 重量法

重量法也称沉淀法，是卤素离子与特定化合物生成沉淀，通过测定沉淀的质量分析测定卤素离子的方法。其中氯离子、溴离子、碘离子使用的试剂通常为硝酸银，形成相应的卤化银沉淀而测得。氟的重量法可形成的沉淀较多，下面进行详细论述。

氟的重量法是较早使用的分析方法，在氟化学研究初期普遍使用，但其过程长，费时间，现在已较少采用。重量法测定氟需要使之生成具有确定化学组成的沉淀，如氟化钙、氟化镧或氟氯化铅。氟化钙的溶解度小，18℃时为 $1.83 \ mg \cdot 100 \ mL^{-1}$，该沉淀可在弱酸性溶液中生成，因此可以除去碳酸盐的干扰，但是在乙酸中氟化钙的溶解度较大。沉淀氟化钙时常有凝胶产生，使沉淀难过滤。为此，常采用加入磷酸钙的方法，使氟化钙与磷酸钙共沉淀下来而使沉淀的情况得以改善。硫酸盐、磷酸盐及大量碳酸盐的存在均影响分析结果。将氟离子沉淀为氟氯化铅形式是测定氟常用的方法之一。在水溶液中，氟氯化铅在 25℃时溶解度为 $33.8 \sim 37.0 \ mg \cdot 100 \ mL^{-1}$，但是如果溶液中含有过量的氯离子和铅离子时，氟离子浓度则随之降低。例如，在溶液中氯化铅浓度为 $0.01 \ mol \cdot L^{-1}$ 和 $0.02 \ mol \cdot L^{-1}$ 时，在 25℃下氟氯化铅的溶解度分别为 $0.8 \ mg \cdot 100 \ mL^{-1}$ 和 $0.5 \ mg \cdot 100 \ mL^{-1}$。而且，温度降低其溶解度更小。从中性溶液中沉淀的氟氯化铅可先用氯化铅溶液洗涤，然后再用水洗，最后于 140～150℃烘干，氟的分析误差为-0.3%～+0.46%。

2) 滴定法

滴定法测定氟，通常使用硝酸钍作滴定剂，茜素红 S 作指示剂。这种指示剂在钍离子过量时，生成配合物而使黄色的茜素红 S 转变为玫瑰红或洋红色。此法在滴定终点时颜色变化的显著与否，取决于介质的 pH 及指示剂性质等。其中 pH 的影响最大，因此需要使用缓冲溶液，使其 pH 维持在一个较窄的范围内。例如，pH 在 3.0～3.5 时可以得到最佳的效果。缓冲溶液常使用一氯乙酸及其盐，并在 50%的乙醇溶液中滴定。在水溶液中滴定时要使 pH 保持在 3.0。指示剂除茜素红 S 外，还可选用铬蓝 S 或双色指示剂。滴定剂也可用硝酸锆、铝盐及稀土盐类等。使用硝酸钍作滴定剂时，因为没有确定化学含量的基准钍化合物，所以必须采用已知的标准氟化物溶液来标定钍试液。某些杂质对测定有干扰，特别是磷酸盐、砷酸盐、砷化物和硫化物，故在分析滴定氟化物溶液时要预先从溶液中除去。以生成氟氯化铅沉淀为基础的间接测定氟的滴定法也被广泛地应用。将生成的氟氯化铅沉淀过滤后，用硝酸溶解，按通常的方法测定氯的含量或用 EDTA 法滴定铅，最后换算为氟的量。

硝酸银滴定法是一种传统的测量水中氯离子含量的方法，根据所用指示剂的不同可分为莫尔法(Mohr method)即铬酸钾为指示剂、福尔哈德法(Volhard method)即铁铵矾为指示剂、以及法扬斯法(Fajans method)即荧光黄为指示剂[1]。在水质分析中常用的是莫尔法，基本原理为水中的氯离子与滴定剂银离子反应生成白色的氯化银沉淀即反应(1)，当两者反应完全后过量的银离子即与铬酸根生成更难溶于水的砖红色铬酸银沉淀即反应(2)，表明此时氯离子已沉淀完全，根据消耗硝酸银的量计算水中氯离子的含量。

$$Ag^+ + Cl^- \rightleftharpoons AgCl\downarrow(白色) \tag{1}$$

$$2Ag^+ + CrO_4^{2-} \rightleftharpoons Ag_2CrO_4\downarrow(砖红色) \tag{2}$$

其中溶液 pH 应保持在 6.5～10.5 即中性条件下，以保证氯化银和铬酸银的稳定存在。此外还应考虑干扰离子的存在，如能与银离子生成沉淀的离子包括溴离子、碘离子、硫酸根离子、硫离子及碳酸根离子；在弱碱性条件下易水解生成沉淀的离子如铝离子、铁(Ⅲ)离子；大量有色离子如钴离子、铜离子、镍离子，需要做脱色处理。除了硝酸银滴定法，还可采用硝酸汞滴定法即汞量法测量氯离子，其中硝酸汞为滴定剂，二苯卡巴腙为指示剂。氯离子与汞离子在 pH = 3.0～3.5 的酸性溶液中生成难溶氯化汞，到达终点后，过量的汞离子与二苯卡巴腙生成紫色配合物，即可根据消耗硝酸汞的量计算氯离子浓度。

滴定法中利用碘单质的氧化性或碘离子的还原性进行的氧化还原滴定的方法称为碘量法，可以用来测定溴离子和碘离子。溴离子的分析原理为：在微酸性条件下次氯酸钠定量地将溴离子氧化为稳定的溴酸根离子，用甲酸钠分解、去除过量的次氯酸钠，溶液中的溴酸根离子与碘化钾反应生成碘单质，用硫代硫酸钠标准溶液滴定，即可测定溶液中溴离子的含量[2-3]。碘离子的测定原理为：采用溴或高锰酸钾先将碘离子氧化为碘酸盐，然后碘酸盐与碘化钾反应生成碘单质，最后用硫代硫酸钠标准溶液滴定。

3) 比色法和比浊法

比色法用于测定氟离子，其基本原理是基于某些金属离子与氟离子作用生成配合物或沉淀要比该金属离子与其他任何离子或有机化合物作用形成生色团的过程更容易。颜色的深浅与所存在的氟离子与金属相结合浓度呈函数关系。常用金属离子有锆、钍、铝、铈、钛、铁等，它们可分别生成 ZrF_6^{2-} 或 ZrF_4、AlF_6^{3-} 或 AlF_3、TiF_6^{2-}、FeF_6^{3-} 等。但溶液中往往还可能产生其他平衡，如水解、配位化合物的生成、沉淀和解离等，从而使比色法所测定氟的结果偏离朗伯-比尔定律 (Lambert-Beer law)。这也是用硝酸钍滴定氟化物时经常出现偏差的原因。某些金属及氢离子的氟代酸盐的平衡按稳定性降低的顺序为：Th^{4+}、Al^{3+}、Be^{2+}、Zr^{4+}、Fe^{3+} 和 H^+，所以钍、铝和锆盐常用于以比色法测定氟。用锆和茜素红 S 的方法广泛用于检测生活饮用水及水源水中的可溶性氟离子。锆离子除了能和茜素红 S 生成有色化合物外，还和该类型的许多衍生物生成有色基团，因而常用作比色测氟的生色剂。该方法原理为在酸性溶液中，茜素磺酸钠与锆盐形成红色配合物，当有氟离子存在时，可形成无色的氟化锆而使溶液褪色，使用目视比色法进行定量。该方法的最低检出浓度为 $0.1 \ \mathrm{mg \cdot L^{-1}}$[4]。该方法操作简单方便，但对检测水样要求比较高，水中存在的氯化物、铝等都会使检测结果出现误差，所以该方法仅适用于较纯净和干扰物质较少的样本。

比浊法是依据悬浊液中的颗粒对光线的散射性质测定悬浊液浓度的一种方法。当一束光线通过悬浊液时，液体中的悬浮颗粒选择性地吸收了一部分光能，并且向各个方面散射了一部分光线，在一定条件下散射光的强度或透射光减弱的强度和悬浊液中颗粒的数量呈比例关系。其变化可用式(5-1)表示[5]：

$$I = I_0 e^{\tau b} \tag{5-1}$$

式中，I 为透射光强度；I_0 为入射光强度；b 为光径；τ 为浊度。式(5-1)和朗伯-比尔定律公式相似，故比色的程度方法、标准曲线制备、计算公式及仪器等都适用于比浊法。比浊法可用于检测水中少量的氯离子、溴离子和碘离子，所用试剂为硝酸银，形成相应的卤化银悬浊液，可采用目视法、免疫比浊法、光电比浊法等进行分析[5]。

> **思考题**
> 5-2 采用比色法进行测定时应注意哪些问题？

4) 分光光度法

氟试剂分光光度法是最早用于检测水中氟离子的方法。其原理是在 pH 为 4.1

的乙酸盐缓冲介质中，待测样品与氟试剂溶液和硝酸镧溶液反应，生成蓝紫色化合物，再通过测定其吸光度计算氟离子的浓度[6]。检测过程中使用的样本量约为 5 mL，单个样本检测时间约为 2 min，最低检出限为 0.1 mg · L^{-1}。氟试剂分光光度法检测过程中的影响因素很多。检测液的组成浓度、配比，检测过程中使用的缓冲剂，检测时所用的波长，物质本身存在的底色及溶液中存在的干扰离子都会对检测结果产生一定的影响。氟试剂分光光度法的特点是用于低浓度样品的分析准确度和重现性较好，不足之处是检测过程较烦琐、时间长[6]。

氯离子的分光光度法是利用酸性介质中氯离子与 $Hg(SCN)_2$-$Fe(NO_3)_3$ 溶液反应生成紫色配合物的特点，再用分光光度计测定该紫色配合物的吸光度间接测定氯离子含量的方法[7]。在最大吸收波长 460 nm 条件下，氯离子含量为 0.2～10 mg · L^{-1} 时，吸光度与氯离子含量的线性关系良好，回收率在 95.1%以上。在采用分光光度法测定氯离子含量时，溶液的酸度对显色溶液的吸光度有很大影响，当 pH 大于 2.2 时，Fe^{3+}发生水解，溶液的吸光度将明显降低。此外，共存的氟离子、溴离子、碘离子对氯离子的测定干扰也比较明显。

溴离子的分光光度法主要基于溴单质与特定物质反应生成显色产物进行。例如，将溴离子氧化为溴单质后与酚红反应生成溴酚蓝，溶液的颜色随着溴离子浓度的不同呈现黄色到蓝紫色的差异变化，通过测定其吸光度即可对溴离子进行定量分析[8-9]。该方法在 1965 年就被美国公共卫生协会(American Public Health Association)列为溴离子的标准分析方法[10]。其次，可以采用四氯化碳萃取溴单质后，利用其本身的颜色进行分析[11-12]，即在酸性条件下将溴离子氧化为溴单质，用四氯化碳萃取后，依据不同浓度的溴离子对应的溴-四氯化碳的吸光度差异进行分析测定。该方法操作简单、快速、条件易控制且抗干扰能力强，但缺点是需要使用有机溶剂且溴单质本身有刺激性恶臭易挥发，因此该方法不具有绿色环保性。再次，还可采用溴单质与荧光素反应生成曙红，通过测定曙红的吸光度实现溴离子的定量分析[2,13-14]。荧光素分光光度法常用氯胺 T、过氧化氢等氧化剂，成本低、操作简便，但须准确加入氧化剂，并严格控制荧光素与溴单质的比例。最后，还有氧化-偶联光度法[15]，该方法是在酸性条件下，通过溴离子氧化、羟胺氧化、有机芳香胺重氮化和偶联显色等多重反应而建立的分析方法，具有灵敏度高和抗干扰能力强的优点，但反应步骤烦琐，因此应用并不普遍。

分光光度法测定碘离子包括碘-淀粉分光光度法、萃取分光光度法及催化动力学分光光度法等。碘-淀粉分光光度法是利用碘遇淀粉显蓝色的特异性，将不同价态的碘转化成碘单质后，再用淀粉显色测得吸光度，吸光度的大小则反映了碘含量的高低。该方法广泛应用于水、土壤、饲料中碘含量的测定[16-19]。碘的萃取分光光度法原理与溴离子类似,首先采用次氯酸盐等氧化剂将碘离子氧化为碘单质,再用三氯甲烷、四氯甲烷等将碘萃取出来,碘溶解在这些有机溶剂中会显示粉红色,其颜色深浅与碘浓度成正比。例如,采用过氧化氢将卵磷脂配合碘中的碘氧化成碘单质,随后采用氯仿萃取碘,再用分光光度法测得碘含量。结果表明,碘浓度在 4.28~15.00 mg·L^{-1} 内线性关系良好,回收率可达 99.2%[20]。但该方法引入了一定的有机试剂,有一定毒性且对样品纯度要求较高。此外,微量碘离子的检测可采用催化动力学分光光度法,如在乙酸盐缓冲溶液体系中,碘催化 4,4′-四甲基二氨基-二苯基甲烷与氯胺 T 发生氧化反应,生成蓝色配合物,通过测定该配合物的吸光度可定量分析水体中的碘。该方法测定结果的相对标准偏差为 2.1%,检出限为 0.1 µg·L^{-1}[21]。催化动力学分光光度法还可以基于碘在某些褪色化学反应中起到催化作用,常见应用为硫氰酸铁-亚硝酸催化动力学法[22]和砷铈催化分光光度法[23],其中碘浓度与反应速率呈线性关系,则在相同反应时间内不同褪色程度对应不同的碘含量。该方法选择性好、操作简便、成本低、灵敏度高,满足水文地质工作对水中微量碘含量普查的要求。

思考题

　　5-3 查阅资料详述怎样通过催化动力学分光光度法测定碘浓度。

5) 电化学法

　　早在 1960 年以前就有许多关于电位、电流和极谱法测定氟的论述,大多基于氟化物能生成配合物而引起溶液电位变化的原理,但因可靠性差而没有得到实用。1966 年出现离子选择电极测定氟的方法[24-25],它是采用氟化镧单晶片封固在坚固的塑料管的一端作传感器,内部溶液通常用 0.1 mol·L^{-1} 氟化钠溶液和 0.1 mol·L^{-1} 氯化钠溶液,并以 Ag/AgCl 作内部参比电极,测量时再用一支饱和甘汞电极作外部参比电极组成电池。离子选择电极的原理是:测定氟离子时,氟离子电极的膜电位与氟离子活度(a_F)满足能斯特方程(Nernst equation)[26],即

$$E = E_0 - \frac{2.303RT}{F}\lg a_F \tag{5-2}$$

式中,E_0 为氟离子电极的标准电极电势,mV;T 为热力学温度,K;R 为摩尔气体常量,8.314 J·mol^{-1}·K^{-1};F 为法拉第常量,96500 C·mol^{-1};a_F 为含氟溶液的氟离子活度,当溶液中氟离子浓度较小时,视为与其浓度相等,mg·L^{-1}。在实际操作中,将总离子强度调节缓冲液(total ionic strength adjustment buffer,TISAB)加入待测溶液中,可以认为离子活度等于离子浓度。因此,当含氟溶液的总离子

浓度恒定时，原电池的电动势(E)随含氟溶液的氟离子活度变化而变化的值可由能斯特方程计算。氟离子选择电极测定氟有较高的选择性，如 PO_4^{3-}、CH_3COO^-、NO_3^-、SO_4^{2-}、HCO_3^- 和其他卤离子都不干扰测定，但 OH⁻有干扰。因此，在测定氟时要加入一定离子强度的缓冲溶液，以使溶液维持稳定的离子强度，并保持介质 pH 恒定，也为了解离含氟的金属配合物，使氟成为离子状态进入溶液，使之能被顺利测定[27]。影响氟离子选择电极法测定准确度的因素有：氟离子、pH、温度、搅拌、响应时间、TISAB 和空白电位测量等[28]。由于使用一般的化学分析方法测定氟离子较烦琐，而应用氟离子选择电极法很方便，且与硝酸钍滴定法所得结果相符，因此氟离子选择电极法已被广泛采用。

与氟离子相同，氯离子也可采用离子选择电极法测定。此外，还可采用电位滴定法，其原理为在滴定过程中通过电位值的变化来确定滴定终点，以硝酸银或硝酸汞标准溶液滴定水中的氯离子，电极感应溶液中氯离子浓度的变化并将其转化为电位值的变化，当变化最大时即为滴定终点。根据达到滴定终点所消耗的硝酸银或硝酸汞的量可计算氯离子浓度。该方法由于具有操作简单、精度高、终点判断比较明显、不受溶液颜色干扰等优点而在水质分析中得到广泛应用。

溴离子的电化学分析方法可分为电位分析法和伏安法。溴离子的电位分析法又包含溴离子选择电极法和电位滴定法。前者与氟离子选择电极法原理相同，即通过测量平衡电位，依据能斯特方程计算溴离子浓度；而后者与氯离子电位滴定法原理相同，即以硝酸银标准溶液滴定溶液中的溴离子，指示电极电势因溶液中阴离子浓度陡增而发生突变时确定终点，最终通过物质的量关系计算出溴离子含量。伏安法包含示波极谱法和溶出伏安法。前者以 $0.45\,mg \cdot L^{-1}$ 硝酸为底液，以甘汞电极为参比，采用单扫示波极谱仪，设置模式为导数档，采用阳极化扫描方式进行扫描，溴离子于+0.14 V 处产生尖锐、灵敏的极谱波，基于伏安曲线的峰电流值与溴离子的浓度关系进行定量分析[29]。该方法因后期数据处理烦琐而未得到推广使用。溶出伏安法是以银基汞膜为工作电极，溴离子在汞膜电极上经预电解和溶出过程形成电流-电位曲线，依据溶出峰峰高与溴离子的浓度呈正比关系进行定量分析[30]。由于汞对环境的危害，该方法的应用逐渐受到限制，近年来研究者又提出新型阴极溶出伏安法——巯基壳聚糖修饰电极测定溴离子。其原理为在酸性溶液中溴离子被质子化的壳聚糖分子吸附后发生电极反应生成溴单质，溴单质在施加一定扫描电压时又还原为溴离子，从而产生阴极溶出峰实现定量分析[31]。阴极溶出伏安法具有灵敏度高、重现性及稳定性好的优点，但样品预处理和数据处理相对麻烦。

碘离子的分析测定同样可以采用离子选择电极法及电位滴定法，其原理与其他卤素离子类似。

需要注意的是，所有的离子选择电极都不是其特定离子的专属电极。它们在不同程度上受到干扰离子的影响。电极选择性主要是由电极膜的活性材料的性质决定的。氯离子选择电极有液膜电极和固态膜电极，活性材料有氯化银和氯化亚汞。一般分析多用 $AgCl-Ag_2S$ 多晶膜和 Hg_2Cl_2-HgS 膜电极。氯离子选择电极可直接用于水、土壤、大气、食品、生物体液等中氯离子的测定。溴、碘离子选择电极主要是 $AgX-Ag_2S$ 混晶膜电极，类似于 $Ag-AgCl$ 电极。还有以三庚基十二烷基碘化铵为活性材料，做成邻苯二甲酸二辛酯为增塑剂的聚氯乙烯膜碘离子选择电极。溴离子选择电极用于水、土壤、植物组织、生物体液和有机化合物等中溴离子的测定。碘离子选择电极的应用与以上基本相同，且能在卤素混合物中单独测得碘离子。

6) 离子色谱法

离子色谱法是利用不同离子在分离柱中保留时间的不同来检测不同离子含量的一种分析方法，可同时测定待测水样中多种离子。图 5-2 为离子色谱仪及其典型检出离子的出峰谱图。氟离子、氯离子、溴离子、碘离子均可采用该方法测定。此外，该方法还适用于生活饮用水及水源水中其他物质如硝酸盐和硫酸盐的测定[32-33]。在检测过程中使用样本量为 50 μL。最低检出限达到 $0.01\ mg \cdot L^{-1}$，相比于离子选择电极法有更好的灵敏度。离子色谱法的仪器系统包括进样系统、分离柱及保护柱、抑制器、记录仪、积分仪或计算机[34]。在使用过程中首先根据所用的量程进行校准。将混合阴离子标准溶液及两次等比稀释的 3 种不同浓度标准溶液，依次注入进样系统，根据峰值或峰面积绘制标准曲线，再进行样本分析。对于硬度高的水样，必要时可先经过阳离子交换树脂柱，再经过 0.22 pm 滤

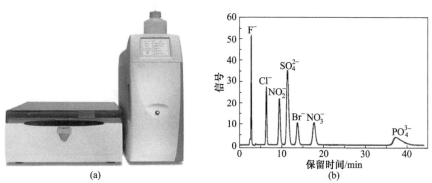

图 5-2　离子色谱仪(a)及其典型检出离子的出峰谱图(b)

膜过滤；对含有有机物的水样可先经过 C18 柱过滤除去。将预处理后的水样注入色谱进样系统，记录峰高及峰面积，最后使用标准曲线进行计算[35]。由于离子色谱法可同时分析水中多种离子的含量，方便、简单、快速，重现性和可靠性较好，因此多用于降雨、地下水、地表水中痕量离子的检测[36]。但是该方法对检测的水样要求比较高，仪器昂贵精密，操作过程需要比较专业的手法。

研究无机化学的物理方法介绍

电感耦合等离子光谱技术

一、电感耦合等离子光谱技术的概述

随着现代分析技术特别是仪器分析技术的快速发展，各种物质中元素种类及含量通过简单的仪器分析手段就可以实现快速准确分析。其中以电感耦合等离子技术为核心的电感耦合等离子光谱已广泛应用于现代生产、生活、科学研究等各个领域。

电感耦合等离子体原子发射光谱法(inductively coupled plasma atomic emission spectrometry，ICP-AES)，也称为电感耦合等离子体光学发射光谱法(inductively coupled plasma optical emission spectrometry，ICP-OES)，是利用通过高频电感耦合产生等离子体放电的光源来进行原子发射光谱分析的方法。

ICP-AES 具有原子发射光谱法(AES)多元素同时测定的优点，并且具有很宽的线性范围，可对同一样品中的主、次、痕量元素成分同时进行定量分析。自 20 世纪 60 年代起，经过半个世纪的发展，ICP-AES 在灵敏度、准确度、选择性、自动化、分析速度等方面取得长足的进步，逐渐成为无机元素分析测试的常规手段，在实验室中被广泛使用。ICP-AES 不仅在冶金、地质、环境等生产生活领域不可或缺，还在生化样品检测、食品安全等方面日益突显其优越性，成为目前分析性能和实用价值最优越的元素分析手段。

二、电感耦合等离子光谱技术的原理

(一) 电感耦合等离子光谱仪的结构

电感耦合等离子光谱仪由 ICP 和 AES 两部分组成，其结构示意图如图 5-3 所

示。ICP 部分主要包括等离子体炬管、高频发生器(产生高频电流)、感应圈、供气系统和雾化系统。其中等离子体炬管由三层同心石英玻璃管组成[37]，外管通入的氩气作为等离子体工作气或冷却气；中管通入的氩气作为辅助气；内管中的氩气为载气，负责将试样气溶胶引入等离子"火炬"中。AES 负责检测等离子体中激发态原子、离子发射的光谱信号，并由数据处理系统最终进行解谱。

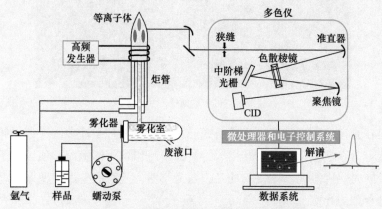

图 5-3　电感耦合等离子光谱仪结构示意图

(二) 等离子体的产生

当"火炬"打开时，线圈中流动的高功率射频信号在线圈内产生强烈的电磁场。通常情况，设备在 27 MHz 或 40 MHz 频率下运行[38]。流经"火炬"的氩气由特斯拉装置点燃，该装置在氩气流中产生短暂的放电弧，从而启动离子化过程。一旦等离子体被"点燃"，特斯拉装置就会关闭。氩气在强电磁场中电离，并以特定的旋转对称模式流向射频线圈的磁场。中性氩原子和带电粒子之间的非弹性碰撞产生了大约 7000 K 的稳定高温等离子体。图 5-4 为这种高温等离子体的"火炬"。

(三) 样品的检测及分析

当进行样品检测时，蠕动泵将水样或有机物样品送入分析雾化器，在雾化器中水样变为雾状，直接进入等离子体火焰中。样品气溶胶立即与等离子体中的电子和带电离子发生碰撞，绝大部分立即分解成激发态的原子、离子状态。当这些激发态的粒子回到稳定的基态时要放出一定能量，即表现为发出一定波长的光谱，光谱位置与原子种类一一对应，因此可以根据光谱位置进行定性分析。

在一些设计中，通常采用氮气或干燥的压缩空气作为"剪切气体"，用于在特定点"切割"等离子体。然后使用一个或两个转移透镜将发射的光聚焦在衍射

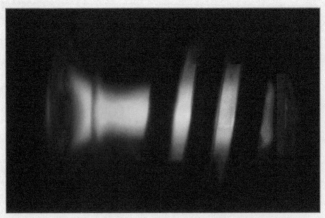

图 5-4 ICP 等离子"火炬"

光栅上，在光谱仪中将其分离为其组成波长。在另一些设计中，等离子体直接撞击光学接口，光学接口由一个孔组成，从孔中流出恒定的氩流，使等离子体偏转并冷却，同时允许等离子体发出的光进入光学室。还有一些设计使用光纤将部分光传输到单独的光室。

在光室中，当光被分离成不同的波长(即颜色)后，用光电倍增管测量光强度，光电倍增管的物理位置可以"观察"所涉及的每个元素谱线的特定波长。或者在更现代化的模块中，分离的颜色落在半导体光电探测器的阵列上，如电荷耦合器件(charge coupled device，CCD)。在使用这些探测器阵列的模块中，可以同时测量在系统范围内所有波长的强度，使仪器能够同时分析该装置敏感的每个元素。因此，可以非常快速地分析样品中所含元素的种类。

当进行定量分析时，通常采用外标法，先用已知元素浓度的样品进行标定，做出该元素的标准曲线。再根据待测样品的每条谱线强度通过标准曲线计算其浓度。此外，一些特殊软件通常会校正由于给定样本矩阵中存在不同元素而引起的干扰。

三、电感耦合等离子光谱技术的应用[39-41]

(一) 冶金领域

冶金领域中金属材料化学成分的分析主要有两种情况，一种是已知各种金属或合金材料中其他微量元素的分析，如铝及铝合金、镁及镁合金中铜、铁、铅、锌、锰、镍、铍、铬等元素的分析；另一种是根据分析结果对各种合金牌号进行鉴定，如铝镁合金、铜合金、不锈钢等[42-43]。由于检测方便、快速和准确度高等优点，ICP-AES 法早已被纳入中国国家标准或行业标准，如测定低合金钢中多元素(GB/T 20125—2006)[44]、测定镁及镁合金(GB/T 13748.11—2005)[45]以及铝及铝合金中的多元素同时分析(GB/T 20975.25—2008)[46]等。

(二) 地质领域

地质类样品检测主要包括岩石[47]、矿物[48-49]、土壤、水系沉积物等的分析。测试对象成分复杂、测定含量范围宽、干扰大，传统分析技术大多需要采用分离和富集，操作烦琐、分析流程长、劳动强度大，不能满足地矿类大量样品分析的要求。ICP-AES 法能够直接(特殊样品需经分离富集)测定金属元素达 70 多种，检测含量范围从 $ng \cdot g^{-1}$ 级到常量，应用非常广泛，已经成为地矿实验室必不可少的分析检测手段。

(三) 环境领域

环境污染特别是重金属污染问题已经成为危害人类健康的主要来源之一。常见的重金属污染源包括铅、镉、砷、汞、铜、锰等元素，它们的生物可降解性小，毒性发展速度缓慢，可通过土壤、水、食品、大气等进入人体，在人体的器官内慢慢累积，造成人体慢性中毒，危害人体健康。ICP-AES 法可通过对废水[50]、固体废弃物[51]及土壤[52]等环境样本的检测，确定样本中磷、铅、铜、锌、镉、铬、铍、锰和镍等无机元素的含量，可用于固体废弃物毒性鉴别、土壤和污水中各有害重金属的污染状况分析[53]。其分析流程短、效率高、成本低，分析数据精密度高、准确度好，已经成为环境监测中必不可少的分析手段。

(四) 食品领域

食品中的常量及微量元素的测定也可采用 ICP-AES 法，如葡萄酒中的金属元素[54]，食品中的砷元素[55]、铝元素，以及与蛋白质结合的微量元素[56]等的测定。与传统的分光光度法相比，ICP-AES 法线性范围宽、检出限低、准确度高、操作简便。对于人体常量元素如钙、铁、钠、钾、锌的测试，国家标准方法主要采用火焰原子吸收光谱法。该方法操作较为复杂，耗时较长，同时由于其线性范围较窄，尤其对常量元素钙、钠进行检测时，常需经过多次稀释，造成操作的不便。而使用 ICP-AES 法测定面制食品中上述五种常量元素[57]，与国家标准测试方法相比，微波消解/ICP-AES 法测定样品更具优势。该方法的线性范围为 0.1～30 $\mu g \cdot mL^{-1}$，检出限低于 0.01 $\mu g \cdot mL^{-1}$，RSD<0.5%。与传统的酸分解法处理样品相比，不但测试结果相吻合，而且具有更快速、更高效、污染少等优点，完全能满足食品分析的要求。

(五) 其他领域

除了以上领域的应用外，ICP-AES 法还可应用于生物样品如血液、尿液、毛发、指甲中的重金属元素的检测[58]，石油化工产品中贵金属催化剂的检测和回收[59]，农业土壤及肥料养分水平的分析[60]，生产机油(和其他润滑油)过程中的质量控制[61]，药物成分鉴定[62]，以及考古领域[63]等。

四、电感耦合等离子光谱技术的展望[39]

ICP-AES 法虽然有诸多优势，但也存在以下缺点及局限。

(一) 光谱信号干扰较为严重

ICP-AES 法采用 ICP 技术作为光源，AES 技术作为检测手段，相对于传统光谱分析而言，提高的只是光源的分析性能，而 AES 中固有的光谱干扰问题仍然存在。例如，由于 ICP 光源的电子密度分布不均匀，从而导致待测样品温度空间分布不同，即温度随观测高度的不同而改变。又如，气溶胶在 ICP 中心通道的滞留时间不同将会导致元素谱线的强度随着载气压力的不同而改变。因此，检测时优化实验条件、采用正确的检测操作、同时选择合适的校正方法对降低干扰、提高分析结果的准确度仍然必要。

(二) 光谱信息丢失

由于光电倍增管在光电性和体积上存在一定的局限性，当光通量较低时，噪声成为信号的主要成分，因此无论是用顺序型 ICP-AES 仪还是用同时型 ICP-AES 仪检测时都存在光谱信息丢失的问题，增大了检测的不确定度，这就限制了 ICP-AES 仪器向全谱直读化方向的发展。

(三) 其他方面

ICP-AES 分析技术在测定金属元素时具有较高的灵敏度，但测定非金属元素时其灵敏度较差，检出限对某些痕量、超痕量元素并不适用。虽然 ICP-AES 法能够测定自然界中绝大多数元素，但是在现实应用中，并非所有的元素应用该方法检测都简单方便。有时，使用 ICP-AES 法测定某些元素仍然不如使用其他分析方法更为方便高效。

ICP-AES 法以其操作简单、灵敏度高、准确度高等特点已经进入人们生产生活的方方面面，该方法的引入极大地提高了元素分析的检测效率，并逐渐对一些较为复杂的传统元素分析方法形成取而代之的趋势。但该方法仍然存在如光谱干扰、信息丢失等一些固有的问题。此外，单纯的含量检测已不能满足日趋发展的科研需求，若将该技术与其他表征技术联用，将能实现元素含量与材料结构、形貌乃至性能的关联，将会进一步扩展 ICP-AES 技术的应用。

参 考 文 献

[1] 郝志宁. 环境科学与管理, 2016, 41 (5): 162.

[2] 中国科学院青海盐湖研究所. 卤水和盐的分析方法. 北京: 科学出版社, 1973.

[3] 天津市制盐工业研究所. 海盐工业分析. 北京: 燃料化学工业出版社, 1973.

[4] 霍思梦, 王静, 高彦辉. 中华地方病学杂质, 2019, 38 (1): 79.

[5] 王兆喜, 汪敬武. 江西化工, 2002, (4): 11.

[6] 何良汉. 工业水处理, 2007, 27 (1): 64.

[7] 田秀君. 仪器仪表与分析监测, 2004, (2): 32.

[8] 徐春玲. 北京石油化工学院学报, 2010, 18 (1): 55.

[9] Jones D R. Talanta, 1993, 40 (1): 43.

[10] Sollo F W, Larson T E, McGurk F F. Environ Sci Technol, 1971, 5 (3): 240.

[11] 沈友. 分析化学, 1996, 24 (6): 742.

[12] 刘占广, 楼良旺. 海湖盐与化工, 1999, 28 (1): 26.

[13] Oosting M, Reijnders H F. Anal Chem, 1980, 301: 28.

[14] 樊建芬, 黄少珠, 苏振中. 分析实验室, 1992, 11 (4): 33.

[15] 史俊, 张炯亮, 李铭. 化学工程师, 2005, 116 (5): 23.

[16] 王新平. 中国饲料, 1998, (22): 19.

[17] 栾翠玉, 于晓东. 饲料博览, 1989, (5): 28.

[18] 汪建飞, 段立珍, 刘乃会. 分析实验室, 1999, 18 (6): 71.

[19] 马敬堂, 陈亚, 张连珠. 宁夏石油化工, 1999, (2): 24.

[20] 韩枫, 王中彦, 闫永波, 等. 药物分析杂质, 2009, 29 (2): 308.

[21] 贾亮亮, 尹红云. 化学试剂, 2020, 42 (22): 1341.

[22] 宫晓光, 朱志刚, 朱晶, 等. 中国中医药咨询, 2010, 2 (11): 225.

[23] 张克梅, 袁明珠. 安徽预防医学杂志, 2019, 25 (1): 29.

[24] 曹希寿. 原子能科学与技术, 1979, 3: 351.

[25] Snell F D, Hilton C L. Encyclopedia of Industrial Chemical Analysis-Vollume 13: Fluorine to glycols. Hoboken: John Wiley & Sons, 1971.

[26] 蔡漫霞, 刘福平, 刘宏江. 铜业工程, 2017, (1): 68.

[27] 钟兴厚, 萧文锦, 袁启华, 等. 卤素、铜分族、锌分族. 北京: 科学出版社, 1995.

[28] 谢学和. 化工设计通讯, 2020, 46 (9): 184.

[29] 鲁晓华. 理化检验: 化学分册, 1999, 35 (4): 168.

[30] Ibrahim H H I, Hassan H N A, Stöß M. Anal Sci, 2001, 17: i1027.

[31] Zeng Y, Zhu Z H, Wang R X. Electrochim Acta, 2005, 51 (4): 649.

[32] 韩照祥, 王超, 马红超. 环境与健康杂志, 2008, 25 (9): 813.

[33] 朴春月. 中国卫生工程学, 2013, 12 (1): 71.

[34] 闰志芳. 基层医学论坛, 2017, 21 (20): 2692.

[35] 张飞, 李华玲, 韩翠杰. 净水技术, 2015, 34 (3): 26.

[36] 薛诚, 郁倩. 中国卫生检验杂志, 2005, 15 (3): 314.

[37] Rezaaiyaan R, Hieftje G M, Anderson H, et al. Appl Spectrosc, 1982, 36 (6): 627.

[38] McClenathan D M, Wetzel W C, Lorge S E, et al. J Anal At Spectrom, 2006, 21 (2): 160.

[39] 随欣, 吴海铭, 王宝辉, 等. 牡丹江师范学院学报(自然科学版), 2014, (86): 25.

[40] 刘翠华. 山西冶金, 2017, (170): 56.

[41] 孙爽. 世界有色金属, 2017, 12: 233.

[42] 李绿叶, 杜米芳. 冶金分析, 2021, 41 (1): 75.

[43] 郑敏辉. 云南冶金, 2016, 45 (1): 47.

[44] 朱学梅, 苗丙钢, 姚杰, 等. 金属加工(冷加工), 2016, Z1: 522.

[45] 李文志, 高振中. 黑龙江冶金, 2007, (4): 9.

[46] 周兵, 席欢, 马存真, 等. 冶金标准化与质量, 2009, 47 (5): 21.

[47] 陈庆芝, 金倩, 王昕, 等. 冶金分析, 2020, 40 (11): 38.

[48] 苏晓云, 刘善宝, 高虎, 等. 岩矿测试, 2015, 34 (2): 252.

[49] 张晨. 中国无机分析化学, 2020, 10 (6): 18.

[50] 黄慧敏, 胡芳, 侯玉兰. 中国无机分析化学, 2020, 10 (6): 14.

[51] 李颖. 中国无机分析化学, 2020, 10 (5): 16.

[52] 王学敏, 赵智勇, 王昊, 等. 理化检验: 化学分册, 2020, 56 (12): 1313.

[53] 赵庆令, 李清彩, 谭现锋, 等. 岩矿测试, 2021, 40 (1): 103.

[54] Aceto M, Abollino O, Bruzzoniti M C, et al. Food Addit Contam, 2002, 19 (2): 126.

[55] Benramdane L, Bressolle F, Vallon J J. J Chromatogr Sci, 1999, 37 (9): 330.

[56] Ma R L, McLeod C W, Tomlinson K, et al. Electrophoresis, 2004, 25 (15): 2469.

[57] 覃毅磊, 赖毅东, 何雪芬. 食品工业科技, 2010, (2): 329.

[58] 孙德忠, 何红蓼, 温宏利, 等. 光谱学与光谱分析, 2008, (1): 195.

[59] 王云杰. 中国无机分析化学, 2020, 10 (5): 49.

[60] 窦兴霞, 王岩, 殷慧敏, 等. 肥料与健康, 2020, 47 (3): 66.

[61] 曾令羲. 科技创新导报, 2020, 17 (13): 38.

[62] 宗咏花, 徐立军, 莫歌, 等. 世界科学技术: 中医药现代化, 2020, 22 (10): 3775.

[63] 胡小耕, 王春妍, 李瑞仙, 等. 分析测试技术与仪器, 2011, 17 (4): 223.

第一类：自测练习题

1. 是非题(正确的在括号中填"√"，错误的填"×")

(1) 卤素具有强化学活泼性，所以它们在自然界均以化合状态存在，不存在单质形式。 (　　)

(2) F_2 只能采用电解法制备，不能采用化学法，因为氟是电负性最强的元素，找不到比它更强的氧化剂。 (　　)

(3) 氟与氯、溴、碘一样，一般化合价为–1 价，即卤离子(X^-)的形式；也可呈现 +1、+3、+5、+7 氧化态。 (　　)

(4) 三卤化硼(BX_3, X = F, Cl, Br, I)中，硼原子为 sp^2 杂化，分子为平面三角形结构，都具有路易斯酸性。 (　　)

(5) 四氧化二氯也称高氯酸氯，化学式为 Cl_2O_4。该化合物为非对称氧化物，其中一个 Cl 为+1 氧化态，另一个为+7 氧化态，它的化学式更确切地应写成 $ClOClO_3$。 (　　)

(6) 在 HOF 中，F 为–1 价，而 O 为 0 价，H 为+1 价。 (　　)

(7) 对溶液或气体中的卤素(F、Cl、Br、I)都可直接或间接采用硫代硫酸钠滴定分析。 (　　)

(8) 采用沉淀法鉴定溶液中的卤离子，沉淀后得到淡黄色沉淀，说明溶液中含有溴离子。 (　　)

(9) 印刷电路板中使用的环氧树脂加入溴的化合物是利用溴化阻燃剂的性质。 (　　)

(10) 碘单质和水溶性的碘三负离子(I_3^-)都可用作消毒剂。现采用的三种消毒碘液分别是碘酊、鲁氏碘液及聚维酮碘，它们的组成和消毒作用原理完全相同。 (　　)

2. 选择题

(1) 础是人工合成的第 117 号元素,推测其可能的价电子构型为　　　　　　（　　）

    A. $5f^{14}6d^{10}7s^27p^5$　　　　　　　　B. $6d^{10}7s^27p^5$

    C. $7s^27p^5$　　　　　　　　　　　　D. $4f^{14}5d^{10}6s^26p^5$

(2) 关于二氟化氧的描述,不正确的是　　　　　　　　　　　　　　　　　（　　）

    A. 其结构与 H_2O 类似　　　　　　　B. 化学式为 OF_2

    C. 其中氧原子的氧化数为-1　　　　D. 它是一种很强的氧化剂

(3) 卤素单质 F_2、Cl_2、Br_2、I_2 中最难制取的是　　　　　　　　　　（　　）

    A. F_2　　　　　　B. Cl_2　　　　　　C. Br_2　　　　　　D. I_2

(4) 以下关于七氟化碘的判断,错误的是　　　　　　　　　　　　　　　　（　　）

    A. 化学式 IF_7,它是目前发现的唯一一个八原子卤素互化物

    B. 具有特殊的五角双锥结构,该结构符合价层电子对互斥理论

    C. 与五氟化碘相比,密度较大

    D. 五氟化碘与 I_2 反应时,可以生成 IF_7

(5) 二原子卤素互化物的稳定性顺序正确的是　　　　　　　　　　　　　　（　　）

    A. $IF>BrF>ClF>ICl$　　　　　　B. $IF>ClF>BrF>ICl$

    C. $BrF>IF>ClF>ICl$　　　　　　D. $IF>BrF>IClF>Cl$

(6) $(CN)_2$、$(SCN)_2$、$(OCN)_2$ 等称为拟卤素,CN^-、SCN^-、OCN^- 等称为拟卤离子。下列关于$(CN)_2$的反应中,哪一种不像卤素的反应?　　　　　　（　　）

    A. 在碱溶液中生成 CN^-、OCN^-　　B. 可在空气中燃烧

    C. 与卤素反应生成 $CNCl$、$CNBr$　　D. 与 Ag^+、Hg^{2+}、Pb^{2+} 反应得难溶盐

(7) 氯的含氧酸热稳定性顺序正确的是　　　　　　　　　　　　　　　　　（　　）

    A. $HClO_4>HClO_3>HClO>HClO_2$

    B. $HClO>HClO_2>HClO_3>HClO_4$

    C. $HClO>HClO_3>HClO_2>HClO_4$

    D. $HClO_3>HClO_2>HClO_4>HClO$

(8) $AgNO_3$ 滴定法是一种测量水中氯离子含量的方法,根据所用指示剂的不同可分为不同方法,有关莫尔法以下说法不正确的是　　　　　　　　　（　　）

    A. 水中的 Cl^- 与滴定剂 Ag^+ 反应生成白色的 $AgCl$ 沉淀

    B. 当 Cl^- 与 Ag^+ 反应完全后,过量的 Ag^+ 即与 CrO_4^{2-} 生成更难溶于水的砖红色 Ag_2CrO_4 沉淀,表明此时 Cl^- 已沉淀完全

    C. 用铁铵矾为指示剂

D. pH 应保持在 6.5~10.5，此外还应考虑干扰离子的存在

(9) 下列有关氟的物质无毒的是 （ ）

    A. $F(CH_2) \cdot COOH$　　　　　　　　B. $F(CH_2) \cdot COONa$

    C. $F(CH_2) \cdot (COOH)_2$　　　　　　D. $F(CH_2) \cdot (COOH)_3$

(10) 下述氟的防龋作用，错误的是 （ ）

    A. 形成氟磷灰石，增强牙釉质的抗酸性

    B. 提高牙釉质的再矿化

    C. 增强牙体组织免疫力

    D. 抑制细菌的产酸力，抑制龋齿的生长

3. 填空题

(1) 氢氟酸必须储存在塑料容器中，不能保存在玻璃容器中的原因是_____。

(2) 卤族元素经常作为决定有机化合物化学性质的官能团存在，用 R—X 表示。C—X 键比 C—H 键更加极化，C—X 属于_____键。

(3) 硫氰酸盐最著名的应用之一是溶液中 Fe^{3+} 的检验，检验过程中实验现象是_____，化学反应式为_____。

(4) 氰化物广泛应用于湿法冶炼金、银，其主要原理是_____。

(5) 卤素互化物结构通式为 $XY_n(n = 1, 3, 5, 7)$，具有反磁性，其原因是_____。

(6) $HClO$、$HClO_2$、$HClO_3$ 及 $HClO_4$ 的酸性由强到弱的顺序是_____。

(7) 有一溶液只含氯、溴和碘离子三种中的一种，若在溶液中加入高锰酸钾酸性溶液后其氧化产物溶解在四氯化碳中呈棕黄色，则该溶液含有的离子是_____；若氧化产物使淀粉溶液变蓝，则该溶液含有的离子是_____；若无氧化产物，则该溶液含有的离子是_____。

(8) 采用银量法测定 $BaCl_2$ 中的 Cl^- 含量时，应选用的指示剂是_____；测定 $NaCl$ 和 Na_2SO_4 中的 Cl^- 含量时，应选用的指示剂是_____。

(9) 现在人们使用含氟牙膏，可增强对牙釉质的保护，主要原因是氟形成了氟磷灰石，发生的化学反应是_____。

(10) 当氯气不慎扩散到环境中，环境中的人可以用浸有一定浓度某物质的毛巾捂住鼻子，迅速离开环境，最适宜的物质是_____。

4. 综合题

(1) 氟的电子亲和能比氯小，但 F_2 却比 Cl_2 活泼，解释原因。

(2) 用热力学方法讨论在 298 K、一个标准大气压下，Br_2 在碱性水溶液中歧化为 Br^- 和 BrO_3^- 反应的可能性。

(3) 计算在 25℃时，使用多大浓度的 HCl 才能刚好与 MnO_2 反应制备得氯气? (设除[H^+]、[Cl^-]外，其他物种均为标准状态)已知 $\varphi^\ominus(Cl_2/Cl^-) = 1.36\ V$，$\varphi^\ominus(MnO_2/Mn^{2+}) = 1.23\ V$。

(4) 卤素互化物中两种卤素的原子个数、氧化数有什么规律?

(5) 从热力学角度分析，为什么不活泼的银能从 HI 中置换出 H_2。

(6) 说明利用分光光度法检测水中 F^-、Cl^-、Br^- 和 I^- 的方法原理。

(7) 设含有可溶性氯化物、溴化物、碘化物的混合物质量为 1.325 g，加入 $AgNO_3$ 沉淀剂使之沉淀为卤化银后，质量为 0.4650 g，卤化银经加热并通入氯气使 AgBr、AgI 等转化为 AgCl 后，混合物的质量为 0.2500 g，若将同样质量的试样用氯化亚钯处理，其中只有碘化物转变为 PdI_2 沉淀，它的质量为 0.1000 g，求原混合物中氯、溴、碘的质量分数。

(8) 在全世界的生物体内，从北极熊到人类，几乎都能发现痕量全氟烷磺酸的有机氟化合物，理论阐明其生物持久性的原因。

(9) 现有三瓶标签失落的白色晶体试剂，已知它们分别是氯酸钾、碘酸钾、偏高碘酸钾，试用化学方法将它们区别开，写出简要步骤和化学方程式。

(10) 加热化合物 A，生成化合物 B 和 NaCl。电解 B 的水溶液生成化合物 C 和 H_2。某气态化合物 D(黄色，奇电子化合物)是一种常用的强氧化剂，它与 NaOH 溶液反应可生成 A、B 和水。D 被臭氧氧化，生成化合物 E，E 与 NaOH 溶液反应生成化合物 B、C 和水。试推断 A、B、C、D、E 的化学式，写出各步反应式。

第二类: 课 后 习 题

1. 区分下列概念

　(1) 卤素互化物　　金属卤化物

　(2) 卤化物　　多卤化物

　(3) 拟卤素　　拟卤化物

　(4) 电位分析法　　伏安分析法

(5) 库仑分析法   极谱分析法

(6) 比色法   比浊法

2. Cl_2 能从 KI 溶液中取代出 I_2，I_2 能从酸化的 $KClO_3$ 溶液中取代出 Cl_2，这两个现象矛盾吗？

3. 利用玻恩-哈伯循环，由下列反应的有关数据计算 Cl 的电子亲和能：

$$\Delta_r H_m^{\ominus} / (kJ \cdot mol^{-1})$$

(1) $Rb(s) + 1/2Cl_2(g) = RbCl(s)$ -433

(2) $Rb(s) = Rb(g)$ 86.0

(3) $Rb(g) = Rb^+(g) + e^-$ 409

(4) $Cl_2(g) = 2Cl(g)$ 242

(5) $Cl^-(g) + Rb^+(g) = RbCl(s)$ -686

4. 海水中含有约万分之一(质量分数)的溴，试写出从海水中提取溴的基本步骤和反应方程式。

5. 从热力学和动力学角度分析氢离子浓度对卤素含氧酸氧化性的影响。

6. 为什么溴称为"海洋元素"？

7. 已知 H_2CO_3 的 $K_{a1}^{\ominus} = 4.30 \times 10^{-7}$，HClO 的 $K_a^{\ominus} = 2.95 \times 10^{-8}$。试通过计算说明漂白粉在潮湿的空气中容易失效的原因。

8. 1986 年化学方法制取 F_2 获得成功，其步骤如下，试写出各步反应方程式。

(1) 在 HF、KF 存在下，用 $KMnO_4$ 氧化 H_2O_2 制取 K_2MnF_6；

(2) $SbCl_5$ 和 HF 反应制取 SbF_5；

(3) K_2MnF_6 和 SbF_5 反应制得 MnF_4；

(4) 不稳定的 MnF_4 分解成 MnF_3 和 F_2。

9. 在淀粉-碘化钾溶液中加入少量 NaClO 时，得到蓝色物质 A，加入过量 NaClO 时，得到无色溶液 B，酸化后，再加入少量固体 Na_2SO_3，则 A 的蓝色复现，当 Na_2SO_3 过量时，蓝色又褪去成无色溶液 C，若再加入 $NaIO_3$ 溶液，蓝色 A 又复现。试指出 A、B、C 各为何种物质。写出各步反应方程式。

10. 工业碘中常含有 ICl 或 IBr，如何分离提纯碘？写出有关反应方程式并加以必要的文字说明。

第三类：英文选做题

1. Regarding fluorine, hydrogen fluoride and hydrofluoric acid, which of the following

statements is incorrect （ ）

A. In halides, fluorine has the greatest bond energy with other atoms

B. Among the halides of the same type, ionic fluoride has the highest lattice energy

C. Fluorides do not have the same solubility in water as other halides

D. Not all fluorides are toxic

2. The least stable of the following fluorides is （ ）

   A. CrF_5　　　　　B. CrF_6　　　　　C. MoF_6　　　　　D. WF_6

3. The least acidic of the following oxygenated acids is （ ）

   A. $HClO_3$　　　　B. $HBrO_3$　　　　C. H_2SeO_4　　　　D. H_6TeO_6

4. Why does ClF_3 exist but not FCl_3?

5. Compare the related properties of the following substances,

   (1) oxidation property: $HClO$, $HClO_3$, $HClO_4$;

   (2) covalency of bonds: NaI, AgI, $AgCl$;

   (3) acid property: HI, HBr, HCl, HF.

参 考 答 案

自测练习题答案

1. 是非题

(1) (×)　　　(2) (×)　　　(3) (×)　　　(4) (√)　　　(5) (√)

(6) (√)　　　(7) (√)　　　(8) (×)　　　(9) (√)　　　(10) (×)

2. 选择题

(1) (C)　　　(2) (C)　　　(3) (A)　　　(4) (C)　　　(5) (A)

(6) (B)　　　(7) (A)　　　(8) (C)　　　(9) (C)　　　(10) (C)

3. 填空题

(1) 与玻璃的主要成分二氧化硅发生反应

$$SiO_2(s) + 4HF(aq) \Longrightarrow SiF_4(g)\uparrow + 2H_2O(l)$$

(2) 共价

(3) 出现血红色；$Fe^{3+} + nSCN^- \Longrightarrow [Fe(SCN)_n]^{3-n}$

(4) 在广义酸碱理论中，氰离子(CN^-)被归类为软碱，可与软酸类的低价重金属离子形成较强的结合

(5) X 的电负性小于 Y 的电负性，因为卤素的价电子为奇数

(6) $HClO_4 > HClO_3 > HClO_2 > HClO$

(7) 溴离子；碘离子；氯离子

(8) 荧光黄；铁铵矾

(9) $Ca_5(PO_4)_3OH + F^- \Longrightarrow Ca_5(PO_4)_3F + OH^-$

(10) Na_2CO_3

4. 综合题

(1) F_2 比 Cl_2 活泼，原因是氟原子的半径小，氟原子非键电子对之间斥力较大，使 F_2 的解离能比 Cl_2 的小，氟化物的晶格能比氯的大，能量更低。

(2) Br_2 在碱性水溶液中的歧化反应为

$$3Br_2 + 6OH^- \rightleftharpoons 5Br^- + BrO_3^- + 3H_2O$$

将此反应设计为电池，其电动势为

$$E^\ominus = \varphi_+^\ominus(Br_2/Br^-) - \varphi_-^\ominus(BrO_3^-/Br_2) = 1.066\ V - 0.519\ V = 0.547\ V$$

$$\Delta_r G_m^\ominus = -zE^\ominus F = -263.9\ kJ\cdot mol^{-1}$$

所以反应可正向进行。

(3) 因为 $MnO_2 + 4H^+ + 2e^- \rightleftharpoons Mn^{2+} + 2H_2O$

$$\varphi(MnO_2/Mn^{2+}) = 1.23 + \frac{0.0592}{2}\lg\ [H^+]^4$$

$$Cl_2 + 2e^- \rightleftharpoons 2Cl^-$$

$$\varphi(Cl_2/Cl^-) = 1.36 + \frac{0.0592}{2}\lg\frac{1}{[Cl^-]^2}$$

所以在标准状态下，MnO_2 不能氧化 HCl 而得到氯气。

但随着 HCl 浓度升高，$\varphi(MnO_2/Mn^{2+})$ 增大，而 $\varphi(Cl_2/Cl^-)$ 减小，设[HCl] = $x(mol\cdot L^{-1})$，此时两电对的电极电势相等，则

$$1.23 + \frac{0.0592}{2}\lg x^4 = 1.36 + \frac{0.0592}{2}\lg\frac{1}{x^2}$$

解得 $x = 5.41\ mol\cdot L^{-1}$

即当 HCl 浓度大于 $5.41\ mol\cdot L^{-1}$ 时，MnO_2 与 HCl 反应可制得氯气。

(4) 中心原子为电负性小、半径大的卤素；配位原子数为奇数，配位原子一般为电负性大而半径小的卤素。配位原子个数与两种卤素原子半径比有关，中心原子半径越大，配位原子半径越小，配位数越高，如 IF_7、ICl_3；中心原子的氧化数与两种卤素电负性差有关，差值越大，氧化数越高，如碘可形成 IF_7，溴形成 BrF_5，氯只能形成 ClF_3，但氧化数最高不超过 7。

(5) $2H^+ + 2e^- \rightleftharpoons H_2$ $\varphi^\ominus(H^+/H_2) = 0.00\ V$ $\Delta_r G_1^\ominus = 0$

$2Ag^+ + 2e^- \rightleftharpoons 2Ag$ $\varphi^\ominus(Ag^+/Ag) = 0.80\ V$ $\Delta_r G_2^\ominus = -2\times96500\times0.80$

$2AgI(s) \rightleftharpoons 2Ag^+ + 2I^-$ $K_{sp} = 8.5\times10^{-17}$ $\Delta_r G_3^\ominus = -2.303RT\lg K_{sp}^2$

反应为 $\qquad$ $2Ag(s) + 2H^+ + 2I^- \Longrightarrow 2AgI + H_2$

$\Delta_r G^\ominus = \Delta_r G_1^\ominus - \Delta_r G_2^\ominus - \Delta_r G_3^\ominus = 0 + 2 \times 96500 \times 0.80 + 2.303RT \lg K_{sp}^2 = -29 \text{ kJ} < 0$

所以反应可以自发进行。

(6) 检测水中 F^- 的方法，其原理为在 pH 为 4.1 的乙酸盐缓冲介质中，待测样品与氟试剂溶液和硝酸镧溶液反应，生成蓝紫色化合物，再通过测定其吸光度计算 F^- 的浓度。

氯离子检测是利用酸性介质中 Cl^- 与 $Hg(SCN)_2$-$Fe(NO_3)_3$ 溶液反应生成紫色配合物的特点，再用分光光度计测定该紫色配合物的吸光度，间接测定氯离子含量。

溴离子的检测主要基于溴单质与特定物质反应生成显色产物进行。例如，将溴离子氧化为溴单质后与酚红反应生成溴酚蓝，溶液的颜色随着溴离子浓度的不同呈现黄色到蓝紫色的差异变化，通过测定其吸光度即可对溴离子进行分析。

碘离子是利用碘遇淀粉显蓝色的特异性，将不同价态的碘转化成碘单质后，再用淀粉显色测得吸光度，吸光度的大小反映了碘含量的高低。

(7)

$$m_I = \frac{126.90 \times 2}{126.90 \times 2 + 106.42} \times 0.1000 = 0.07046$$

$$\frac{143.32}{126.90} \times 0.07046 + \frac{143.32}{79.09} \times m_{Br} = 0.2500 \Rightarrow m_{Br} = 0.09501$$

$$\frac{143.32}{35.45} \times m_{Cl} + \frac{187.78}{79.09} \times 0.07046 \times \frac{234.77}{126.90} = 0.4650 \Rightarrow m_{Cl} = 0.02753$$

混合物中氯、溴、碘的质量分数为

$$w_{Cl} = 0.02753/1.325 \times 100\% = 2.08\%$$

$$w_{Br} = 0.09501/1.325 \times 100\% = 7.17\%$$

$$w_I = 0.07046/1.325 \times 100\% = 5.32\%$$

(8) 有机氟化合物是指烷基中的氢被氟部分或全部取代得到的一种化合物。由于碳氟键很强，有机氟化合物在自然界很难被降解，具有较长的生物持久性。全氟烷磺酸是烷磺酸中的氢原子全部被氟取代，共有 17 个碳氟键，使全氟烷磺酸难被降解；另外在生物体内，有机氟化合物全氟烷磺酸会与血清蛋白等蛋白质相结合，并且有在肝脏和血液中聚集的趋势，更难被降解。

(9) ① 取三种固体分别置于三支试管中，分别加入少许稀硫酸溶解，再分别滴加少许 $MnSO_4$ 溶液，微热溶液后显紫红色的是 KIO_4；

$$5IO_4^- + 2Mn^{2+} + 3H_2O \Longrightarrow 2MnO_4^- + 5IO_3^- + 6H^+$$

② 取剩下的两种固体, 分别加入浓盐酸, 加热, 有氯气逸出并使试管口的淀粉-碘化钾试纸变蓝的是 $KClO_3$:

$$KClO_3 + 6HCl(浓) \Longrightarrow 3Cl_2\uparrow + KCl + 3H_2O$$

③ 取最后一种固体加入稀硫酸溶解, 滴加少许 $NaNO_2$ 溶液, 溶液中出现棕黄色(因为析出 I_2)、加入淀粉溶液变蓝, 则可确证为 KIO_3:

$$2IO_3^- + 5NO_2^- + 2H^+ \Longrightarrow I_2 + 5NO_3^- + H_2O$$

(10) A. $NaClO_2$; B. $NaClO_3$; C. $NaClO_4$; D. ClO_2; E. Cl_2O_6(或 ClO_3)。

$$3NaClO_2 \Longrightarrow 2NaClO_3 + NaCl$$

$$NaClO_3 + H_2O \Longrightarrow NaClO_4 + H_2$$

$$2ClO_2 + 2O_3 \Longrightarrow Cl_2O_6 + 2O_2$$

$$(或\ ClO_2 + O_3 \Longrightarrow ClO_3 + O_2)$$

$$Cl_2O_6 + 2OH^- \Longrightarrow ClO_3^- + ClO_4^- + H_2O$$

课后习题答案

1.
(1) 卤素互化物是不同卤素原子之间以共价键相结合形成的化合物。
   金属卤化物是卤素与金属之间以离子键或共价键相结合形成的化合物。
(2) 卤化物是指在含有卤素的二元化合物中, 卤素呈负价的化合物。
   多卤化物是卤化物与卤素单质或卤素互化物加成形成的物质。
(3) 某些多原子阴离子在形成离子化合物或共价化合物时, 表现出与卤素离子相似的性质, 并且它们对应的分子性质与卤素性质相似, 这类物质称为拟卤素。
   拟卤素以-1 价离子形成的化合物称为拟卤化物。
(4) 电位分析法是以测量原电池的电动势为基础, 根据电动势与溶液中某种离子的活度(浓度)之间的定量关系(能斯特方程)测定待测物质活度(浓度)的一种电化学分析法。
   伏安分析法是利用电解过程中测得的电流-电压关系曲线(伏安曲线)进行分析的方法。

(5) 库仑分析法是测定电解过程中所消耗的电量，按法拉第定律求出待测物质含量的分析方法。

极谱分析法是用滴汞电极的伏安分析法。

(6) 比色法是以生成有色化合物的显色反应为基础，通过比较或测量有色物质溶液颜色深度来确定待测组分含量的定量分析方法，该方法以朗伯-比尔定律($A=\varepsilon bc$)为基础。选择适当的显色反应和控制好适宜的反应条件是比色分析的关键。

比浊法是依据悬浊液中的颗粒对光线的散射性质测定悬浊液浓度的一种方法。当一束光线通过悬浊液时，液体中的悬浮颗粒选择性地吸收了一部分光能，并且向各个方面散射了一部分光线，在一定条件下散射光的强度或透射光减弱的强度和悬浊液中颗粒的数量呈比例关系。

2. Cl_2 能从 KI 溶液中取代出 I_2，这里比较的是卤素单质的氧化性。因为 $\varphi^{\ominus}(Cl_2/Cl^-)=1.36\ V$，$\varphi^{\ominus}(I_2/I^-)=0.54\ V$，所以 $Cl_2+2KI \rightleftharpoons I_2+2KCl$。$I_2$ 能从酸化的 $KClO_3$ 溶液中取代出 Cl_2，这里比较的是卤酸的氧化性。因为 $\varphi^{\ominus}(ClO_3^-/Cl_2)=1.47\ V$，而 $\varphi^{\ominus}(IO_3^-/I_2)=1.20\ V$，所以 $2HClO_3+I_2 \rightleftharpoons 2HIO_3 +Cl_2$。

3. 根据题意可设计玻恩-哈伯循环如下：

$$\begin{array}{ccc} Rb(s)\ +\ \frac{1}{2}Cl_2(g) & \xrightarrow{\text{①}} & RbCl(s) \\ \text{②}\downarrow\quad\text{④}\downarrow & & \\ Rb(g)\quad Cl(g) & & \text{⑤} \\ \text{③}\downarrow\quad\text{⑥}\downarrow & & \\ Rb^+(g)+Cl^-(g) & \longrightarrow & \end{array}$$

$$\text{⑥}=\text{①}-\text{②}-\frac{1}{2}\text{④}-\text{③}-\text{⑤}$$

$$\Delta_r H_m^{\ominus}=(-433)-86.0-\frac{1}{2}\times 242-409-(-686)=-363\ (kJ \cdot mol^{-1})$$

4. 从海水中提取溴实际操作并不是直接用海水，而是用提取食盐后的卤水。基本步骤为

(1) 在 383 K 和 pH = 3.5 下将氯气通入浓缩的新鲜卤水中：

$$Cl_2+2Br^- \rightleftharpoons 2Cl^-+Br_2$$

(2) 将溴用空气吹出并通入 Na_2CO_3 溶液中(富集并与空气分离)：

$$3Br_2+3Na_2CO_3 \rightleftharpoons 5NaBr+NaBrO_3+3CO_2\uparrow$$

(3) 富集了溴的溶液以稀硫酸酸化并分离出溴：

$$5NaBr + NaBrO_3 + 3H_2SO_4 == 3Br_2 + 3Na_2SO_4 + 3H_2O$$

通过换算，从 1 t 海水中大约可提取溴 0.14 kg。

5. 从反应式可以看出，卤素含氧酸的电极反应中 H^+ 均作为反应物参与电极反应，从化学平衡角度看，酸性增加有利于反应正向进行；从能斯特方程可知，酸性越大(氢离子浓度越大)，φ 越大，表明含氧酸的氧化性越强。从化学键角度来看，氢离子的极化能力使酸根离子中的中心原子与氧原子之间电子云密度下降，因此 X—O 键更容易断裂，从而使 OH^- 更易离去最终形成 H_2O。氢离子浓度的增加从热力学和动力学均有利于氧化反应的发生，因此可使含氧酸的氧化反应迅速发生。

6. 在自然界中，溴是以化合物的形式出现。它在地壳中的分布量按百分数计算是 $3 \times 10^{-5}\%$。地球上 99% 以上的溴都是以溴化钠或溴化钾的形式蕴藏在大海中，根据计算，海水中的溴含量约 $65\ mg \cdot m^{-3}$，死海中的溴含量很高，能达到 5%，大大超过普通海水(大约 0.07%)，整个大洋水体的溴储量可达 100 万亿吨，故大海是化学元素溴的"故乡"，溴有"海洋元素"之称。

7. 从电离常数比较可知：H_2CO_3 的 $K_{a1}^{\ominus}$ 大于 HClO 的 $K_a^{\ominus}$，根据强酸可从弱酸的盐中制备出弱酸的原理，应可以发生如下反应：

$$ClO^- + H_2CO_3 == HClO + HCO_3^-$$

该反应的平衡常数 $K_c = \dfrac{[HClO][HCO_3^-]}{[ClO^-][H_2CO_3]} = \dfrac{[HClO][HCO_3^-]}{[ClO^-][H_2CO_3]} \times \dfrac{[H^+]}{[H^+]}$

$$= \frac{K_{a1}^{\ominus}}{K_a^{\ominus}} = \frac{4.30 \times 10^{-7}}{2.95 \times 10^{-8}} = 14.6$$

平衡常数较大，说明反应是向右进行的，生成的 HClO 会进一步分解为 HCl 和 O_2。所以漂白粉在潮湿的空气中容易吸收 CO_2 而失效。

8. 化学方法制取 F_2 的各步反应如下：

$$2KMnO_4 + 3H_2O_2 + 10HF + 2KF == 2K_2MnF_6 + 8H_2O + 3O_2$$

$$SbCl_5 + 5HF == 5HCl + SbF_5$$

$$K_2MnF_6 + 2SbF_5 == 2KSbF_6 + MnF_4$$

$$2MnF_4 == 2MnF_3 + F_2$$

9. A. I_2；B. IO_3^-；C. I^-。

(1) $ClO^- + 2I^- + H_2O == I_2 + Cl^- + 2OH^-$ (I_2 使淀粉变蓝)

(2)　$5ClO^- + I_2 + 2OH^- \Longrightarrow 5Cl^- + 2IO_3^- + H_2O$　　　(淀粉的蓝色消失)

(3)　$2IO_3^- + 5SO_3^{2-} + 2H^+ \Longrightarrow I_2 + 5SO_4^{2-} + H_2O$　　　(淀粉的蓝色恢复)

(4)　　$I_2 + SO_3^{2-} + H_2O \Longrightarrow 2I^- + SO_4^{2-} + 2H^+$　　　(淀粉的蓝色又消失)

(5)　　　$5I^- + IO_3^- + 6H^+ \Longrightarrow 3I_2 + 3H_2O$　　　(淀粉的蓝色又恢复)

10.　　　　　$ICl(g) + KI(s) \Longrightarrow KCl(s) + I_2(g)$

　　　　　　$IBr(g) + KI(s) \Longrightarrow KBr(s) + I_2(g)$

　　因为晶格能的大小顺序是 KCl>KBr>KI，所以上述置换反应属于焓推动的过程。将含有杂质 ICl 或 IBr 的碘与 KI 共热，收集碘蒸气进行分离。

英文选做题答案

1. (D)

2. (A)

3. (D)

4. Because in ClF_3, Cl is the central atom, and Cl atom has 3d vacant orbital in its outer shell, which allows Cl atom to take sp^3d hybrid orbitals to form bonds. However, in FCl_3, F is the central atom, and F atom does not have 3d vacant orbital in its outer shell, so it's impossible to form bonds taking sp^3d hybrid orbitals.

5. (1) $HClO > HClO_3 > HClO_4$

　(2) $AgI > AgCl > NaI$

　(3) $HI > HBr > HCl > HF$

新化学元素周期表

高胜利 杨奇 编著

（2019年）

科学出版社